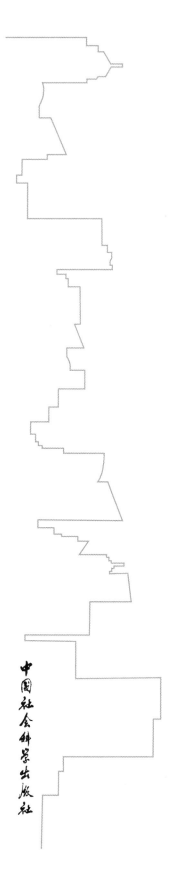

论中国新型城镇化
空间布局的优化方略

Study on the Optimization Strategy of
Spatial Layout of Urbanization in China

高国力　刘保奎　等著

中国社会科学出版社

图书在版编目（CIP）数据

论中国新型城镇化空间布局的优化方略／高国力等著．—北京：中国社会
科学出版社，2021.11

ISBN 978 - 7 - 5203 - 9340 - 9

Ⅰ.①论… Ⅱ.①高… Ⅲ.①城市化—城市规划—空间规划—研究—
中国 Ⅳ.①TU984.2②F299.2

中国版本图书馆 CIP 数据核字（2021）第 232648 号

出 版 人	赵剑英
责任编辑	王 衡
责任校对	李斯佳
责任印制	王 超

出 版	中国社会科学出版社
社 址	北京鼓楼西大街甲 158 号
邮 编	100720
网 址	http://www.csspw.cn
发 行 部	010 - 84083685
门 市 部	010 - 84029450
经 销	新华书店及其他书店

印 刷	北京明恒达印务有限公司
装 订	廊坊市广阳区广增装订厂
版 次	2021 年 11 月第 1 版
印 次	2021 年 11 月第 1 次印刷

开 本	710×1000 1/16
印 张	17.25
字 数	274 千字
定 价	95.00 元

序 言 一

改革开放以来,我国取得了持续高速经济增长、综合国力上了几个台阶、成为世界上第二大经济体的辉煌成就。与此同时,实现了大规模的工业化与城镇化。城镇化推动了我国经济和社会发展,在很大程度上改善了广大居民的工作与生活条件。我国城镇化率从20%提高到40%只用了21年,这个过程比发达国家平均快了一倍多。"九五"和"十五"时期我国的城镇化发展的速率普遍在1.4,甚至达到1.7,速度更快。但同时,出现了大规模的城市扩张与无序蔓延,使大量的优质耕地被占。经济发展与就业岗位增加逐渐地无法支撑如此快的城镇化。到"十二五"时期,全国有2.6亿农民工没有被城镇化,农村产业、人口、劳动力空心化也相当严重,近亿名儿童留守在农村。

针对这种相当突出的情况与问题,党中央在2013年12月及时召开了中央城镇化工作会议。习近平总书记和李克强总理分别作了重要报告。会议提出:农业转移人口要市民化、解决好"人的问题"是推进新型城镇化的关键,在进程上要稳中求进。2014年3月,《国家新型城镇化规划(2014-2020年)》正式出台。从此,我国城镇化的战略方针实现了重大调整,城镇化发展正处在转型之中。现阶段,我国正处在两个一百年奋斗目标交汇期,开启了全面建设社会主义现代化国家新征程。2019年我国城镇化率首次突破60%,进入从快速发展中后期向城镇化后期转换的关键时期。

最近我看到国家发展改革委国土开发与地区经济研究所高国力、刘保奎等同志的新著《论中国新型城镇化空间布局的优化方略》一书的书稿,就是在这种大背景下全面阐述近年来我国在实施新型城镇化方针取得了一系列新成就的专著。该书是在国家发展改革委有关司局及宏观经济研究院支持的课题研究成果基础上形成的，是近年来研究我国新型城镇化及其空间布局领域方面较为系统的一本著作。

本书两位主要作者高国力所长及刘保奎博士在城镇化与地区发展研究领域都有长时期的知识与经验积累，他们同时组织了与发改委宏观院内外多位学者合作。他们收集了21世纪以来我国经济发展、城镇发展与总体态势、过程演变以及新型城镇化发展的总体情况和大量数据，还分别在社会经济发达程度有差异的几个省进行了深入具体的调查研究。为了做好这项工作，他们都倾注了艰辛的努力，在数据上作了扎实认真的汇总与测算，对国际上部分国家（地区）城镇化的过程与特点作了较为全面的梳理，在地方案例上作了广泛的科学分析与总结。这都给课题取得预期效果打下了很好的基础。全书从空间形态、产业发展、人口发展、交通运输、生态安全等主要领域，分析研究了与城镇化空间布局的关系及调整优化思路。

书中按照"阶段—格局"框架，即以城镇化阶段来分析城镇化格局。在研判中国城镇化进程特征的基础上，结合国际上城镇化的一般规律及部分国家城镇化经验，提出我国"十四五"时期处在城镇化快速发展中后期的"中段"，是从快态向慢态变轨的关键期。在这个基础上结合国外的研究，探讨了该城镇化阶段下，空间布局可能出现的诸如极化、郊区化以及与产业形态变化相适应的空间形态变化，提出了"五期叠加"的判断，即速度持续放缓期、问题集中爆发期、流动多向叠加期、格局加速分化期、动力机制转换期，深化了对我国城镇化阶段的理论认识。

本书对全国城镇化的空间布局也做了较准确的分析与预测，认为全国城镇化空间布局的基本特征，在经济高速阶段一般演变较快，但是从"十三五"中后期开始，大格局就比较稳定了。因此，他们认为对城镇化空间布局调整较大的方案，一般来讲很难实施。本书提出了加快培育西部陆海新通道，支持成渝城市群上升为国家战略，优化形成"新两横三纵"的格局，可供有关部门参考。

作为一项政策研究，本书的主要目标是为政府高层决策提供支持。书中的一些观点建议部分已在《"十四五"规划纲要》中有所体现，有的已经转化为有关政策或促进了相关政策的出台。比如，课题研究提出把"胡焕庸线"作为重要控制线，"胡焕庸线"以西地区按照边境地区和非边境地区分类施策，具有创新性。这在《"十四五"规划纲要》中有所体现，即增加了 400 毫米降水线（接近于"胡焕庸线"）的表述，同时也突出了边境地区发展。在研究过程中和完成后，课题组还在《国家发展改革委信息》《国家高端智库报告》《国家高端智库专报》等内部信息上发表文章二十余篇，及时报送到了中央及有关部门，多项成果得到了高层领导的肯定性批示。课题组成员还在一些学术期刊、主要报纸上发表文章三十余篇，在有关学术团体的学术年会发表主题演讲，还获得了 2020 年度国家发展改革委宏观经济研究院优秀研究成果一等奖和 2020 年度国家发展和改革委员会优秀研究成果三等奖。

　　总之，高国力、刘保奎等同志的《论中国新型城镇化空间布局的优化方略》一书，政策目标明确，资料与数据基础扎实，主要结论分析有据，对我国新型城镇化方针的实施已经起到了较好的作用，值得有关规划部门工作人员及城市科学、地理学与区域经济学等领域的学者们参考与借鉴。

中国科学院院士
中国地理学会原理事长
中国科学院地理科学与资源研究所研究员
2021 年 11 月

序 言 二

城镇化是现代化的必由之路。党的十八大以来，以习近平同志为核心的党中央高度重视城镇化问题，召开了改革开放以来的第一次城镇化工作会议，出台了《国家新型城镇化规划（2014—2020 年）》等一系列规划和政策文件，坚持以人民为中心的城镇发展理念是一个重要的进步。2013年，本人参加的中国工程院"中国特色新型城镇化战略研究"提出了把"人的城镇化"作为国家城镇化战略的核心价值取向。推进以人为核心的城镇化，是满足人民不断增长的美好生活需要，创造高品质生活的必然要求，是扩大内需和促进高质量发展的重要抓手；也是加快推进社会主义现代化的必由之路。

当前我国城镇化速度开始放缓，区域之间、城乡之间、城市之间的关系正在深刻调整，人口流动、集聚形态正在发生新的变化，城镇化进程正在进入一个新阶段，研究下一步城镇化及空间布局趋势有着强烈的理论和现实需求。

近年来我国城镇化人口流动发生了重大的变化，已经由以农民工为主体的流动人群，转向了大学生就学就业占很高比例的流动人群，城镇化人口流动出现了中心城市与县级单元"两端集聚"的态势。一方面，受过高等教育的人口向中心城市集聚。城市群和大都市圈有比较发达的高等教育体系、科研体系，知识和技术产业密集，又有更高的生活品质和良好的公共服务，因此会吸引更多高端人才和人力资本，形成一个累积循环。在这个大背景下，一些处于中西部内陆地区的中心城市如成都、重庆、武汉、西安、郑州、合肥等快速发展。可以预见，中西部地区的中心城市和都市圈有机会集聚更多人口和经济，成为支撑新一轮发展的重要载体。另一方面，本人在中国工程院"中国县（市）域城镇化研究"中观察到，中西部地区跨区域流动的农民工出现了回流，越来越多的农村劳动力选择"城乡通勤""工农兼业"的生活方式，或选择流向省内中心城市。县级单元成为人口集聚的重要空间。此外，不同地区、不同层级的城市之间的人口流动更加频繁，出现了人口再城镇化的多元、多向流动形态。

当前，国家发展的外部环境正在发生变化，不稳定性不确定性明显增加，经济全球化遭遇逆流和退潮并影响世界城市网络和全球产业链。主要经济体在"效率"与"安全"之间寻求新的平衡，全球供应链呈现区域化、近岸化和在岸化趋向，北美、欧洲、东亚三大生产网络内部循环强化。东亚地区新兴的全球城市加速崛起，在世界城市体系中发挥重要作用。

新科技革命重塑全球城市格局。以物联网、人工智能等为代表的新一轮科技革命正加速演进，数字技术催生新业态、新模式异军突起，产业迭代步伐加速，城市的产业组织、空间组织和居民生活方式正在发生变化。一方面，基于互联网的"去中心化""扁平化"趋势明显，给不同区域、不同层级城市带来新的发展机遇；另一方面，与新经济相关的生产要素快速向优势地区和优势城市集聚，加剧了发展的不平衡。新技术革命与新经济发展对城镇化与城市发展将产生长期、深远的影响。

党的十九届五中全会提出推动形成以国内大循环为主体、国内国际双循环相互促进的新发展格局。"十四五"时期构建新发展格局，将更好发挥我国超大规模市场优势，进一步增强我国经济发展的韧性和战略主动。构建新发展格局将对城镇化提出新的要求，需要增强都市圈的"双循环"的枢纽和战略支点作用，增强中心城市的创新策源功能，在内陆地区培育更多有竞争力的都市圈；也需重视县（市）域城镇化和县城、市区对广大农业地区发展的支撑与引领作用，促进广大农业地区城乡一体化发展，由此产生并有效扩大消费内需。

以人为核心的新型城镇化必须十分重视城乡居民不断增长的美好生活需要，十分重视联通需求和供给循环，激发内需潜能，促进国民经济各个环节更加畅通。更高质量的城镇化应该不断满足城乡居民教育、医疗、养老等基本公共服务需求和人居环境、住房、交通及各类生活服务需求。为城乡不同年龄、不同收入的居民提供可选择、可承受的服务与设施供给，这将有助于培育形成多层次、多样化的消费中心和枢纽。

推进以人为核心的新型城镇化，关键是要做好深化改革、优化布局和转变城市发展模式。

一是要深化改革，以新发展格局倒逼城镇化领域一系列改革。需要进一步释放和提升国内消费能力，加快农业转移人口市民化，放开放宽除个别超大城市外的城市落户限制，建立基本公共服务与常住人口挂钩机制，释放农民与市民的消费潜力。同时还要加快推进农村土地制度改革，打通城乡要素双向流动的制度性通道，提高农民农村土地权益收益，促进城乡要素双向流动。提高城市治理现代化水平，改革城镇管理体制。

二是要优化布局，发挥都市圈在新发展格局中的核心与枢纽作用，要加快构建现代化都市圈。依托大都市圈和城市群，建立以城市群和大都市圈为载体的经济循环系统，促进生产要素流动、集聚和扩散，形成稳定的区域化、本地化的产业链和供应链，提高空间配置与经济运行效率。要增强中心城市的创新策源功能，要加强国家综合科学中心建设，推动创新体系战略性重构；要在中西部地区培育若干个重要城市群与都市圈，拓展内陆地区市场空间，优化和稳定产业链、供应链；要加强县城与县级市区发展支持，通过"补短板"提高县城对广大乡村地区的生产生活服务功能，形成优势互补、高质量发展的城镇化发展格局。

三是要转变城市发展模式，从注重经济增长转向关注人民美好生活需要，从高投入高消耗转向绿色低碳的发展模式。要更加重视逐渐富裕起来的城乡居民的生活新需求变化，提高公共服务、生活服务供给水平；要从大拆大建，扩张式发展转向存量利用，内涵发展的模式；要以"双碳"目标为引领，全面转变城乡生产、生活方式。同时使居民消费、绿色发展成为新的经济增长领域和重要投资领域。

需要指出的是，尽管本书依托的研究课题在2019年就已完成，但书中提出的一些观点，如优化形成"新两横三纵"发展格局，将成渝城市群上升为国家战略，分类发展都市圈，实施县城提升计划，"两端集聚"等具有较强的前瞻性，对理解今后一个时期中国城镇化发展具有较强的指导性和参考意义。可以说，本书是城镇化空间布局研究的一部最新成果，值得推荐。

李晓江

京津冀协同发展专家咨询委员会专家

全国工程勘察设计大师

中国城市规划设计研究院原院长

2021 年 11 月

目　　录

总论　论"十四五"时期中国新型城镇化空间布局的优化方略………（1）

一　"十三五"以来新型城镇化及空间布局的进展特征 …………（2）

二　今后一段时期新型城镇化及空间布局的趋势分析 …………（16）

三　总体思路 ……………………………………………………（22）

四　重点任务 ……………………………………………………（25）

五　政策建议 ……………………………………………………（39）

第一章　世界典型国家城镇化中后期空间布局的特征及启示 ………（43）

一　典型国家城镇化进入中后期的规律性特征 …………………（44）

二　典型国家城镇化中后期的空间特征分析 ……………………（53）

三　典型国家城镇化中后期的城市体系特征分析 ………………（65）

四　对中国"十四五"城镇化发展的启示 ………………………（78）

第二章　城镇化空间形态的演变特征和趋势研究 ………………………（83）

一　"十二五"以来新型城镇化空间形态现状特征分析 …………（84）

二　城镇化空间形态变化趋势分析 ………………………………（91）

三　"十四五"推进城镇化空间结构优化的重点任务 ……………（98）

四　政策建议 ……………………………………………………（104）

第三章　产业发展对城镇化空间调整优化的影响研究 …………………（109）

一　"十四五"产业发展新特点新趋势 ……………………………（110）

二　产业发展对城镇化空间影响的主要表现 ……………………（116）

三　优化重塑城镇化产业发展空间的重点任务 …………………（120）

　　四　政策建议 ……………………………………………（125）

第四章　人口分布对城镇化空间调整优化的影响研究 …………（128）
　　一　全国人口发展与分布演化趋势 ………………………（129）
　　二　人口再分布对城镇化格局的影响 ……………………（147）
　　三　重点区域的人口发展特征与趋势 ……………………（154）
　　四　思路与策略 ……………………………………………（167）

第五章　交通运输对城镇化空间调整优化的影响研究 …………（174）
　　一　交通发展与城镇化的一般性机理：理论视角和
　　　　经验规律 ………………………………………………（175）
　　二　"十三五"城镇化视角下中国交通发展的特征分析 …（178）
　　三　"十四五"交通发展对新型城镇化布局的影响趋势 …（185）
　　四　"十四五"交通推动城镇化布局优化的重点任务 ……（192）
　　五　政策建议 ………………………………………………（193）

第六章　生态安全对城镇化空间调整优化的影响研究 …………（195）
　　一　中国生态环境保护的进展分析 ………………………（196）
　　二　从生态安全角度看城镇化面临的问题 ………………（207）
　　三　生态安全对城镇化空间调整优化的影响趋势分析 …（211）
　　四　基于资源环境承载分析的"十四五"城镇化
　　　　空间格局研判 …………………………………………（215）
　　五　基于生态安全的城镇化空间调整优化重点任务 ……（217）
　　六　政策建议 ………………………………………………（221）

调研案例一　主要人口流入地区人口流动及落户新态势
　　　　　　　对"十四五"城镇化空间布局的影响
　　　　　　　——基于江浙4市的调研 …………………………（225）
　　一　江浙4市人口流动及非户籍人口落户新态势 ………（226）
　　二　人口流动态势对"十四五"中国城镇化布局的影响 …（234）
　　三　对"十四五"中国城镇化布局优化的建议 …………（237）

调研案例二　两端发力：后发山地省份优化城镇化布局形态的建议

　　　　——基于云贵4市（州）的调研 ……………………（240）

　一　云贵两省城镇化空间布局的新进展 …………………（241）

　二　城镇化空间布局存在的难点与问题 …………………（246）

　三　后发山地省份优化城镇化空间布局的建议 …………（250）

主要参考文献 ………………………………………………（254）

后　记 ………………………………………………………（259）

总　论

论"十四五"时期中国新型
城镇化空间布局的优化方略

　　"十四五"时期，面对日趋错综复杂的国内外形势，新型城镇化恰恰是需要扎实做好并且大有可为的"我们自己的事情"，在促进高质量发展、创造高品质生活中具有不可替代作用，是推动供给侧结构性改革、满足人民群众对美好生活向往的重要途径。"十四五"时期，中国新型城镇化将处于快速发展中后期，具有"五期叠加"特点，空间布局呈现"四化"互动趋势，常住人口城镇化率有望年均提高0.8个百分点，2025年达到65.57%。应按照"有序集聚、有机疏解，形态多样、尺度多元，增量管控、存量更新，科技引领、开放包容"原则，实施"稳规模、调结构、强功能、多形态、高效益"的总体思路，推进城镇化空间布局优化调整，加大产业转移承接、转型升级，引导人口多元集疏、有序流动，构建与城镇化布局形态相匹配的交通系统，保障城镇化生态空间供给。为此，建议在土地制度、人口流动、投融资体制、都市圈统计考核、行政区划调整、城镇化空间治理等方面实施一批重大改革举措。

城镇化是现代化的必由之路，是推动区域协调发展的有力支撑，是扩大内需和促进产业升级的重要抓手，在促进高质量发展、创造高品质生活中具有不可替代作用，对于全面建成小康社会、加快推进社会主义现代化建设具有重大现实意义和深远历史意义。党的十八大以来，以习近平同志为核心的党中央高度重视城镇化问题，召开了改革开放以来的第一次城镇化工作会议，出台了《国家新型城镇化规划（2014—2020年）》等一系列规划和政策文件，坚持以人民为中心的发展思想，积极推进以人为核心的新型城镇化，取得了历史性成就。2018年城镇化率接近60%，中国的城镇化进程正在进入一个新阶段，"十四五"时期将呈现出全新的轨迹和逻辑，城镇格局和城乡格局加快重塑，如何妥善应对这些变化，在空间布局上需要作何调整，至关重要。

一　"十三五"以来新型城镇化及空间布局的进展特征

（一）城镇化速度有所放缓

一是多个来源数据证实城镇化速度放缓。常住人口城镇化率放缓，年均增速从"十一五"时期的1.39个百分点下降到"十二五"时期的1.23个百分点，再下降到"十三五"前3年的1.16个百分点。卫生健康委调查的流动人口连续3年下降，从2014年的2.53亿人，下降到2017年的2.44亿人，平均每年减少300万人。国家统计局的农民工监测数据显示，2010年以来农民工增速在波动中放缓，累计下降了4.9个百分点，2018年全国农民工增速比上年下降了1.1个百分点，其中外出农民工中进城农民工13506万人，比上年减少204万人，下降1.5%。反映人口迁徙的春运发送旅客人次，从"十二五"时期的年均31.61亿人次，减少到"十三五"（前4年）的28.9亿人次，下降8.57%。

二是各省城镇化水平速度梯度差异扩大。2018年，中国有9个省份城镇化率超过65%，分别是4个直辖市和江苏、浙江、广东、福建、辽宁5个沿海省份；处于60%—65%的有黑龙江、内蒙古、山东、湖北4个省份；其余省份都还处在快速城镇化阶段，其中河南、四川、安徽、河北、湖南、江西、广西、云南8个省份城镇化率比全国低3个点以上，总人口达5.95亿人，占全国的42.63%，是下一步城镇化的主力军。

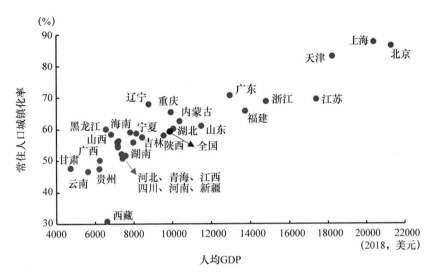

图 0 - 1　中国各省级单元的城镇化率和发展水平

资料来源：根据有关年份《中国统计年鉴》数据绘制。

三是城市常住人口的自然增长对城镇化率的贡献提高。2018 年中国城镇常住人口自然增长约 330 万人，对常住人口城镇化率贡献了 0.24 个百分点，占 23%，且有逐年提高态势。根据课题组分析，机械增长、统计增长、自然增长对城镇化率的贡献比有望由目前的 5∶3∶2 逐步调整为 4∶3∶3。

四是"两率差"并未有效缩减，落户意愿显著低于居留意愿。中国户籍人口城镇化率低于常住人口城镇化率，2013 年差值为 17.7 个百分点。《国家新型城镇化规划（2014—2020 年）》将农业转移人口落户城镇作为新型城镇化的重要抓手。规划实施以来"两率差"有所缩减，但 2017 年起，"两率差"更连续两年微幅上升，表明政策效果仍存在较大不确定性。根据课题组在江苏、浙江、云南、贵州等地的调研发现，流动人口的定居意愿很高、但落户意愿不高。2017 年流动人口动态监测调查数据显示，82.65% 的流动人口希望未来在流入地继续居留，但只有 39.01% 愿意落户，不足居留意愿的一半。在各等级城市的落户意愿出现显著分化，落户意愿与城市规模呈正相关。中小城市流动人口的落户意愿较低，与落户政策供给之间形成"空间错配"。

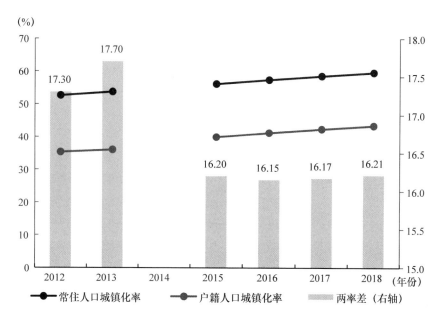

图0－2　常住人口城镇化率和户籍人口城镇化率

资料来源：有关年份政府工作报告和统计公报。

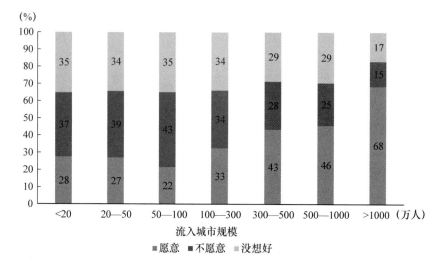

图0－3　流动人口落户意愿与城市规模的关系

资料来源：2017年全国流动人口卫生计生动态监测调查。

（二）城镇化新增建设用地规模稳中有升

"十二五"时期是中国城市建设用地规模扩张最快的时期，"十三五"前两年回落趋稳态势明显，每年新增国有建设用地 60 万公顷左右，如果仅以商服、住宅、工矿仓储三类用地增量来测算城市建成区扩张，则 2015年以来已经连续三年保持稳定。全国耕地面积每年减少的量也趋于稳定，平均每年 100 万亩左右。

同时，城市建设用地边际增长效率提高不明显。以城镇人口每增加 1万人对应的新增国有建设用地看，尽管比最高峰 2013 年有所下降，但"十三五"前两年仍有增加，从 2016 年的 243 公顷/万人，提高到 2017 年的 294 公顷/万人（见表 0-1），远高于每百公顷 1 万人的常规表述，主要原因是基础设施及其他用地每年新增规模仍然比较大、占比很高，2017 年中国国有建设用地供应结构中，基础设施及其他用地占到了 60.5%。相当于工矿仓储用地、居住用地的 3.0 倍和 4.1 倍。尽管中国基础设施用地规模大，但综合物流成本并不低，值得进一步关注。

表 0-1　　　　中国新增城镇人口的建设用地弹性（2008—2017 年）

年份	国有建设用地供应合计	城镇化率	总人口	城镇人口	新增城镇人口	每增加 1 万人新增建设用地
	万公顷	%	万人	万人	万人	公顷/万人
2008	23.5	46.99	132802	62403	1770	133
2009	36.2	48.34	133450	64512	2109	172
2010	43.2	49.95	134091	66978	2466	175
2011	59.4	51.27	134735	69079	2101	283
2012	69.0	52.57	135404	71182	2103	328
2013	75.08	53.73	136072	73111	1929	389
2014	64.8	54.77	136782	74916	1805	359
2015	54.03	56.1	137462	77116	2200	246
2016	53.11	57.35	138271	79298	2182	243
2017	60.31	58.52	139008	81347	2049	294

资料来源：《2017 中国土地矿产海洋资源统计公报》。

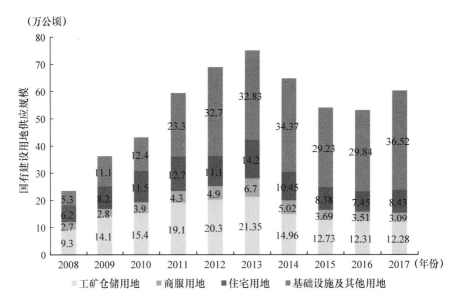

图 0 - 4　国有建设用地供应情况（2008—2017 年）

资料来源：《2017 中国土地矿产海洋资源统计公报》。

　　分城市来看，城市拓展速度最快有两类地区：一是沿海城市群地区，如长三角、京津冀、山东半岛等，二是中西部和东北地区省会城市及周边，如郑州、合肥、南昌、重庆、成都、南宁、昆明、哈尔滨、长春等。除此之外，鄂尔多斯、赤峰、呼伦贝尔、赣州、遵义、普洱、榆林、酒泉等城市也增长较快。

　　作为一个更综合的指标，累计成交价款与当前城市群/都市圈格局高度吻合，值得关注的是，中西部省会普遍与周边城市的累计成交价款差距大，如昆明、贵阳、南宁、太原、西安、银川、兰州、乌鲁木齐等，周边城市能级低，发展都市圈缺少"帮手"。

（三）城镇化空间结构加快集聚重塑

　　人口向城市群地区集聚态势明显。根据课题组测算，2010—2018 年19 个城市群地区人口增长了 5183.25 万人，占全国的比重从 79.25% 上升到 80.11%，GDP 占比从 87.53% 提高到 87.96%，分别提高 0.86 和 0.43个百分点。19 大城市群的人口和经济聚集态势呈现一定差异，其中长三角、珠三角、京津冀三大城市群人口增量占到总人口增量的40%以上，而哈长城市群人口规模、占比双下降。2010—2018年三大城市群人口占总人口的比重从23.69%提高到24.64%，占比提高了0.95个百分点，人口增加2456.35万人。山东半岛、北部湾、海峡西岸、成渝、长江中游五个城市群人口占全国的比重从30.52%提高到30.71%，提高了0.19个百分点，人口增加1798.94万人。中原、关中两个城市群人口虽然占比下降了0.09个百分点，但规模增加了472.51万人，占同期全国人口增量的9.38%。其他9个城市群人口合计仅增加了455.45万人，占全国比重从13.94%下降到13.76%，下降了0.18个百分点。

表 0 - 2　　　　　　　　19 大城市群 GDP 和人口占比变化

城市群名称	城市数量	GDP 占比			常住人口占比			常住人口增长
		2010 年	2018 年	提高	2010 年	2017 年	提高	
	个	%	%	百分点	%	%	百分点	万人
长江三角洲	26	18.41	19.29	0.88	10.71	11.07	0.36	1043.24
珠江三角洲	9	8.43	8.75	0.32	4.19	4.49	0.30	629.31
京津冀	13	9.79	9.11	-0.69	7.79	8.07	0.28	783.80
山东半岛	17	9.04	8.39	-0.64	7.15	7.20	0.05	423.53
北部湾	15	2.02	2.18	0.16	2.97	3.01	0.05	212.05
成渝	17	5.29	6.30	1.00	7.33	7.38	0.04	430.03
海峡西岸	11	4.01	4.52	0.51	4.12	4.16	0.04	268.70
长江中游	31	7.74	9.01	1.27	8.95	8.96	0.01	464.63
关中平原	12	2.08	2.24	0.16	3.19	3.18	-0.01	140.16
中原	24	6.06	6.13	0.06	8.91	8.83	-0.08	332.35
哈长	11	3.82	2.89	-0.93	3.65	3.46	-0.19	-80.93
辽中南	12	4.44	2.64	-1.80	2.90	2.82	-0.09	25.04
黔中	6	0.80	1.29	0.49	1.94	1.94	0.00	103.21
滇中	5	1.11	1.22	0.12	1.63	1.63	0.01	93.95
呼包鄂榆	4	1.97	1.45	-0.52	0.81	0.82	0.02	65.54
山西中部	5	0.98	0.94	-0.04	1.14	1.14	0.00	63.60
兰西	9	0.60	0.64	0.04	1.09	1.09	0.01	65.26

城市群名称	城市数量	GDP 占比			常住人口占比			常住人口增长
		2010 年	2018 年	提高	2010 年	2017 年	提高	
	个	%	%	百分点	%	%	百分点	万人
天山北坡	4	0.62	0.60	-0.02	0.41	0.45	0.03	68.13
宁夏沿黄	4	0.32	0.37	0.05	0.38	0.40	0.02	51.65
合计	235	87.53	87.96	0.43	79.25	80.11	0.86	5183.25

资料来源：中国宏观经济研究院国土开发与地区经济研究所课题组根据有关统计数据整理。

从都市圈层面看，2010—2018 年，全国可能形成的 29 个都市圈共涵盖 164 个城市，人口增长 4525.84 万人，对 19 个城市群同期人口增长贡献为 87.32%，"群内圈外" 71 个城市人口增长 657.41 万人，只贡献了 12.68%。长三角、珠三角、首都圈、厦门、济南、长沙、合肥、南宁、乌鲁木齐、银川 10 个都市圈人口占比增长，吸纳人口规模依次是长三角、珠三角、首都圈、合肥、重庆、郑州、成都、济南、长沙、武汉、厦门都市圈，其中三大都市圈合占 44.3%。有 10 个都市圈 GDP 占全国的比重下降，分别是首都圈、沈阳、大连、长春、哈尔滨、济南、青岛、石家庄、太原、呼和浩特都市圈，均在北方地区。有 4 个都市圈的 GDP 占全国比重不足 1%，分别是兰州、西宁、乌鲁木齐、呼和浩特都市圈，也均在北方地区。

"两横三纵"占比总体提升①，GDP 和人口与全国之比分别提高了 2.36 和 1.00 个百分点，显示出其在中国城镇化格局中的支撑作用。其中，沿海、京广京哈、沿长江轴带聚集态势更加明显，常住人口增长 5406.26 万人，占全国的比重提高了 0.99 个百分点；受到东北、津冀等地经济放缓影响，沿海、京广京哈 GDP 占全国的比重有所下降，分别下降了 0.06 和 0.56 个百分点。陇海兰新轴带人口占比微降 0.07 个百分点，但人口规模增长 455.98 万人，其中郑州、西安贡献率达 52.7%。包昆轴带人口占比微涨 0.09 个百分点，人口规模增长 501.19 万人，其中成都贡献率达 45.5%。表明这两个轴带依赖于个别"点"上的发展，"轴"的功能还不突出。

---

① 在统计中，"两横三纵"范围有交叉，故采用"与全国之比"。

表 0 - 3　　　　　　　　**"两横三纵"轴带 GDP 和人口占比变化**

轴带名称	城市数量	GDP 占比			常住人口占比			常住人口增长
		2010 年	2018 年	提高	2010 年	2017 年	提高	
	个	%	%	百分点	%	%	百分点	万人
沿长江轴带	50	21.58	23.90	2.32	18.68	19.03	0.35	1423.26
陇海兰新轴带	38	7.46	7.86	0.40	9.20	9.13	-0.07	455.98
沿海轴带	88	45.25	45.19	-0.06	30.36	30.67	0.31	2267.26
京哈京广轴带	48	27.54	26.98	-0.56	20.88	21.21	0.33	1715.74
包昆轴带	27	5.56	5.80	0.25	6.26	6.35	0.09	501.19
合计	251	107.38	109.74	2.36	85.39	86.39	1.00	6363.43

资料来源：中国宏观经济研究院国土开发与地区经济研究所课题组根据有关统计数据整理。

除"两横三纵"外，西部陆海新通道集聚明显加快，值得关注，其所涉区域 GDP 占全国的比重从 2010 年的 12.31% 上升到 2018 年的 14.10%，提高了 1.79 个百分点，显示出其引领西部地区的增长引擎地位，同期人口增长 1015.78 万人，比陇海兰新、包昆两轴带之和还要多。陆海新通道不仅有效衔接了"一带"和"一路"，还串联了成渝、关中、宁夏沿黄、兰西、天山北坡、滇中、黔中、北部湾等占全国一半的城市群，在今后一段时期的城镇化格局中不容忽视。

沿边地区集聚效应不显著。以地州为单元，2018 年人口和 GDP 分别占全国的 5.79% 和 3.55%，比 2010 年下降了 0.09 和 0.91 个百分点。若以边境县、团场为单元，常住人口 2375.2 万人，占全国的 1.718%，比 1990 年的 1.779% 略有下降。总体来看，边境地区对全国经济增长的贡献、支撑作用还不强。但边境地区人均 GDP 仅为全国的 61.3%，从共享发展、稳边固边的角度，应给予更多关注。分片区看，呈现"东北减少，西北增加，西南稳定"的趋势。采用六普和五普数据进行比较，东北边境人口自 2010 年起开始减少，占全国比重从 2010 年的 0.74% 下降至 2016 年的 0.64%。西北边境人口持续增加，占全国比重从 1990 年的 0.35% 提升到 2016 年的 0.39%，除新疆北部外，西北边境县人口均有较快增长。西南边境人口规模稳健增长，占全国比重在 0.69% 左右，其中云南南部人口增长较快。

（四）城镇化等级体系调整分化加剧

副省级以上城市为主体的"头部城市"进一步固化。2010—2018 年，GDP 前 20 位城市人口、GDP 占全国比重分别从 16.76%、32.72% 上升到 18.01%、34.00%（见表 0 - 4）。2010—2018 年，仅有郑州、泉州、南通、西安少数几个城市成为 GDP 前 20 强的新面孔。中心城市的龙头作用更加突出，北京、上海、广州、天津、重庆、成都、武汉、郑州、西安 9 个国家中心城市以占全国 1.7% 的国土面积，创造了 19.3% 的 GDP。

表 0 - 4　　　　　　　　头部城市的人口经济占比变化

	2010 年			2018 年		
	前 20 城市	全国	占比	前 20 城市	全国	占比
常住人口	22475.26 万人	134091 万人	16.76%	25125.51 万人	139538 万人	18.01%
GDP	144543 亿元	441700 亿元	32.72%	314884.34 亿元	926195.7 亿元	34.00%

中国宏观经济研究院国土开发与地区经济研究所课题组根据统计数据测算。

省会城市集聚度显著提高，2010—2018 年，除了沈阳、昆明、西宁外，其余省会城市 GDP 在全省的占比都有所上升，银川、长春、兰州、成都、太原、合肥、郑州等城市提高了 3 个百分点以上（见图 0 - 5）。

地级城市发展持续分化。经济增长表现好的城市，既有走过了转型阵痛的沿海制造业城市，如东莞、南通等；也有刚迈入快速工业化城镇化阶段的新兴人口大市，如南阳、赣州等；还有得益于交通条件改善或要素结构变动的传统的省域副中心城市，如襄阳、徐州等。这些城市的经济体量为 3000 亿—8000 亿元，处于全国 20—80 梯队，相互间竞争激烈、位次变动频繁，某种程度上，它们之间的竞争结果将决定着中国未来城市格局的调整。根据课题组对这些城市中心性的分析，从中长期看，沿海的制造中心更具优势，其次是新兴人口大市，再次是传统的省域副中心（见图 0 - 6）。

同时，一些地级市则出现了衰退。2010—2018 年，339 个地级行政单元中，扣除行政区划调整因素，市域常住人口减少的有 47 个，其中人口减少 4% 以上的有 12 个，包括齐齐哈尔、黑河、七台河、鹤岗、大兴安

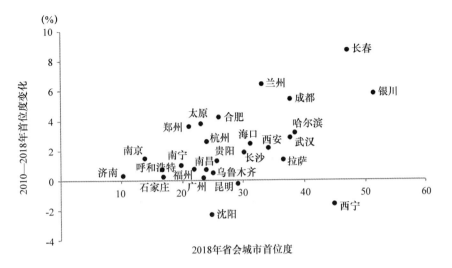

图0-5 中国省会城市GDP在全省的占比（2018年）

资料来源：wind。

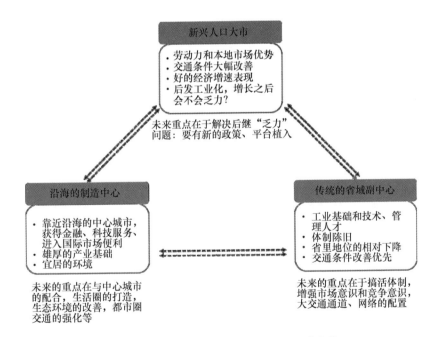

图0-6 影响中国城市格局的"三组竞争"

资料来源：刘保奎：《改革开放以来我国城市中心性研究——以中量级城市为例》，中国宏观经济研究院基本课题报告，2019年，第9页。

岭、呼伦贝尔、四平、通化、松原、白山、白城、天门；人口减少2%—4%的有14个，包括仙桃、驻马店、朝阳、阜新、葫芦岛、开封、绥化、铁岭、牡丹江、德阳、周口、南阳、丹东、锦州。人口减少的城市主要为东北地区的资源枯竭型煤炭、森工城市，也有个别是劳动力输出大市。此外，大城市周边的一些中小城市也出现人口减少，如德阳、天门、仙桃等，海南省的14个县级单元常住人口也减少。

如果以城区来计算，课题组以"城区总人口下降"为基准，采用《中国城市建设统计年鉴》的城区人口和城区暂住人口数据，识别出91个收缩城市，其中有28个地级市，63个县级市，如表0-5所示。收缩城市集中分布在东北地区，其中辽宁省有14个，吉林省有12个，黑龙江省有15个，东北三省收缩城市占全国的45%，近年来收缩城市数量有增加迹象。

表0-5　　　　　　　　　　　　　　91个收缩城市

所在省份	城市名	数量合计
河北	三河	1县级市
山西	大同	1地级市
	永济、汾阳	2县级市
内蒙古	通辽、鄂尔多斯、乌兰察布	3地级市
	霍林郭勒、牙克石、根河	3县级市
辽宁	鞍山、抚顺、本溪、丹东、锦州、营口、阜新、铁岭	8地级市
	海城、北镇、大石桥、灯塔、开原、北票	6县级市
吉林	吉林、辽源、通化	3地级市
	桦甸、舒兰、磐石、集安、洮南、图们、敦化、和龙、公主岭	9县级市
黑龙江	齐齐哈尔、鸡西、鹤岗、佳木斯、牡丹江	5地级市
	虎林、密山、铁力、同江、宁安、绥芬河、北安、五大连池、肇东、海伦	10县级市
江苏	张家港	1县级市
浙江	瑞安、兰溪、义乌、永康、江山	5县级市
安徽	淮北	1地级市
	巢湖、宁国	2县级市
福建	三明	1地级市
山东	莱阳、高密	2县级市

所在省份	城市名	数量合计
河南	洛阳、平顶山、商丘	3 地级市
湖北	大冶、当阳、洪湖	3 县级市
湖南	韶山、汨罗、临湘、津市、沅江	5 县级市
广东	佛山、汕尾	2 地级市
	台山、恩平、兴宁、阳春、连州、罗定	6 县级市
广西	东兴、合山	2 县级市
海南	万宁、东方	2 县级市
四川	都江堰、华蓥	2 县级市
贵州	安顺	1 地级市
云南	文山、大理	2 县级市

资料来源：《中国城市建设统计年鉴》。

县城发展有所放缓。县城数量从 2010 年的 1633 个减少到 2017 年年底的 1528 个，减少了 105 个，平均每年减少 15 个。2010—2017 年，县城的平均人口规模从 7.74 万人提高到 9.12 万人，平均建成区面积从 10.16 平方公里提高到 13.01 平方公里。"十三五"前两年县城人口、建成区面积年均增长速度为 - 0.34%、- 0.47%，均显著低于"十二五"时期的 2.09%、3.86% 的增长速度。一方面受到"县改市"提速的影响，另一方面，许多外出务工人员在当地县城买房后，并没有在县城生活，也没有将户口迁入县城，仍在外务工，因此宏观上表现为县城的基础设施条件、城市建设等都不断提升，但县城人口却增长缓慢甚至有所减少。

表 0 - 6 　　　　中国县城人口和面积情况（2010—2017 年）

年份	县城（个）	县城人口（万人）	县城暂住人口（万人）	其中建成区面积（平方公里）	城市建设用地面积（平方公里）
2010	1633	12637	1236	16585	16405
2011	1627	12946	1393	17376	16151
2012	1624	13406	1514	18740	17437
2013	1613	13701	1566	19503	17935

续表

年份	县城（个）	县城人口（万人）	县城暂住人口（万人）	其中建成区面积（平方公里）	城市建设用地面积（平方公里）
2014	1596	14038	1615	20111	18694
2015	1568	14017	1598	20043	18718
"十二五"年均增长	−0.81%	2.09%	5.27%	3.86%	2.67%
2016	1537	13858	1583	19467	18242
2017	1526	13923	1701	19854	18864
"十三五"年均增长	−1.35%	−0.34%	3.17%	−0.47%	0.39%

资料来源:《2017年城乡建设统计年鉴》。

建制镇总体缓慢增长。建制镇数量从2010年的1.68万个增加到2017年的1.81万个,2010—2017年建制镇平均户籍人口规模从8274人增加到8564人,暂住人口从1607人增加到1768人(2016年),平均的建成区面积从1.89平方公里增加到2.17平方公里。"十三五"时期小城镇在数量、建成区面积、建成区户籍人口方面均比"十二五"时期增速放缓。分别从"十二五"时期的1.16%、4.22%、2.85%下降到"十三五"时期的0.84%、0.23%、−1.57%。根据住建部村镇司的调查,总体上看,58%的小城镇镇区建成区人口净流出的,也就是常住人口少于户籍人口,只有42%是净流入的。但是大部分小城镇镇区建成区的常住人口是增长的。2010—2015年,65%的镇镇区常住人口在增加,其中46%有年均10%以上的明显增加。

表0-7　　中国建制镇人口和面积情况(2010—2017年)

年份	建制镇统计个数	建成区面积（万公顷）	建成区户籍人口（万人）	建成区暂住人口
2010	1.68	317.9	1.39	0.27
2011	1.71	338.6	1.44	0.26
2012	1.72	371.4	1.48	0.28
2013	1.74	369.0	1.52	0.30
2014	1.77	379.5	1.56	0.31

续表

年份	建制镇统计个数	建成区面积（万公顷）	建成区户籍人口（万人）	建成区暂住人口
2015	1.78	390.8	1.60	0.31
"十二五"年均增长	1.16%	4.22%	2.85%	2.80%
2016	1.81	397.0	1.62	0.32
2017	1.81	392.6	1.55	—
"十三五"年均增长	0.84%	0.23%	-1.57%	2.23%

资料来源：《2017年城乡建设统计年鉴》。

在18099个小城镇中，有近12000个小城镇人口不足5万人，有1068个镇人口规模超3万，其中70个小城镇人口规模超过10万，有4个镇人口规模超过了100万。其中，10万人以上的镇，85%以上分布在中部。小城镇的两个分化的趋向比较明显：一是现状人口规模比较小（占中国75%以上）的小城镇，未来将更多承担面向周围农村地区提供基本服务的职能。二是具备一定人口规模、产业规模的小城镇（其大多发展成了各个县的副中心），未来将更多地带动区域整体发展。

与此同时，城镇化及其空间布局也存在一些新问题，主要表现是：一是城乡关系发生重大转变，农民落户城镇的意愿不高，推进户籍人口城镇化持续提高的难度加大，与此同时各类要素下乡需求强烈但制度性通道还不顺畅，一些地区在推进乡村振兴中对城镇的作用考虑不足。二是城市分化加剧，"大城市病"和中小城市人口减少并存，全国1/6城市行政区、1/7城市城区常住人口减少。南北方城市分化加剧，北方大部分城市缺少经济增长亮点。三是城市群发展缺少实质性抓手，传统的统一区号、打通断头路、开通公交线路、推行公交旅游一卡通都已经实施，医保通、区域户口、共建园区等也在推进，但都还没有对城市群发展形成实质性影响，大多数城市群中心城市的轨道交通还没有跨市建设运行。城市群范围过大，给政策研判、配置带来干扰。四是新空间载体问题频发，面向产业转型的空间转型探索中，形态上出现新区热、小镇热、农庄热、民宿热，功能上出现康养热、文旅热、智慧热等，有的脱离实际、缺少产业基础和市场前景，房地产化严重。国家级新区对经济增长的带动作用被高估，除雄安外18个国家级新区2018年GDP占全国的4.48%，增速8.9%，尚比

219 个国家级经开区平均增速低 5 个百分点。一些新城新区人气不足、债务负担重。五是空间矛盾从总量性转向结构性。人民群众出于对美好生活的向往，产生了多样化的空间需求，老年人、年轻人、儿童对城市的开敞空间、宜居性、活力和品质有不同要求，结构不优已经取代总量不足成为新的主要矛盾。

二　今后一段时期新型城镇化及空间布局的趋势分析

中国"五年规划"从"十五"开始关注城镇化议题，提出"城镇密集区"的概念；"十一五"规划把城市群作为推进城镇化的主体形态，提出"两横两纵"格局；"十二五"规划对此进行深化完善，提出了"两横三纵"的城镇化战略格局；"十三五"规划因地制宜对城市群格局进行了细化，明晰了"19＋2"格局。总体上看，"五年规划"越来越重视对城镇化的研判，将之作为刻画阶段特征、把握未来趋势的重要维度，作为消费需求、产业转移、设施建设、服务供给等的重要依据。

图 0 - 7　中国"五年规（计）划"中的城镇化空间布局

资料来源：中国宏观经济研究院国土开发与地区经济研究所课题组绘制。

根据城镇化理论和规律，以城镇化率 30% 和 70% 为界划分为 3 个阶段：初期、快速发展期、后期。1996 年中国城镇化率突破 30%，进入城镇化快速发展期；2015 年前后城镇化开始减速，进入理论上的"城镇化快速发展期的中后期"，这将一直持续到城镇化率 70% 左右（中国约在 2030 年前后），"十四五"处在这一阶段（2015—2030 年）的"中段"，是由快变慢的"变轨期"。总体上看，先发国家城镇化率"60% 后"变轨期出现 4 类分岔（见图 0 - 8）。

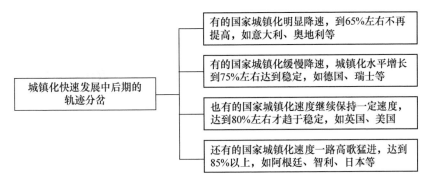

图 0-8 城镇化快速发展中后期的轨迹"分岔"

资料来源：中国宏观经济研究院国土开发与地区经济研究所课题组绘制。

从全球来看，大多数先发国家城镇化率在60%—65%开始明显持续放缓（也有极少数在55%开始放缓），多为年放缓0.05或0.10个百分点左右，韩国、墨西哥、意大利年均城镇化率增幅都比前一区间下降了0.10个百分点以上，日本、巴西、俄罗斯等下降幅度较小，约0.05个百分点，少数如意大利、土耳其则出现0.5个百分点以上的大幅下降。综合研判，目前中国城镇化速度放缓（年均降幅为0.03—0.05个百分点）处在合理区间。

（一）今后一段时期新型城镇化及空间布局的影响因素

今后一段时期，国内外形势发生重大变化，内需在拉动经济增长中的贡献进一步提升，产业转移规模和速度"双下降"，新经济、新动能加快培育，"一带一路"建设稳步推进，城乡融合提速推进，居民对宜居环境需求更加强烈，这都将深刻影响城镇化空间布局。

一是国内强大市场需求成为引领经济增长的主引擎，规模、密度、收入将成为城镇化空间重塑的决定力量。今后一段时期，一个农民转化为市民，每年将增加1万多元的消费需求，释放的强大国内市场潜力将推动城镇化空间重塑。经济发展水平高、人均收入高、消费能力强的京津冀、长三角、珠三角地区新动能培育步伐快，将继续扮演经济增长压舱石的角色，城市群空间格局将进一步优化，城市群内部网络化程度提升。人口密度高、市场规模大、消费潜力足的成渝、长江中游、中原城市群等地区进

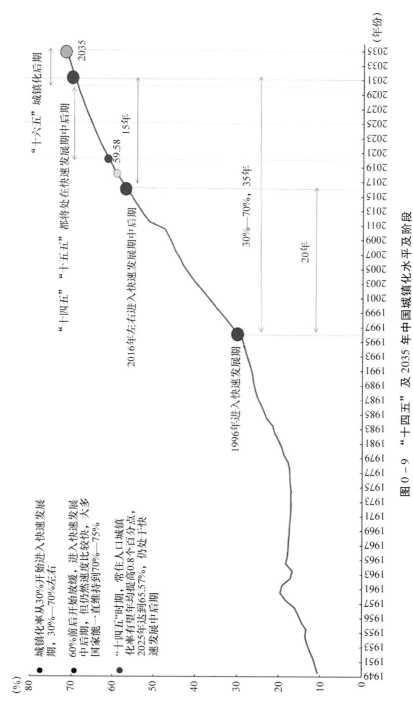

图 0 - 9 "十四五"及 2035 年中国城镇化水平及阶段

资料来源：中国宏观经济研究院国土开发与地区经济研究所预测。

入城镇化快速增长阶段,城市集聚效应不断释放,城市分工促进生产效率提升,有望获得更多发展机会,在中国城镇化空间格局重塑中扮演重要角色。

二是产业转移规模和速度"双下降",中西部地区省会城市集聚度将持续提升。今后一段时期,成本、市场、外贸、人才、技术进步等多种因素都将促使产业梯度转移规模和速度"双下降",在广大中西部城市,承接产业转移和布局的机会减少,存量产业的结构演进、技术进步和"再组织"成为经济增长的主要路径,这使得省会城市的相对优势更加明显,中小城市维持边际增长的难度加大,更加依赖于和省会城市的合作,中西部省份的经济集聚度、城市首位度提高。

三是"一带一路"建设为重点的全面开放新格局加快形成,开放走廊与国内轴线衔接叠加效应释放节点城市潜能。近年来中国以"一带一路"建设为重点,建设中欧班列、陆海新通道等国际物流和贸易大通道,构建"六廊六路多国多港"合作格局,推动陆海内外联动、东西双向互济的开放格局,中国与周边国家互联互通水平、地缘优势持续改善。国内"两横三纵"城镇化战略格局与上述大走廊、大通道衔接更加紧密,将在重庆、成都、郑州、西安等核心节点城市形成叠加效应,有利于形成中西部地区新增长极和内陆开放高地。全面开放格局与京津冀协同发展、粤港澳大湾区、长三角一体化、长江经济带等通过战略互动,形成相互支撑,有望成为推动东部沿海地区高质量发展、城镇化格局深刻调整的新动能新变量。

四是城乡融合加速推进,城乡交界的要素价值将得到重新发现,为连接城乡的县城、小城镇发展注入新动力。健全城乡融合发展体制机制和实施乡村振兴战略,将让城乡交界地区、农村地区的土地、生态、文化等价值重新被识别,一些地区城乡比较优势发生变化,人口乡城流动规模速度下降,城镇人口到农村居住生活的意愿上升,县城、小城镇连接城乡的优势将被激发出来。今后一段时期如能采取有效措施,顺势而为、因地制宜提升县城和小城镇的承载能力,将有助于补齐短板、优化城镇化空间布局。

五是生态文明建设深入推进过程中,生态环境优美的南方城市将占据先机。党的十八大以来,生态文明理念深入人心,各地纷纷探索绿色城市发展之路,北京开展"疏整促"和"街区更新",成都提出建设"公园城市"，福州建设了"福道"（城市森林步道）等。截至目前，中国有 15 个城市被联合国授予"国际花园城市"，22 个城市被授予"联合国人居环境奖"。今后一段时期，宜居的生态环境将成为城市"抢人"的重要筹码，生态环境优、公共服务好、就业机会多、治理效率高的城市将成为汇聚人口的高地。整体上看，自然条件得天独厚的南方城市要更具优势。

（二）今后一段时期新型城镇化呈现"五期"叠加特征

一是城镇化速度的持续放缓期。预计 2025 年中国常住人口城镇化率将达到 65.57%，年均提高 0.8 个百分点。大多数先发国家城镇化率在 60%—65% 开始明显持续放缓，韩国、墨西哥、意大利年均城镇化率增幅都比前一区间下降了 0.1 个百分点以上，日本、巴西、俄罗斯等下降幅度较小，约 0.05 个百分点，意大利、土耳其则出现 0.5 个百分点以上的大幅下降。当前中国城镇化速度放缓迹象明显，今后一段时期将继续保持放缓的趋势。

二是城镇化问题的集中爆发期。城镇化快速发展时期，受限于认知水平、技术能力，设施短缺、风貌单一、交通拥堵、环境恶化、活力不足、管理滞后等城市问题很难得到有效解决。进入城镇化快速发展中后期，这些问题将彼此影响、互相蔓延且容易伴随突发或极端事件集中爆发。同时，城镇化的人口结构出现变化，流动人口、中产阶层、老年人等不同群体的需求偏好大幅转变，城镇高品质居住、游憩、康养等空间资源严重短缺，这些都对塑造安全均衡高效的城镇化格局和绿色韧性包容的城市环境提出迫切要求。

三是人口流动的多向叠加期。传统单向乡城流动正在发生改变，不仅人口从乡向城流动的规模下降，还出现了从城向乡流动的潜在趋势。城市间流动总体上流向高等级城市，但在都市圈内部，中心城市的郊区化态势也比较明显，新市民向新城、新市镇聚集，中心城市周边中小城市吸纳人口的规模扩大。人口流动的多向叠加给空间供给带来前所未有挑战，不仅需要辨明流向、规模，还要区分短期现象还是中长期规律。

四是城镇格局的加速分化期。随着人口流动特征和城镇化推动力的转变，城镇体系格局将长期分化。一方面，城市间人口流动的增加，意味着一些城市快速扩张和另一些城市收缩将长期共存。另一方面，现代服务业逐渐取代制造业成为推动城镇化的主动力，由于服务业更加依赖于集聚效应，人口和其他生产要素将加速向中心城市及都市圈集聚，加剧与中等城市的发展落差，部分三线、四线城市人口增长缓慢或持续流出将成为常态。

五是城镇化发展的机制转换期。城镇化快速发展时期，通过改善基础设施、提升土地价值、发展住房消费等，实现城镇化与经济增长互相促进。城镇化进入快速发展中后期，人们的进城意愿下降，土地资源短缺、房产库存上升等问题加重，部分中小城市人口收缩，依赖房地产和空间扩张型传统城镇化模式难以为继，迫切需要构建可持续的新型城镇化健康发展机制，提升空间品质、塑造包容多元的人文环境，促进多种文化相互碰撞、交流与融合，不断推动知识创造、科技发明、产业升级、业态培育，为经济增长注入新动能。

（三）今后一段时期新型城镇化空间布局呈现"四化"互动趋势

一是空间布局形态多元化。不同城市和区域自然禀赋、发展阶段、产业结构异质性决定了空间需求的差异性，也决定了当前和未来空间供给的多元化趋势。不仅有宏观尺度上的"城市群—都市圈—中心城市—县城和小城镇"层次性，也有微观地域或业态上的创新走廊、科学城、特色小镇、未来社区、共享空间等新载体。今后一段时期随着产业、科技、人口等要素组合的新变化，空间布局形态更加多元。

二是空间布局结构协同化。随着交通运输、产业转移、要素流动不断增强，"两横三纵"新型城镇化重点轴带相互间的经济联系明显加强，相互支撑、相互促进的效应不断显现。"两横三纵"城镇化轴带内的重点城市群、都市圈、大中小城市等不同层次和形态之间的相互影响日益扩大，多方向、多领域、多层次的耦合互动效应明显加强。城镇化轴带之外的其他大中小城市、县城、各类城镇等不同形态间的互促互动功能不断释放，同样呈现互相影响、互相支撑的空间互动效应。今后一段时期空间布局结构协同化的范围、水平、深度还将进一步拓展和提升。

三是空间布局动力升级化。随着传统依靠要素投入和规模效应作用的线性、准线性城市增长动力模式向要素组织的化学效应、几何效应引起的增长动力升级，5G、高铁等更快速的通信、交通设施提高生产服务业的效率，释放设施升级效应，新技术变革、产业的跳跃性转移、对外开放的扩大和深化，将释放产业升级效应，新增进城主体、劳动力结构转化升级，将释放人力资本升级效应。今后一段时期牵引空间布局的动力逐步从传统动力向新兴动力升级转化。

四是空间布局约束刚性化。中国新型城镇化面临资源约束趋紧、环境污染严重、生态系统退化的严峻形势，各类生态环境风险不容忽视，空间发展的约束更趋刚性化。以生态保护红线、永久基本农田、城镇开发边界等国土空间管控边界约束日益强化，对于不同形态的新型城镇化空间布局划定了严格的空间类型边界。今后一段时期随着"三区三线""三线一单"等落地实施，新型城镇化空间布局的刚性约束作用日益增强。

三　总体思路

(一) 目标原则

今后一段时期，要以人的城镇化为核心、以提高城镇化质量为导向，优化空间布局结构，提高空间配置效率，改善空间功能品质，增强空间治理能力，支撑重大区域战略实施，适应经济转型的空间需求，不断解决人民日益增长的美好生活需要与不平衡不充分发展之间的矛盾，塑造多元、开放、高效、优质的新型城镇化空间布局。为此，要把握好以下几个原则。

有序集聚、有机疏解。科学认识当前人口流动模式复杂多元特征，把握人口向都市圈地区集聚、都市圈功能向中心城市郊区及外围疏解的内在规律，准确判断农村地区人口减少、部分城市收缩的趋势，顺势而为、合理施策，促进城市人口和功能有效集聚、有序收缩、有机疏解。

形态多样、尺度多元。不同地区城镇化基础条件和阶段差异明显，城镇化空间发展需求和重点不同，要树立"全尺度"思维，政策重点既要指向城市群、都市圈等宏观尺度，也要覆盖科创走廊、发展轴带等中观尺度，以及新城新区、园区社区、特色小镇等微观尺度，加快完善适应多类型城镇化空间形态的治理体系。

增量管控、存量更新。适应城镇化发展从规模扩张向存量更新转变的趋势，坚持完善增量管控政策与构建存量更新政策并重，既要严格执行面向增量的管控举措，强化"三区三线"空间管控监督评估，又要加强面向存量的土地制度创新，形成支持城市更新、提质增效的制度性通道。

科技引领、智慧韧性。伴随无人驾驶、远程医疗、量子通信、虚拟现实（VR）、增强现实（AR）、人工智能（AI）、物联网等新技术加速应用和快速迭代，将深刻改变城镇运行方式和居民生活方式，数字城市、未来社区、智能建筑不断涌现，人们的职住形态复杂多样，由于技术创新导致城镇空间发生实质性变革的可能性显著提高，急需建立以科技为引领，多元开放、韧性包容的城镇化建设和治理体系。

（二）基本思路

1. 稳规模：保持城镇化平稳放缓、防止过快"熄火"，是空间布局调整优化的先决条件

因城施策，进一步推进非户籍人口落户工作，在农村土地、子女就学、父母医保等关键改革上要取得突破。特大城市、超大城市疏解功能时要注意节奏，对就业岗位多、社会影响大的功能疏解要慎重。大城市，特别是大Ⅱ型城市要进一步强化"主力军"作用，为进城人员提供有尊严的工作岗位，为其子女父母提供有质量的公共服务。中小城市和小城镇要发挥好"稳定器"功能，创造条件维护其灵活、弹性就业创业的"生态圈"，进一步提升县城就业和生活环境。密切关注南北方人口流动态势，支持部分北方城市改善人居环境、加快结构转型。重点城市群和都市圈要加强人口就业和返乡监测，建立预警和预案应对。稳规模关键是稳重点群体，对大学毕业生、留学归国人员、退伍军人、长期进城、举家迁徙、技术工人、新生代务工青年等要建档立卡、提供专属"菜单"，让其在城市干得开心、过得舒心。

2. 调结构：引导城镇格局与资源禀赋、开发强度、发展潜力相适应，是空间布局调整优化的核心任务

进一步增强陆海新通道的支撑作用，使其成为支持中国西部地区的开发轴线和综合廊道，强化节点城市和门户城市作用。推动城市群政策结构性调整，提升三大世界级城市群能级，强化成渝城市群国家意义，刷新长江中游城市群存在感，挖掘山东半岛、海峡西岸、北部湾等沿海城市群潜力，推动内陆城市群"瘦身健体"，让各自"衣帽"都更合身。调整优化城镇体系结构，逐步实现因城分类施策，加大对全球城市和世界城市的支

持力度。顺应人口向大都市集聚态势，整合重大资源、平台投放，优化国家中心城市战略布局，强化都市圈中心城市引领作用，提升中国城市经济综合竞争力。探索以都市圈为单元进行生产分工、政策配置、实现大中小城市和小城镇协调发展。在内陆腹地选择若干城市，培育成为维持国家安全、发展实体经济的"备份城市"。引导广大中小城市个性化发展，培育若干"单打冠军"。

3. 强功能：完善各类城镇综合配套功能、精准配置政策工具，是空间布局调整优化的主要路径

明确各类城镇功能定位，通过横向统筹、上下联动，加快制定"城市发展定位一张清单"，在全国层面梳理明确各城市功能[1]，把国家战略意图落实到城市发展定位中，让城市成为落实国家战略意图的"特种兵"，让"一张清单"成为城市谋划发展的"作战图"和绩效评价的"考试卷"。统筹生产生活生态空间，着力提升城市生态功能，扩大生活空间特别是公共开敞空间，按照新业态、新模式需求推动生产空间加速转型。以提升创新功能重塑城镇空间格局，坚持城市创新、产业升级与吸纳就业联动推进，推动综合性国家科学中心、创新中心、"双一流"大学、科研院所合理布局，构建与城市发展协同的开放型区域创新网络。推动各类城市魅力凸显，尊重自然形态格局，注重历史文脉传承，发展现代文化、职业体育，形成符合实际、各具特色的城镇化发展模式。

4. 多形态：坚持因地因时制宜、多种形态并举，是空间布局调整优化的重要载体

推动城市群"瘦身强体"，工作着力点逐步转向以中心城市为引领的都市圈，引导资源配置、产业组织从以行政区为单元转变为以都市圈为单元。严格规范新城新区，对就业少、负债重、人气弱的要制定消化活化方案。中小城市要提高承载能力和特色魅力，找准发力领域，实现小而强、小而优、小而潮。充分重视特色小镇在空间提升和功能嵌入上的开创性，深入分析暴露出的问题，加快找到解决路径和支持办法，不能"一规了之"。匹配经济转型的空间需求，鼓励各类空间形态创新转型探索，支持科创走廊、科学城、生态城、文化城、未来社区、共享农庄等多样化发

---

① 2011年《全国主体功能区规划》中曾经对各区域、城市群、主要城市的功能定位有表述。

展，实施有利于要素集聚、产业拓展、空间融合的政策措施，形成一批与空间形态根植耦合的创新共同体、城乡融合体、产城转型体和职住平衡体。

5. 高效益：推动城镇化经济社会生态效益并重、近期效益与长远效益兼顾，是空间布局调整优化的最终归宿

统筹生产、生活、生态空间布局和功能定位，注重发挥规模经济和范围经济效应，实现生产空间集约高效、生活空间宜居适度、生态空间山清水秀。坚持要向制度创新要效益，深化集体经营性建设用地入市改革，完善闲置宅基地退出或转化为集体经营性建设用地入市的制度通道。向混合利用要效益，加快完善城市用地混合、兼容性利用的举措，提高功能多样性，促进产业转型和效率提升。向空间品质要效益，要加快更新城市建设管理理念和办法，建设品质城市、品质社区和品质空间。通过化解新的空间问题提高效益，破解集聚不经济、内城衰退、职住分离、空间分异等新问题。

四　重点任务

按照上述思路，今后一段时期要在空间形态、产业组织、人口流动、交通设施、生态安全等领域协同发力，推动中国新型城镇化空间布局调整优化。

（一）推动形成多元、开放、高效、优质的城镇化空间

发挥中心城市在落实国家战略、整合区域要素、参与国际竞争中的引擎作用，发挥都市圈成为组织生产和生活、承载发展要素重要空间形式的关键作用，推动人口、要素按照规律有序流动、高效集聚，优化城镇化格局的主要发展轴带，完善分层次、差异化发展的城市群、都市圈政策，形成以城市引领区域发展、以提高城镇化质量推动区域高质量发展的格局。

1. 坚持推动胡焕庸线东西两侧分类施策

尊重胡焕庸线两侧人地关系的长期稳定性，不宜人为强行打破，两侧采取不同空间策略。守住人口、经济与资源、环境协调的空间开发基础，并逐步形成分区施策的城镇化政策导向。

胡焕庸线以西地区按照边境和非边境地区分类施策。边境地区要突出均衡发展思路，推动城镇相对均衡布局，强化稳边戍边功能。发挥好既有县城、团场、口岸、建制镇和乡驻地的作用，适当增加建制镇数量，支持抵边村屯建设，进一步完善基础设施和公共服务条件，保护新疆、西藏、内蒙古等少数民族边民传统农牧生产生活方式，使其做好神圣国土的守护者。采取多种措施，有效防止边境地区人口过快减少。非边境地区要在生态优先、保护好生态屏障的前提下，根据资源环境承载力条件，推动人口向都市圈、城市群等优势地区适度集聚，推动呼包鄂榆、宁夏沿黄、兰州—西宁、天山北坡城市群（都市圈）发展，加快区域性中心城市建设，在调整行政建制新设市方面予以适当倾斜，支持一批战略地位重要、经济发展较好、发展潜力大的县、兵团中心垦区，设为县级市。

胡焕庸线以东地区按照都市圈内外分类施策，都市圈地区要推动重点发展、优化发展，打造成为集聚经济活动的主要承载地，形成区域竞争新优势；实施网络化开发模式，推动统一市场建设、基础设施一体高效、公共服务共建共享、产业专业化分工协作、生态环境共保共治、城乡融合发展。非都市圈地区实施点状开发，壮大区域性中心城市，提升产业支撑能力和公共服务功能，发挥县城和小城镇功能，提高服务镇区居民和周边农村的能力，带动乡村地区振兴发展。

2. 优化形成"新两横三纵"战略格局

对"十二五"规划提出"两横三纵"城镇化格局实施10年来进行评估，结合当前重大区域战略实施，城镇化和区域经济布局深刻调整，有必要对既有"两横三纵"轴带进行调整优化，加快培育西部陆海新通道，替代包昆通道，形成衔接"一带"和"一路"的新纵向通道，形成"新两横三纵"战略格局。

西部陆海新通道发展轴要突出"培育"。顺应"一带一路"建设要求和西南西北地区发展态势，在原有包昆通道基础上进行整合升级，形成衔接"一带"和"一路"、沟通西北和西南南北通道，进一步增强支撑作用，推动与包昆通道融合延伸，形成沟通南北、衔接带路、引领中国西部地区发展的新纵向通道。

沿海发展轴要突出"优化"。依托三大世界级城市群形成中国经济转型升级、参与高水平全球竞争的标杆，挖掘山东半岛、海峡西岸、北部湾等地区发展潜力,提升沿海地区经济纵深。支持辽宁沿海加快发展,在引领东北地区振兴发展中发挥突击队作用。

陇海兰新发展轴要突出"联动"。以中原、关中平原、兰州—西宁、天山北坡城市群为主体,重点要促进东中西段联动发展,完善郑新欧、兰新欧等通道,推动内陆开放,加强内陆开放平台建设,形成"一带一路"建设重要支撑和向西开放的重要依托。

沿江发展轴要突出"绿色"。沿长江轴带以长江三角洲、长江中游和成渝三大城市群为主体,以沿江干流城市为支撑,依托沿江综合立体交通走廊,重点要统筹好生态环境保护和经济发展的关系,在培育新动能上下功夫,率先走出一条生态优先、绿色发展的新路子,成为长江经济带高质量发展的先行区和支撑区。

京哈京广轴带要突出"协调"。依托京哈—京广通道,加强哈长、京津冀、中原、长江中游、珠江三角洲城市群纵向联系,进一步增强南北向要素流动能力,增强武汉、郑州等中心城市、都市圈集聚能力,成为缩小南北差距、应对南北分化、促进南北方协调发展的重要廊道。

3. 分层次支持重点城市群发展

发挥城市群成为组织生产和生活、承载发展要素重要空间形式的关键作用,推动人口、要素按照规律有序流动、高效集聚,有力带动和支撑区域经济发展。

建设三大世界级城市群。将珠三角、长三角、京津冀三大世界级城市群,打造成为重要动力源地区。珠三角以粤港澳大湾区建设为重点,推动规划相互衔接,建设富有活力和国际竞争力的一流湾区。长三角通过更深层次一体化,建设活跃增长极,带动整个长江经济带发展。京津冀以疏解北京非首都功能为"牛鼻子",高标准、高质量建设河北雄安新区和北京城市副中心。

支持成渝城市群上升为国家战略。成都突出航空港、科技创新等优势,重庆突出航运、开放等优势,加强成都、重庆分工合作。加快推进南北向通道建设,强化与西北腹地的联系,提升联通西北、西南的通道效率,构筑从大西北直抵印度洋的大通道。发挥科技创新、互联网、电子信息等产业优势,布局以新一代互联网为基础的新型基础设施和现代产业体系。支持成都、重庆布局一批高端要素集聚和发展平台,形成支持跨国产

图 0 - 10　今后一段时期"新两横三纵"城镇化发展空间

资料来源：中国宏观经济研究院国土开发与地区经济研究所课题组绘制。

业分工体系的物流、金融结算等服务系统。密切与西北地区的联系，促进
解决西部地区的南北分化问题。形成支撑西部大开发新格局的重要引擎，
打造中国经济第四极。

　　提升山东半岛、海峡西岸、北部湾等沿海城市群功能。发挥这三个城
市群地处沿海的区位优势，从优化全国产业分工体系出发，加快构筑面向
未来的产业体系，增加土地等生产要素供应的灵活性，赢得更大发展空
间，加快创新驱动、产业升级和海陆统筹发展，加强与三大世界级城市群
联动发展，增强支撑能力，建设成为中国参与国际竞争的重要支撑区域，
促进东部更高质量率先发展。

　　优化长江中游等城市群组织模式。长江中游地区在中国版图中的战略
地位十分重要，具有承东启西、联南接北的区位优势，但功能发挥并不理

想。特别是武汉的区位优势、科教优势都没有转化为交通优势、创新优势。下一步应优化长江中游城市群组织模式，把武汉的地位突出出来，让武汉的教育、科技、航运等要素优势发挥出来，加快推进北沿江高铁等东西向高铁通道，提升航空港枢纽地位和国际化水平，增强光电通信、装备制造、生物医药、地理测绘技术等领域竞争力，促进东西南北联动，增强战略支撑能力。

表0-8　　　　　　　　　　　分类推进城市群建设构想

层次	数量	发展导向	城市群类型	城市群名称
第一层次	3个	优化发展	世界级城市群 （4个）	珠三角、长三角、京津冀
第二层次	1个	提升能级		成渝
第三层次	3个	挖潜集聚	国家级城市群 （6个）	山东半岛、粤闽浙沿海、北部湾
第四层次	3个	促进集聚		长江中游、中原、关中平原
第五层次	9个	培育发展 瘦身强体	地方型城市群 （9个）	哈长、辽中南、山西中部、黔中、滇中、呼包鄂榆、兰州—西宁、宁夏沿黄、天山北坡

资料来源：中国宏观经济研究院国土开发与地区经济研究所课题组整理。

引导哈长城市群、呼包鄂榆等收缩型城市群"瘦身强体"。密切关注哈长、呼包鄂榆、兰州—西宁等城市群发展动向和人口流向，以"瘦身强体"的思路推动集约化发展，进一步改善内部基础设施条件，明确产业分工和错位发展，实现特色化、专业化发展，改善营商环境，提升城市品质，建设小而精、小而美城市群。

4. 积极培育现代化都市圈

以特大、超大城市为中心形成的都市圈是东亚、西欧等人口相对稠密、区位禀赋不均衡地区城镇化较高阶段后的主要空间形式。今后一段时期中国主要都市圈更加成熟，中西部部分都市圈也将加速形成。下一步应充分重视都市圈在生产组织、生活品质、生态休憩及要素配置、设施布局上的主体地位，加快建设"三生一体"都市圈。

根据成长阶段分类推进都市圈发展。3大核心都市圈（地区）相对成熟，应着力增强要素配置枢纽功能，提升国际竞争力；成都、重庆、武汉等14个重点都市圈正加快发育，要优势互补，着力构建一体化体制机制和市场环境；石家庄等 12 个潜在都市圈尚未形成，要控制节奏，提高中心城市（区）功能强度，在集聚和扩散中做好平衡。

科学确定都市圈范围。统筹生活通勤、产业组织及生态休憩等功能布局及其内在规律，按照中心城市规模能级、距离半径两个标准科学划定，原则上仅支持副省级以上城市和省会城市建设都市圈，其他省域副中心城市、区域性中心城市培育都市圈需要具备一定条件，不宜随机建设、随意扩大，进都市圈健康成长。

表 0 - 9　　　　　　　　　分类发展现代化都市圈

类型	数量	发展导向	都市圈中心城市
核心都市圈	3 组	要优化提质、增强要素配置枢纽功能和国际竞争力	北京—天津、上海—杭州—南京—宁波—苏州、广州—深圳—东莞—佛山
重点都市圈	14 个	要优势互补、着力构建一体化体制机制和市场环境	成都、重庆、武汉、济南、青岛、西安、沈阳、大连、厦门、福州、郑州、合肥、长沙、南宁
潜在都市圈	12 个	要控制节奏、重点支持中心城市与远郊区县或周边城市一体化发展	石家庄、太原、南昌、长春、哈尔滨、呼和浩特、昆明、贵阳、银川、兰州、乌鲁木齐、西宁

资料来源：中国宏观经济研究院国土开发与地区经济研究所课题组整理。

优化都市圈空间布局。把握中心城市"去工业化"和"郊区化"态势，合理制定都市圈核心地区、外围地区定位，实施差别化政策，提高空间配置效率。推进中心城市与周边中小城市的交通设施互联互通、公共服务共建共享、创新资源高效配置，密切中心城市与中小城市的功能联系，打造通勤高效、一体发展的都市圈。

5. 打造配合默契的城市团队

大中城市数量多、禀赋各异是中国的优势，要用好用足。然而，随着中国工业化城镇化进入中后期，区域经济布局深刻演化，下一步产业发生大规模梯度转移的可能性在变小，格局性变化已经很难发生。因此下一步中央政策的重点是要引导它们打好"配合"，形成团队优势，要形成"合作"关系而不是"接续"关系。要着眼于国家竞争力提升，从产业链、价值链等新视角精准确定城市定位，以提高劳动生产率和价值贡献率为导向，鼓励各城市做好各自担当，深耕擅长行业，久久为功提升产业基础能力，不宜片面追求产业结构高度化。一是着力支持长三角、珠三角、京津冀创新发展，实现价值链跃升和更高水平对外开放，打造引领高质量发展的策源地。二是国家中心城市要重点增强集聚辐射力，稳步提升优势领域的竞争力，成为推动区域协调发展的稳定器。三是支持具有一定城市规模、腹地范围、产业特色的老工业城市和人口基数大、城镇化进程加快、后发优势明显的新兴城市发展，因地制宜促进产业集聚和吸纳就业，重点夯实制造业基础能力，建设维护国家安全的"备份城市"，打造实体经济的压舱石。

6. 实施县城提升计划推动乡村振兴和城乡高质量融合

今后一段时期是推进城乡融合发展的窗口期，推进城乡融合的关键在农村端，核心在体制机制创新，要深刻把握现代化建设规律和城乡关系变化特征，顺应城乡居民对美好生活的向往，以高水平乡村振兴推动高质量城乡融合。

高水平推进乡村振兴。按照产业兴旺、生态宜居、乡风文明、治理有效、生活富裕的总要求，坚持乡村振兴和新型城镇化双轮驱动，加强改革探索力度，推动乡村产业、人才、文化、生态、组织全面振兴。在江南水乡、华北平原、东南沿海等地划定一批永久农村地区，挖掘乡村多种功能和价值，修复和改善乡村生态环境和人居环境，保护好富有地域特色的"农村生命体"。

实施县城提升计划。把握县域和县城在中国历史和现代治理体系中的独特作用，全力提升县城规划、建设、管理的质量水平，重点完善县城的对外交通、公共服务、商贸流通等功能，将县城作为引领县域发展的辐射中心、促进城乡融合的战略支点，推动城乡要素在县城充分对接、优化配置。规范发展特色小镇和特色小城镇，夯实城镇化格局底部支撑。

建立双向联动的城乡经济体系。建立引导城乡产业、消费、要素双向流动的政策体系。通过制度、技术和商业模式创新，改造传统农业生产经营模式，培育农村电子商务、农业供应链，推进农村一二三产深度融合。挖掘拓展农业农村的生态涵养、休闲观光、文化体验、健康养老等价值，合理发展一批农村产业融合示范园、田园综合体、特色种养殖基地、乡村民宿、特色小（城）镇等功能平台。

重塑新型城乡关系。努力走出一条城市和农村携手并进、互利共赢的城乡融合新路，以完善产权制度和要素市场化配置为重点，坚决破除体制机制弊端，促进城乡要素自由流动、平等交换和公共资源合理配置。以国家城乡融合发展试验区为抓手，加快打通城乡融合发展的制度性通道，促进各类要素更多向乡村流动，在乡村形成人才、土地、资金、产业、信息汇聚的良性循环，为乡村振兴注入新动能。

（二）优化重塑产业发展空间布局

积极顺应产业变革发展和转移演化的新趋势，持续提高产业用地节约化集约化水平，充分保障新增优势产业用地需求，既要优化城乡区域之间的产业空间关系，也要促进城市内部产业空间优化升级，为城镇化空间优化提供新支撑。

1. 创新形态适应"四新"经济空间需求

增强空间创新和创新空间供给，面向5G、物联网、VR、AI等，引导构建更加扁平化、网络化的城镇格局和城市内部结构。鼓励各类产业空间创新，因地制宜发展特色小镇、楼宇经济、城乡综合体、文化旅游及健康养生综合体等，加强跟踪监测。鼓励优先在国家级新区、自由贸易试验区、国家级经开区等重大平台内开展空间形态创新探索，逐步形成面向新经济的空间供给体系。

2. 加快实施城市更新

当前，中国城市人口和空间快速拓展的同时，也在从快速工业化阶段向后工业化阶段的转型过程中，城市旧城区也面临着空间、设施、功能等短板。这在一些特大城市尤为突出，城市更新成为城市改造、再生和复兴的重要手段。通过城市更新促进传统产业园区整体转型，引领城市产业升级。通过在既有建成区域内嵌入创新空间，集聚创新资源，吸引创新人才。以科技创新为核心带动城市的全面创新，充分发掘传统行业、创新经济的增长潜力，实现经济多样化发展，提供多元化的就业机会，建设适合各类人才成长创业的宜业城市。通过老工业区的城市更新，积极推动城市功能配套相对完善、城市建设用地保障较为充分的功能区、园区向产城融合的城区转型升级。通过优化居住、就业的土地利用，完善公共服务配套设施，梳理公共开放空间，营造可达性强、服务匹配精准、功能复合、开放安全的宜居社区。

3. 促进产业有序转移承接

有序推进东部沿海依托能源原材料和劳动力投入为主的基础性、传统性、模块化产业向中西部转移，减少能源资源、劳动力、商品长距离运输需求。以都市圈、城市群为主体，有序引导部分优势产业从核心城市向周边中小城市疏解转移，形成核心城市总部及高端经济引领、周边中小城市加工协作配套和专业化分工格局。推动建设一批产业配套能力好、承载空间大的城市成为战略性产业接续成长城市。

4. 提高产业空间的开放度

随着改革开放进一步深化和"一带一路"建设的全面推进，中国对外经济联系日益紧密，各地区均将获得新的开放条件和发展空间，应进一步提高产业空间的开放性，积极搭建各具特色的外向型经济发展空间。

一是建设一批具有国际影响力的国别产业合作园区。京津冀、雄安新区、长江经济带、粤港澳大湾区、海南等重大国家战略区域，是改革开放的先锋和窗口，应以这些战略区域为重点，进一步面向全球扩大开放，鼓励和支持国际产业深化合作，推动建设一批有国际影响力的国别合作产业园区。

二是建设一批国际门户枢纽城市。随着中欧班列大规模运营、自由贸易试验区的深化建设，沿海、沿边、内地将依托国际商贸、国际物流配送等业态的发展，兴起一批外向型、国际枢纽型城市，应着眼全国对外大通道枢纽体系建设，优化布局建设一批国际门户枢纽城市，避免在外向型经济发展上的无序竞争。

5. 提高存量产业空间发展质量

积极推进存量产业空间腾笼换鸟，促进存量园区从高速扩张型转向高质量发展型。有序推进关闭、异地搬迁和改造升级水源地、重点生态功能区周边污染性工业园区和企业。改变工业园区遍地开花的形态，果断取缔立地条件不好、产出效率不高的散乱差污园区。建立健全园区企业准入和退出机制，实施严格的工业用地产出量化管理举措。

表 0-10　　　　　　　　　　优化布局存量和增量产业空间

	主要任务	示例
存量空间	优化调整不合理的园区布局	①临近大江大河； ②饮用水源地上游、上风向、生态功能区； ③立地条件不好、开发效率低的较小园区
	逐步清退土地开发利用效率不高的产业企业	①工业厂房闲置； ②开发效率低
	提高园区土地开发利用效率	建立单位土地面积产出管理机制
增量空间	培育发展新空间形态	①楼宇经济（城市综合体）； ②小镇经济； ③乡村产业融合综合体（田园综合体）； ④文化旅游、康养综合体
	新增产业用地	重大改革开放平台
	土地整理更新	存量空间如城中村、老旧厂区、海岸线等整理更新

资料来源：中国宏观经济研究院国土开发与地区经济研究所课题组整理。

（三）引导人口多元集疏、有序流动

应积极应对城市群、收缩城市和边境地区等重点区域人口空间分布的模式和特点，着重人口流动引导，城市分类指导，以及养老空间、居住空间和高素质人才空间需求等方面做出调整。

1. 引导人口向各级各类城镇化地区有序集聚

城市群依然是国家城镇化的主战场。城市群是新增城镇人口的主要集聚地，应着力优化资源配置和空间布局，提升空间资源利用效率，拓展人口吸纳能力。大中城市应根据城市发展基础、国家和区域战略、发展分化趋势，培育有条件的省域副中心城市，作为区域性人口集聚中心和经济增长极。

中小城市、县城和部分小城镇应走特色化差异化发展道路。顺势培育地方性人口集聚中心，作为就地就近城镇化的重要节点。合理控制收缩城市产生的负面影响，致力于城市功能和公共服务的品质提升，建设成为基本公共服务供给和实施乡村振兴战略的有效支点。

主动适应、双向引导农民工的回流返乡趋势。主要人口流入地的大城市，应按要求全面取消或放宽落户条件，切实推进基本公共服务均等化和

高质量供给,加强农民工职业培训,全面提高就业能力和劳动生产率。主要人口流出地的内陆省份和县域,应抓住高素质劳动力回流机遇,通过足量优质的城市就业、住房和公共服务供给,促进回流人口在各级城市和小城镇集聚,成为就地就近城镇化的关键动力。全面为返乡农民工提供良好的就业创业环境,使其成为推进乡村振兴的中坚力量。

2. 积极引导、冷静应对城市分化与收缩

城市收缩、分化是城镇化中后期伴随经济结构持续转型、区域比较优势不断转化过程中出现的客观现象,根据我们的测算,目前中国城市收缩的程度和范围处在一定区间,不宜过分夸大,应积极引导可控制的精明收缩。

分类施策应对城市收缩。总体上看,目前中国收缩城市有三种类型:部分资源枯竭的城市、部分边境和贫困地区城市、特大城市周边的部分中小城市,其收缩动因不同,要分类施策。资源枯竭型城市重点在加快新旧动能转换,通过结构升级培育新动能;边境和贫困地区城市应结合精准扶贫和乡村振兴战略,探寻特色发展路径;特大城市周边的收缩型中小城市应主动融入积极参与都市圈分工,在错位协作中实现自身发展。

积极应对县域人口流失。针对部分县域人口持续流失的新形势,以县城为重点提升产业集聚和就业吸纳能力,提升教育等关键公共服务变量,改善县域生态环境,加大产业植入、土地利用、投融资等制度创新力度,探索建立闲置低效用地再开发、发展权跨区域转移等新机制,维持县域各类城镇和乡村发展活力。

表 0 – 11　　　　　　　　收缩城市存在问题及其应对策略

收缩类型	存在问题	应对策略
结构性危机收缩	产业危机	加快传统产业用地腾退与再利用,顺应人口减少的趋势提升就业人口质量,加强科技创新能力建设,发展和培育新兴产业
大都市周边收缩	吸引力不足	探索和建立新的区域合作机制,加强都市圈内部协作,利用新兴产业和城市境的改善来充分吸引人口
欠发达以及边境城市收缩	经济落后	加强对外开放以引进资金和技术,依靠本地优势发展特色产业

资料来源:中国宏观经济研究院国土开发与地区经济研究所课题组整理。

顺势而为支持潜力城市。近年来在总体经济环境较为困难的情况下，一些城市有较好的经济增长表现，是今后一段时期的潜力城市，主要包括刚走过转型阵痛的沿海制造业城市，如东莞、南通等，刚迈入快速工业化城镇化阶段的新兴人口大市，如南阳、赣州等，还有得益于交通条件改善或要素结构变动的传统的省域副中心城市，如襄阳、徐州等。应顺势而为，在重大产业平台、开放平台、制度平台及有关政策上，予以支持，形成支撑高质量发展的新梯队。

3. 增加养老空间数量和质量

人口老龄化问题需要科学、辩证地认识，老龄化在增加了社会养老需求的同时也带来了机遇，在人口老龄化初期，人口增长放慢，总人口抚养比和少儿抚养比下降，是有利于社会经济发展"第二次人口红利期"。应对中国的人口老龄化趋势发展趋势和老龄化水平的空间差异，可以采取以下策略。

建立完善的养老服务体系，不断满足老年人不断增长的供养、医疗、休闲等需求。广泛动员政府、市场、非营利组织、志愿者、居民等社会力量，共同建立完善的分级老年服务网络，在区县一级配备区县养老院、老年专科医院等设施，在街道一级配备街道级院、老年诊所、老年大学、老年活动中心等场所，在社区一级配备老年食堂、老年活动站等，在家庭一级进行住房适老化改造。

通过提高劳动参与率和生产率，缓解老龄化带来的劳动力短缺压力。广开就业渠道，提高劳动年龄人口的就业率；加强职业技能培训，不断提高劳动者的生产效率；适当延迟退休年龄，鼓励低龄老年人继续参加工作，充分利用老年人的技能和经验，开发老年人力资源，抓住第二次红利机遇。这对于人口外流、老龄化严重的地区尤其重要。

4. 适应高素质人才的空间需求

中国人口素质结构的变化主要表现为人口素质水平不断提升，素质红利不断增加，但区域间差距较大，应对这一情形，可采取以下策略。

利用城镇优质教育资源，在人口快速城镇化进程中不断提升农业转移人口素质。建立农业转移人口专业和能力的终身教育培训体系；结合农业转移人口在企业、社区等的分布特点和就业时间特点，不断优化职业培训机构的布点设置，积极推行弹性学制与非全日制培训，降低培训的机会成本；在农业转移人口较为集中的行业积极引导其参与职业技能鉴定和资格认定，不断提高劳动生产率。

教育资源适当向人口文化素质水平较低的中部、西部地区倾斜，以缩小地区差异。在高中教育方面要适当增加优质高中数量，扩大高中教育投入，并根据生源分布不断优化布局，以应对目前教育资源总量不足、布局结构不合理的问题；在职业技术教育方面要根据中西部地区各地的产业结构发展应对市场需求的职业教育体系，建设一批具有一定规模、功能齐全、师资力量雄厚的职业技术培训基地；在高等教育方面要适当扩大西部地区的招生规模，并积极鼓励西部生源的毕业生返乡就业创业。

（四）构建与城镇化布局形态相匹配的交通系统

提高各种运输方式的人口覆盖范围，发挥综合交通运输网络对城镇化格局的支撑和引导作用，使交通系统的布局和功能同城镇化空间格局形态相匹配。

1. 加强服务国家战略和开放格局的"双支撑"交通网络建设

一是要支撑国家战略，在城镇化密集区之间，依托"十纵十横"综合运输大通道，有效支撑国家"两横三纵"城镇化战略格局，加密京津冀、珠三角、长三角、成渝等国家战略区域的骨干通道。二是要支撑国家对外开放格局，加强与"一带一路"六大国际经济合作走廊对接。加快贯通陆海新通道，强化西北、西南与东南沿海的连接，高效连通城镇化密集区以及省会城市、大中城市和重要口岸。加快国际大通道建设，协调推进与境外铁路和公路规划对接和项目建设，进一步提升口岸城市门户功能。

2. 推动城市群、都市圈交通网络有机衔接畅通

以三大世界级城市群为重点，加强干线高速铁路、干线普通铁路、城际铁路、市域（郊）铁路、城市轨道交通在城市群内部的融合发展，打造轨道上的都市圈。加强中心城市对外通道与城市道路的合理衔接，提高进出城效率，促进形成内外衔接高效、快慢匹配合理、干支布局均衡的城市路网体系。推进以资本为纽带的跨区域港口资源整合，打造分工明确、规模效应突出的机场群，加快城市群、港口群、机场群的协同发展。依托综合交通枢纽构建内外衔接顺畅的城市群综合交通体系，加强核心城市与节

点城市、节点城市间以及城市中心区与周边卫星城间的同城化、通勤化联系。

3. 强化城市交通低碳化、集约化、智能化发展

大力倡导步行、自行车交通和公共交通等低碳出行方式，完善公共交通主导的交通网络体系，在城市用地布局和交通资源分配上坚持低碳优先，利用 TOD 策略提升城市空间容量和交通系统运行效率。鼓励采取开放式、立体化方式建设铁路、公路、机场、城市交通于一体的综合交通枢纽。强化枢纽与城市交通的衔接，为客流和物流提供一站式的全过程运输服务，实现枢纽之间的互联互通、资源共享。协调交通功能与城市功能，推进车站、机场、港口等交通枢纽地区的城市更新和功能修复。

4. 实施一批促进空间调整优化的重大交通项目

根据各城市群、都市圈不同特征和各自交通方式突出短板，加快实施一批对城镇化空间布局影响重大的交通设施项目。加快推进沿海高铁北段、津沈高铁、沿江高铁建设，研究论证渤海大桥、琼州海峡大桥等重大连通性工程。支持建设与城市能级相匹配的航空港，优化"一市多场、一圈多场"布局，促进分工联动发展。重视大数据、"互联网＋"、无人驾驶等新技术在交通领域的应用，提升城市交通承载能力和运行效率，更好满足现代城市群同城化、都市圈通勤化需要。

（五）加强城镇化的生态空间供给保障

今后一段时期中国应从协同共建城市群、都市圈绿色生态网络，高标准建设城市内部生态系统，加强城乡生态系统功能链接，发挥大江大河生态经济带引领示范作用，加快推动绿色城镇化进程等方面调整优化城镇化空间布局，优化提升生态空间规模和质量，确保国家和人民的生态安全。

1. 协同构建城市群和都市圈内部绿色生态网络

编制实施城市群、都市圈生态环境共建共享方案，严格保护跨行政区重要生态空间，充分发挥中心城市的辐射带动作用，在城市群、都市圈内部联合实施重大生态保护和修复工程，协同推进林地、湿地建设、河湖水系疏浚、生态环境修复和环境综合治理。设立一批国家公园，整合和归并

优化各类自然保护地，促进自然保护地体系与生态保护红线体系相融合，完善区域生态廊道、绿道与国家公园、自然保护区有机衔接，优先在京津冀、长三角、珠三角、成渝等城市群、都市圈内部优化生态功能布局，完善区域环境治理合作机制，形成大气和水污染区域联防联控示范，打造现代化绿色城市群和都市圈。

2. 高标准建设不同规模和类型城市生态系统

以人为核心、因市而异，优化城市生产、生活、生态空间布局，以城市森林、重要湿地、大型公园等作为城市生态系统核心结点，优化布局城市绿心、绿肺、绿环、绿廊，增强城市生态系统的整体性、连通性和综合效益，提升城市生态产品供给能力。实施"退工还绿"，大力提高建成区绿化覆盖率，开展老旧公园改造、黑臭水体治理、工业污染场地修复、矿山生态治理等城市生态环境修复工程。推动大气和水体多污染物协同控制，将 VOC、臭氧、总氮、总磷等污染物纳入总量控制指标。推动城市绿色低碳发展，完善海绵城市等生态基础设施建设，在雄安新区等有条件地区率先探索零碳社区、无废城市，形成示范带动效应，有效提升城市污水和垃圾消纳能力，建设新陈代谢功能强大、运转顺畅的"生命"城市。

3. 发挥大江大河生态经济带建设引领示范功能

以长江经济带、沿黄经济带等为引领，以淮河、汉江、珠江—西江等生态经济带为支撑，沿大江大河推进流域生态经济带建设，形成绿色城镇化集聚区和绿色发展示范带。优化流域生态安全屏障体系，以资源环境承载能力为基础，发挥各地生态优势，优化产业布局。推动长江经济带率先建立生态产品价值实现试点，探索生态优先、绿色发展新路径。打通流域上中下游生态环境保护治理体系，完善流域跨部门、跨区域监管与治理制度，健全流域生态保护绩效考核和生态补偿机制，全面改善大江大河生态环境质量。

五　政策建议

（一）推动多元土地制度创新

建立都市圈统一的建设用地市场，构建促进都市圈发展的土地制度体系，统筹确定供应规模、区片、底价，实现一个口子出、一个价格卖、一套标准分,让都市圈内土地价值充分实现、收益合理分配。完善面向乡—城、城—乡、城—城、中心—外围等人口多元流动的土地制度设计,率先推动部分地区开展城乡土地统筹平衡试点,以新生代农民工为主体、以进城年限长短为依据,推动形成农村权益退出和城市权益提供联动型政策,把人口流动的桎梏彻底打破,真正实现自由迁徙、充分发展。针对城乡流动,要创新宅基地权益设置,探索有关权益抵押和赎回机制,完善担保和违约处理机制。推动面向城市更新的土地制度改革,让旧土地生长新功能、让老城区焕发新活力。规范建设用地指标配置,形成落实国家战略、支撑城镇化格局"目标导向、上下统筹、普特兼顾"的长效配置机制。

(二) 构建促进人口有序流动的管理制度

有效避免人口无序流动、服务缺失及城市"抢人大战"、活力丧失等问题,引导人口有序流动。构建"面向家庭、全生命周期"的流动人口公共服务体系,着力满足就业服务、子女教育和养老保障等流动人口的核心诉求,提高政策针对性和有效性。完善以人为本的城乡区域要素配置机制。盘活人口流出地的空间资源,满足人口发展新趋势的空间需求。完善促进人才有序流动的政策,推动"人才争夺战"向人才有序流动机制转变,扶持重点地区的人才引进战略,规范人才流动的市场化机制。建立全国统一的农业转移人口市民化监测平台和评估体系。针对城城流动,要完善保障房、机动车资格,推动实现户籍、医保、社保"一键接续"。面向乡村振兴、城乡融合新需求,引导城市专业技术人员退休后下乡创业、服务。

(三) 深化城镇化的投融资体制改革

因地制宜加大财政资金投入,建立都市圈基础设施发展的成本分担机制和利益共享机制,建立与新型城镇化相适应的地方税收制度,进一步完善财政转移支付体系。完善以政府债券为主体的地方政府举债融资机制,发挥开发性、政策性和商业性金融支持作用,以教育、养老、医疗、绿色发展等公共领域为重点,提供规范透明、成本合理、期限匹配的融资服务。研究利用可计入权益的可续期债券、项目收益债券等创新形式推进基础设施市场化融资，开展符合条件的运营期项目资产证券化可行性研究。推进地方融资平台公司市场化转型，规范地方举债机制，盘活存量优质资产，打造竞争力强的地方基础设施和公共服务投资运营主体，积极引导社会资本规范进入特许经营领域。

（四）建立都市圈规划、统计监测、考核评估体系

加快构建支持都市圈发展的政策体系。编制都市圈发展规划或重点领域专项规划，形成一张蓝图，统一实施空间拓展、产业选址和重大项目落位，制定机制协调清单。依托都市圈建立城市实体地域统计体系，探索以镇街为单位，按照一定人口密度、通勤量等标准，识别划分不同类型统计区。建立都市圈发展指标体系，按照实体地域开展都市圈人口、经济、社会等统计，定期向公众发布主要指标情况。加强都市圈考核评估，都市圈建设作为当地政府和部门年度工作任务，纳入年度重点督查事项，适时开展督导检查和考核评估。

（五）积极稳妥推进各级行政区划调整

合理安排行政区划调整节奏，对地区改市、兵团设市、县改市、县改区要实行年度总量控制和培育期管理，具备条件的纳入候选培育期管理，对建设用地、政府借债等加强管控，培育期满再根据考核予以批准。优化城市市区行政区划，规模小、财政弱、无发展空间的老城区要适当合并，按照"新老搭配"思路，与相邻的城郊行政区合并，释放各自优势。加快研究制定民族自治地区设（改）市办法，让全体人民共享现代城市生活。推进特大镇设市进度，按照县级市架构，加快法律授权、财政体制、人员编制等改革。完善城乡统计代码调整机制，合理把握调整节奏，严格控制调整标准，特别是对新调整行政区划的地区要重点关注。优化省直管县体制，因地制宜形成与城镇发展相匹配的行政管理体制。

（六）完善多元参与的城镇化空间治理体系

强化中央和地方各级政府城镇化空间治理意识和能力，大力推进政府职能转移和购买服务制度、征询意见机制及拓展参政议政渠道。定期发布城镇化空间开发保护相关信息，积极引导社会组织参与空间治理，加强和

行业协会的沟通协调，拓展公众参与空间治理渠道。从空间维度整合不同部门数据，打破地区和行业壁垒，搭建空间数据信息共建共享平台，建立地区和部门间数据互联互通、共享共用的统一数据库，夯实城镇化空间治理的基础。强化大数据的分析应用，提升政府空间决策水平，推进城镇化空间治理能力现代化，率先探索建立都市圈治理机制。

第一章

世界典型国家城镇化中后期
空间布局的特征及启示

　　城镇化中后期，城镇化整体趋势及空间布局面临重大调整，中国城镇化发展正处于这一关键时期。准确把握世界典型国家城镇化中后期空间布局的特征，对研判中国"十四五"时期城镇化形势、优化城镇化空间格局具有重要意义。研究分析了城镇化中后期典型国家城镇化趋势、空间布局、城市体系等方面的规律特征。从城镇化速度、经济发展、城乡收入、城镇化质量等方面，探讨和提炼了典型国家城镇化中后期的规律特征，进而分析讨论典型国家在这一城镇化阶段下空间布局、城市体系演变的特征。在此基础上，结合当前中国城镇化发展态势，提出了"十四五"时期中国城镇化需要引起重视和积极应对的新情况、新问题。

美国城市地理学家诺瑟姆总结城镇化发展的过程近似一条"S"形曲线①，并且可以相应地划分为三个阶段：城镇化水平较低且发展缓慢的初始阶段（城镇化率＜30％）、城镇化水平急剧上升的快速发展阶段（城镇化率30％—70％）和城镇化水平较高且发展平缓的稳定阶段（城镇化率＞70％）。其中，城镇化中后期，即城镇化快速发展阶段的中后期（一般是城镇化率60％—70％），通常面临着城镇化速度放缓等特征，是城镇化发展的关键节点时期。2019年中国城镇化率超过60％，已迈入城镇化发展中后期，城镇化由快速增长转向稳定期，城镇在国家的地位和作用不断显著提升的同时，城镇化质量不高、城乡差距扩大等问题不断累积并更加凸显。

研究中国城镇化中后期的特征，不仅要着重于自身国情条件的深入研究，也需要立足国际视野，从世界典型国家城镇化历程中把握中国未来城镇化的新趋势和新情况。参照现有文献②，典型国家的选取依据主要有：城市化进程较为完整，具有典型性和普遍参考意义的国家，如美国、日本、意大利、荷兰等城市化起步较早的国家；在快速城市化过程中经济有巨大飞跃，其应对各类城市问题的手段具有重要参考价值的亚洲国家，如日本和韩国；在快速城市化过程中出现城市贫困、中等收入陷阱等典型问题，可提供相应经验教训的国家，如巴西和墨西哥；同时，为考虑不同国家体制对城镇化历程的影响，样本既包括了意大利、法国、日本等单一制国家，也包括了德国、美国等联邦制国家（见图1－1）。

一　典型国家城镇化进入中后期的规律性特征

从典型国家城镇化历程看，进入城镇化中后期，城镇化速度、驱动力以及对经济发展和城乡关系影响等方面均出现了新趋势新特征。同时，人口在城镇空间上的高度集聚也带来了交通拥堵、环境污染、资源短缺、城

---

① Northam, R. M., *Urban Geography*, New York: John Wiley & Sons, 1979, pp. 65–67.

② 王建军、吴志强：《1950年后世界主要国家城镇化发展——轨迹分析与类型分组》，《城市规划学刊》2007年第6期；李浩：《"24国集团"与"三个梯队"——关于中国城镇化国际比较研究的思考》，《城市规划》2013年第1期；李璐颖：《城市化率50％的拐点迷局——典型国家快速城市化阶段发展特征的比较研究》，《城市规划学刊》2013年第3期。

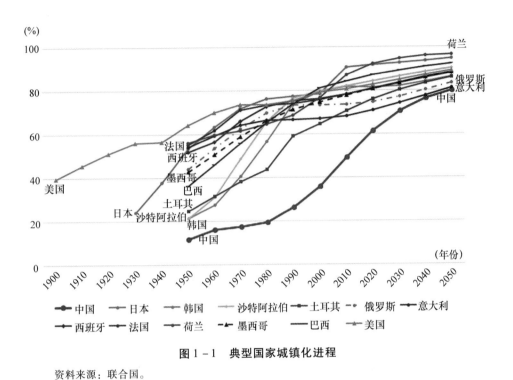

图 1 - 1　典型国家城镇化进程

资料来源：联合国。

市贫困等突出问题。

（一）部分国家城镇化速度呈现放缓趋势

从不同城镇化阶段用时看，部分国家进入城镇化中后期之后，城镇化
各阶段所用时间逐渐变长（见表 1 - 1）。一些国家在城镇化中后期两个阶
段（60%—65% 和 65%—70%）用时均有所延长，如土耳其、俄罗斯、意
大利、墨西哥，平均分别较前一城镇化阶段（55%—60%）用时延长了
2.5 年和 11.25 年。一些国家在城镇化中后期前半段（60%—65%）用时
有所延长，如沙特阿拉伯、荷兰、巴西。一些国家在城镇化中后期后半段
（65%—70%）用时有所延长，如美国、日本、西班牙。

表 1 - 1　　　　　典型国家进入城镇化中后期耗时及时间节点

	国家	50%—55% 用时（年）	55%—60% 用时（年）	60%—65% 用时（年）	65%—70% 用时（年）	城镇化进入 中后期年份
城镇化中 后期用时 持续增长	土耳其	3	4	10	8	1991
	俄罗斯	6	5	6	8	1967
	意大利	—	9	11	44	1961
	墨西哥	6	6	7	9	1971
	平均用时	5.0	6.0	8.5	17.3	
城镇化中 后期前半 段用时 增长	沙特阿拉伯	2	3	4	3	1976
	巴西	5	5	6	5	1974
	荷兰	—	11	20	11	1961
	平均用时	3.5	6.3	10.0	6.3	
城镇化中 后期后半 段用时 增长	美国	10	15	6	9	1945
	日本	5	5	5	6	1957
	西班牙	7	7	5	7	1964
	平均用时	7.3	9.0	5.3	7.3	
城镇化中后 期用时相对 稳定或减少	韩国	3	3	3	3	1982
	法国	—	8	5	5	1958

资料来源：联合国。

　　从不同城镇化阶段城镇化率增速看，城镇化进入中后期，部分典型国家的城镇化速度呈现放缓趋势。例如，在 65%—70% 城镇化水平时，俄罗斯、墨西哥、巴西、日本、土耳其、意大利城镇化增速分别比 55%—60% 城镇化水平时低 0.22、0.25、0.11、0.13、0.56、0.42 个百分点，韩国城镇化增速在城镇化率达到 60% 后，下降了 0.1 个百分点（见图 1 - 2）。

（二）现代服务业逐渐取代制造业成为城镇化的主要产业驱动力

　　典型国家城镇化经验表明，进入城镇化中后期，产业结构面临加快转型，服务业增加值占 GDP 比重将加速提高。例如，在城镇化中后期（城镇化率为 60%—70%）阶段，韩国、墨西哥的服务业增加值占比明显提速，年均分别增长 0.2 和 0.4 个百分点。进入城镇化中后期，巴西服务业

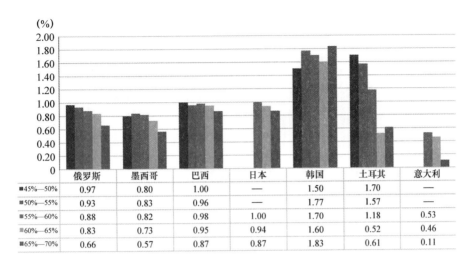

图1-2　典型国家不同阶段城镇化速度

资料来源：联合国。

	俄罗斯	墨西哥	巴西	日本	韩国	土耳其	意大利
45%—50%	0.97	0.80	1.00	—	1.50	1.70	
50%—55%	0.93	0.83	0.96	—	1.77	1.57	
55%—60%	0.88	0.82	0.98	1.00	1.70	1.18	0.53
60%—65%	0.83	0.73	0.95	0.94	1.60	0.52	0.46
65%—70%	0.66	0.57	0.87	0.87	1.83	0.61	0.11

增加值占比也呈现上升趋势，随着城镇化率由50%增加至60%，服务业增加值占比由40.17%增加至40.86%，年均增加0.06个百分点；城镇化率由60%增加至65%，服务业增加值占比进一步增加至43.45%，年均增长0.52个百分点（见图1-3）。

（三）人均GDP水平出现跨越式提升

从典型国家城镇化历程看，进入城镇化中后期，随着产业结构不断优化，社会劳动生产率和经济运行效率将显著提高，人均GDP出现跨越式增长。按可比价计算，城镇化率在55%—60%期间和60%—65%期间，俄罗斯人均GDP年均分别增长532美元和594美元；城镇化率在50%—55%期间和55%—65%期间，美国人均GDP年均分别增长141.1美元和393.4美元；城镇化率在55%—60%期间和60%—65%期间，墨西哥人均GDP年均分别增长341美元和471美元；城镇化率在55%—60%期间和60%—65%期间，日本人均GDP年均分别增长196.2美元和438.8美元；城镇化率在50%—60%期间和60%—70%期间，韩国人均GDP年均分别增长116.5美元和759.1美元（见图1-4）。城镇化中后期人均GDP增长幅度和速度显著快于前一阶段。

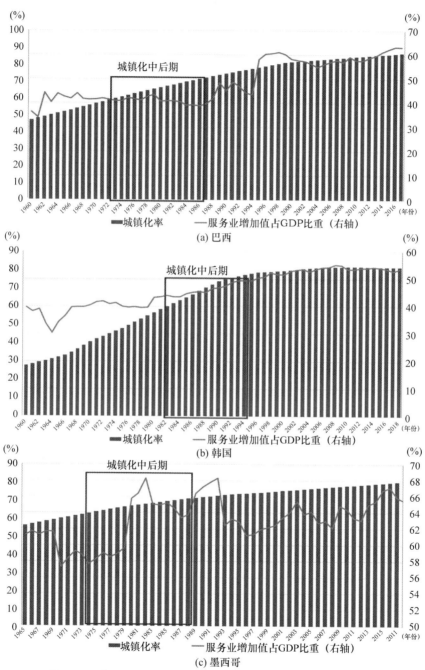

图 1-3　典型国家城镇化水平和服务业增加值占 GDP 比重变化

资料来源：世界银行。

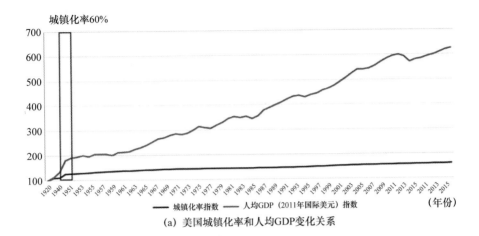

（a）美国城镇化率和人均GDP变化关系

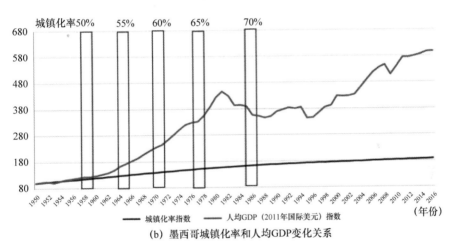

（b）墨西哥城镇化率和人均GDP变化关系

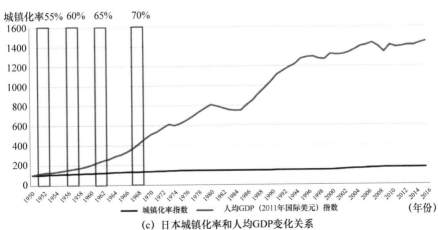

（c）日本城镇化率和人均GDP变化关系

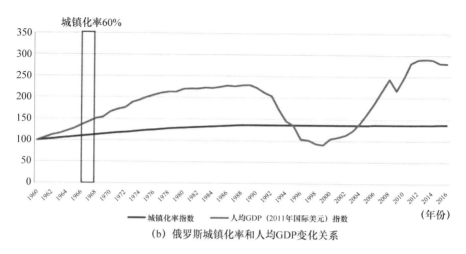

（b）俄罗斯城镇化率和人均GDP变化关系

图1-4　典型国家城镇化水平与人均 GDP 关系

注：起始年份城镇化和人均 GDP 指数均设置为 100。

资料来源：联合国与世界银行。

（四）城乡居民收入水平差距开始缩小

"库兹涅茨假说"指出，随着发展水平的提高，城乡收入差距呈现先扩大后缩小的倒"U"形变动轨迹。随着经济发展和城镇化水平的不断提高，农村人口中少数具有一定技能和资本的高收入人群进入城市中的工业部门，致使收入差距逐渐扩大；此后，更多农村人口流入城市导致农业劳动力的相对稀缺性不断加剧，农业劳动报酬开始增加，从而缩小了工农业部门间的收入差距；同时，由于农业部门内部高收入人群不断进入到城市，使得农村内部的收入差距不断缩小。

在上述两方面因素的共同作用下，城镇化水平与城乡收入差距呈现出倒"U"形关系。即，经济发展初期，随着城镇化水平的提高以及产业结构的调整，城乡收入差距呈现出扩大趋势；但随着经济的快速发展，市场在资源配置中基础作用的发挥，城镇化水平逐渐提高，产业结构日趋合理化，城乡收入差距呈现出缩小的趋势。通过对中国省级面板数据的分析，研究发现中国城镇化水平在达到50％—55％时，城镇化水平与城乡收入差距将处于倒"U"形的右侧下降阶段，即随着城镇化水平的逐渐提高，城乡收入差距将呈现缩小趋势①。

（五）进入城镇化质量问题的集中爆发期

随着城镇化水平的不断提高，城镇化中后期城市的集聚不经济效应快速增强，人口和经济活动在城市空间上高度集聚对城市交通、城市资源和环境、城市基础设施、城市治理、棚户区管理等方面带来诸多挑战②。

一是城市交通拥堵问题日益严重，治理难度日渐提升。城市交通拥堵是城市发展的通病，城镇化中后期既是城市交通拥堵问题最为严重时期，也是治理城市交通拥堵的关键窗口期。例如，从城市交通政策时效性来看，越早大力发展公共交通，可以更有效的推行公共交通出行比重。在恰当时机投资，会使公交出行比重保持在较高的水平上。相反，如果在早期和恰当的时间段无所作为，之后的公共交通政策效应将会大打折扣，只能略微提高公交出行比例，公共交通出行比例很难到达较高水准③。

二是城市贫穷人口和贫民窟显著增加。根据联合国的定义，城市非正规定居指共同生活在同一个房屋下，缺少达标的饮用水、卫生设施、足够的生活空间、达标的建筑和建筑耐用性等基本生活必需品。非正规定居（点）经常与城市贫民窟或棚户区等同，基本特征包括住房拥挤、建筑和卫生条件不达标、缺少城市基本基础设施和服务、恶劣的儿童生长和发展环境等。城市棚户区的形成意味着城市基础设施和公共服务的严重缺失，可能导致大规模的城市卫生、健康、环境、公共安全、城市灾害和教育等方面的问题。联合国数据指出，2005 年全球棚户区人口达 9 亿，到 2020年，30% 的城市人口将住在棚户区，棚户区人口增长明显快于城市其他地区人口增速（见图 1 - 5）。其中，在发展中国家，70% 的人口增长集中在棚户区。例如，2005 年，城市人口中居住在棚户区的比重在墨西哥为19.6%，巴西为 36.6%，土耳其为 42.6%④。

① 穆怀中、吴鹏：《城镇化、产业结构优化与城乡收入差距》，《经济学家》2016 年第 5 期。
② 丁成日、段霞、牛毅：《世界巨型城市：增长、挑战和再认识》，《国际城市规划》2015年第 3 期。
③ 丁成日、段霞、牛毅：《世界巨型城市：增长、挑战和再认识》，《国际城市规划》2015年第 3 期。
④ Varis, O., Biswas, A. K., Tortajada, C., & Lundqvist, J., "Megacities and Water Management", *Water Resources Development*, 22 (2), 2006: 377 - 394.

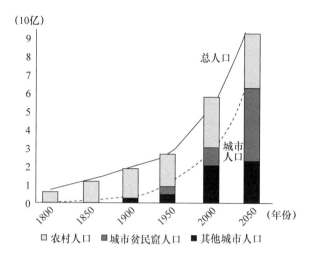

图 1 - 5　城市化与城市棚户区人口

资料来源：联合国；丁成日、段霞、牛毅：《世界巨型城市：增长、挑战和再认识》，《国际城市规划》2015 年第 3 期。

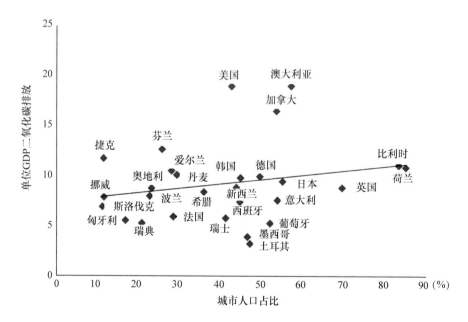

图 1 - 6　OECD 国家城市化水平与人均碳排放关系（2005 年）

资料来源：OECD，*Trends in Urbanisation and Urban Policies in OECD Countries：What Lessons for China？*，OECD Publishing，Paris，2009。

三是城市环境恶化,可持续发展挑战加剧。国际经验表明,随着城镇化进入中后期,如果没有提前采取措施,城市环境将会显著恶化,超大城市更为突出。OECD 国家城镇化历程表明,城镇化水平与人均碳排放量呈现正相关(见图1–6),20 世纪 50 年代伦敦的烟雾事件和洛杉矶的光化学烟雾事件是城镇化中后期环境污染事件的典型代表。

四是城市资源短缺和人口持续增加的矛盾更加凸显。以水资源为例,随着城镇化水平的提高,城市,特别是超大城市水资源短缺问题将更加凸显。例如,墨西哥城坐落于海拔 2240 米以上,年降雨量比较少,仅为 700 多毫米,城市供水主要依靠巨大的调水工程和大规模地下水开采,随着人口的快速增长,城市生活质量明显下降、过度拥挤、水资源污染和城市水资源短缺问题严重。2010 年,墨西哥城仍然有 5% 以上的人口需要从水车购买饮用水,最贫穷家庭需要为日常用水支付 6%—25% 的收入①。

二　典型国家城镇化中后期的空间特征分析

典型国家进入城镇化中后期,在区域交通基础设施不断完善,不同地方的比较优势和特色不断彰显,"城—城"之间人口流动性不断增强,以及城乡加快融合等新态势影响下,城镇化的空间布局也出现了新的演化特征。

(一)各地区城镇化快速发展阶段的历时、速度和饱和值存在较大差异

由于一个国家内部不同地区在自然条件、资源禀赋、经济基础、民俗文化、生活习惯等方面差异显著,导致各地区的城镇化发展也呈现出差异性,不同地区在城镇化快速发展阶段的历时、平均速度和城镇化饱和值(城镇化水平最终可以达到的上限)存在较大差异。对日本各都道府县城镇化发展的分析,可以发现有以下几个特点②(见表1–2)。

---

① 丁成日、段霞、牛毅:《世界巨型城市:增长、挑战和再认识》,《国际城市规划》2015 年第 30 期。

② 王建军:《日本城镇化快速发展阶段的整体态势与地区差异》,《国际城市规划》2015 年第 30 期。

表 1 - 2　　　　　　　　　　日本及各都道府县城镇化发展特征

	城镇化快速发展期起始时间	城镇化快速发展期起始水平（％）	城镇化稳定期起始时间（年）	城镇化稳定期起始水平（％）	城镇化快速发展期历时（年）	城镇化快速发展期平均增速（％）	城镇化水平上限值（％）
全国	1920	18.6	1973	69.5	53	1.0	88.1
北海道	1934	16.7	1969	62.3	36	1.3	79.0
青森	1928	15.4	1976	57.4	48	0.9	72.8
岩手	1942	12.4	1961	46.2	19	1.8	58.6
宫城	1929	16.8	1985	62.5	56	0.8	79.3
秋田	1943	11.7	1965	43.7	22	1.5	55.4
山形	1938	16.0	1970	59.9	32	1.4	75.9
福岛	1943	14.0	1967	52.2	24	1.6	66.2
茨城	1946	11.1	1961	41.6	15	2.0	52.7
栃木	1941	14.3	1963	53.4	22	1.8	67.7
群马	1930	14.2	1965	53.1	35	1.1	67.3
埼玉	1944	18.1	1965	67.5	22	2.3	85.6
千叶	1943	18.6	1966	69.4	24	2.2	88.0
东京	1852	21.1	1934	78.9	82	0.7	100
神奈川	1898	21.1	1951	78.9	53	1.1	100
新潟	1938	14.2	1965	53.0	27	1.5	67.2
富山	1929	16.1	1967	60.3	38	1.2	76.4
石川	1921	16.4	1971	61.4	50	0.9	77.8
福井	1938	14.9	1963	55.4	25	1.6	70.3
山梨	1931	11.0	1963	41.2	31	1.0	52.2
长野	1940	14.2	1967	52.2	27	1.4	67.1
岐阜	1934	14.1	1965	52.5	30	1.3	66.6
静冈	1932	17.4	1964	64.9	33	1.5	82.3
爱知	1907	19.3	1961	71.8	54	1.0	91.1
三重	1930	15.1	1963	56.3	33	1.3	71.4
滋贺	1937	12.2	1967	45.6	30	1.1	57.8
京都	1884	19.7	1953	73.4	69	0.8	93.1

续表

	城镇化快速发展期起始时间	城镇化快速发展期起始水平（%）	城镇化稳定期起始时间（年）	城镇化稳定期起始水平（%）	城镇化快速发展期历时（年）	城镇化快速发展期平均增速（%）	城镇化水平上限值（%）
大阪	1862	21.1	1939	78.9	77	0.8	100
兵库	1910	20.0	1966	74.5	56	1.0	94.5
奈良	1947	14.8	1964	55.3	17	2.4	70.1
和歌山	1924	14.1	1966	52.6	42	0.9	66.7
鸟取	1932	13.6	1969	50.8	37	1.0	64.4
岛根	1943	12.3	1961	46.1	17	2.0	58.4
冈山	1936	16.6	1970	61.8	33	1.4	78.4
广岛	1919	21.1	1995	78.9	75	0.8	100
山口	1928	16.5	1955	61.7	27	1.7	78.2
德岛	1930	12.8	1978	47.6	48	0.7	60.4
香川	1927	12.8	1970	47.8	42	0.8	60.6
爱媛	1933	15.8	1967	59.1	34	1.3	74.9
高知	1939	15.0	1967	56.1	29	1.4	71.1
福冈	1914	17.1	1961	63.6	47	1.0	80.7
佐贺	1942	11.2	1958	42.0	16	1.9	53.2
长崎	1902	16.2	1982	60.5	80	0.6	76.7
熊本	1933	12.7	1966	47.4	33	1.1	60.1
大分	1937	16.2	1968	60.4	31	1.4	76.6
宫崎	1934	14.9	1964	55.5	30	1.4	70.4
鹿儿岛	1937	12.7	1967	47.6	30	1.2	60.3

资料来源：王建军：《日本城镇化快速发展阶段的整体态势与地区差异》，《国际城市规划》2015 年第 30 期。

一是不同地区城镇化快速发展阶段的速度和历时存在显著差异。大部分地区历时较短，不足 40 年；城镇化起步较晚的茨城、佐贺、奈良、岛根、岩手五县不到 20 年；而城镇化发展最早的东京、大阪、京都则用时较长，分别为 82 年、77 年和 69 年，长崎、广岛历时分别为 80 年和 75 年。

二是不同地区城镇化饱和值存在较大差异。从城镇化水平上限看，日本整体城镇化发展水平上限值为 88.1%，东京、大阪、神奈川等地区城镇化水平发展上限接近 100%，其他一半以上的地区城镇化水平饱和值不足 75%，其中，有 11 个地区城镇化水平饱和值在 60% 及以下，最低的茨城、山梨两地仅为 52.7% 和 52.2%。从城镇化发展阶段看，山梨、茨城、佐贺、秋田等地区开始进入城镇化快速发展时期时，城镇化水平刚刚超过 10%，而城镇化水平达到 45% 左右时，城镇化水平就趋于稳定；而东京、大阪、神奈川等地镇化水平到 20% 以上时才开始快速发展，进入城镇化稳定阶段时城镇化水平接近 80%。

三是现代产业主要集中地区较早开启快速城镇化进程，此后也成为主要的城市群地区。东京、横滨、名古屋、京都、大阪、神户、广岛、福冈、长崎城镇化发展早于日本整体水平的九个地区均是现代产业主要集中地区，这些地区在 19 世纪下半叶和 20 世纪初就开始了城镇化快速发展，这些地区城镇化快速发展阶段历时较长，城镇化水平饱和值较高，超过全国整体水平，显示出这些地区强大而持久的集聚力，是全国城镇化发展的主要集中区。1950 年，日本人口超过 50 万人的大城市地区，包括了上述除长崎外的其他八个城市以及札幌和仙台，这些大城市地区人口总和占日本城市总人口的 69.1%，其中仅东京圈和阪神地区就集中了日本一半以上的城市人口。同时，千叶、埼玉、静冈三个东京、大阪城市群地区城市的城镇化水平饱和值较高，而其他地区城镇化水平饱和值大都低于全国整体水平。

（二）空间上呈现"大集中、小分散"，中心城市和都市圈人口持续增长的同时出现郊区化、区域化态势

整体来看，城镇化中后期人口加速向城市群和都市圈地区集聚，但城市群和都市圈内部呈现郊区化等人口分散的空间布局形态。以 OECD 国家为例，2001—2011 年，大部分 OECD 国家（29 个样本国家中的 18 个国家）的城市人口持续向都市圈地区集聚，呈现空间整体集中态势。同时，都市圈内部外围城市的人口增长快于核心城市的人口增长，呈现出典型郊区化特征①。

如表1-3所示，大部分OECD国家都市圈的核心地区和外围地区均表现出人口增长态势（除德国和爱沙尼亚），同时，多数都市圈外围地区增长快于核心地区。例如，墨西哥、爱尔兰、西班牙、智利、美国、韩国、瑞士、斯洛文尼亚、葡萄牙、意大利、捷克等国家都市圈外围地区2001—2011年人口增速显著快于都市圈核心地区，其中墨西哥、爱尔兰、西班牙、智利、韩国等外围地区人口增长率超过0.02%。希腊、波兰、匈牙利、斯洛伐克等国家都市圈核心地区人口出现负增长趋势。

另外，郊区化趋势与都市圈规模呈现正相关。规模越大的都市圈，郊区化分散趋势更加明显。例如，2001—2011年，OECD国家中人口超过150万的都市圈外围地区年均人口增长率为1.9%，而规模较小城市的外围地区年均人口增长率为0.9%—1.4%。

表1-3 OECD国家都市圈核心地区和外围地区人口变化趋势（2001—2011年）

		核心地区	
		人口增长	人口减少
外围地区	人口增长	外围>核心：捷克、意大利、葡萄牙、斯洛文尼亚、瑞士、法国、韩国、芬兰、美国、智利、西班牙、加拿大、爱尔兰、墨西哥	希腊、波兰、匈牙利、斯洛伐克
		外围<核心：丹麦、荷兰、瑞典、比利时、英国、奥地利、卢森堡、挪威	
	人口减少	日本	德国、爱沙尼亚

资料来源：Veneri, P., "Urban Spatial Structure in OECD Cities: Is Urban Population Decentralising or Clustering?", *OECD Regional Development Working Papers*, 2015 (13), 2015。

（三）以都市圈为主的城镇化形态加快形成

都市圈是城镇化相对平稳后城市区域化的主要空间形态，伴随着郊区化和产业扩散，大都市通常会与外围地区形成功能一体化的区域。

首先，随着区域交通基础设施的不断完善，居民的通勤范围不断扩

---

① Varis, O., Biswas, A. K., Tortajada, C., & Lundqvist, J., "Megacities and Water Management", *Water Resources Development*, 22 (2), 2006: 377 – 394.

大，以中心城市为核心的跨区域通勤交通需求的提高推动都市圈加快形成。例如，1983—2001 年，美国居民通勤距离和时间显著提高，分别增长了 3.6 英里和 5.4 分钟，其中都市圈内部通勤距离和时间分别增加了 3.4 英里和 5.4 分钟（见表 1-4）。

表 1-4　　　　　　　　　美国通勤距离和时间变化

区域	时间/距离	1983 年	1990 年	1995 年	2001 年
全国	距离（英里）	8.5	10.7	11.6	12.1
	时间（分钟）	18.2	19.6	20.6	23.6
都市圈内	距离（英里）	8.5	10.6	11.7	11.9
	时间（分钟）	18.8	20.2	21.5	24.2
都市圈外	距离（英里）	8.6	11	11.2	13
	时间（分钟）	16.1	17.2	17.2	20.8

资料来源：Lee, B., Gordon, P., Richardson, H. W., & Moore, J. E., "Commuting Trends in US Cities in the 1990s", *Journal of Planning Education and Research*, 29 (1), 2009: 78-89。

同时，从区域分布看，通勤时间需要 1—1.5 小时的人口在各个区域内的比重明显提升。由于都市圈根据居民通勤范围划定，通勤时间和距离的提高说明都市圈的地域范围在不断扩大，所包含的城镇空间和人口不断增多。如表 1-5 所示，进入城镇化中后期，美国城市人口向都市圈集聚态势明显，都市圈人口从 1950 年的 56% 持续增长到 2015 年的 87%。其中，居住在 100 万以上和以下的都市圈人口占比分别增长了 28 和 3 个百分点。

表 1-5　　　　　　　　美国都市圈人口占全国人口比重　　　　　　单位:%

年份	都市圈人口占比（人口 >100 万）	都市圈人口占比（人口 <100 万）	都市圈人口占比合计
1950	29	27	56
1960	35	28	63
1970	41	28	69
1980	46	29	75
1990	50	27	77

续表

年份	都市圈人口占比 （人口 >100 万）	都市圈人口占比 （人口 <100 万）	都市圈人口占比合计
2000	53	28	81
2010	55	31	86
2015	57	30	87

资料来源：U. S. Census。

（四）围绕中心城市会形成一批人口和功能的区域次中心

城镇化中后期，核心城市与周边地区逐渐形成圈层分工的一体化都市圈区域，一批区域人口次中心加快形成。以 OECD 国家为例，以城市功能地域（Functional Urban Areas）为基本分析单元，如果一个单元的人口大于都市圈内 90% 单元的人口，则被识别为区域的人口"次中心"（Subcentre）。2001—2011 年，OECD 国家人口次中心的个数和人口规模占比呈现明显增长。从都市圈人口次中心平均个数看，英国、爱尔兰和美国增长最为显著，2001—2011 年分别增长了 16.5、12 和 10 个；从人口次中心人口规模占比看，英国增长最为显著，2001—2011 年增长了 10.9 的百分点（见表 1 - 6）。

表 1 - 6　　　　　OECD 国家区域人口次中心的数量和
人口占比变化（2001—2011 年）

国家	都市圈样本数量	都市圈区域人口次中心平均数量			区域人口次中心占都市圈人口比重（%）			2001—2011 年数量变化	
		2001 年	2011 年	变化	2001 年	2011 年	变化	减少个数	新增个数
美国	70	28.1	38.1	10.0	10.1	16.3	6.2	321	1021
英国	15	9.6	26.1	16.5	6.9	17.8	10.9	28	276
韩国	10	10.6	12.6	2.0	8.4	14.1	5.7	43	63
法国	19	17.9	20.8	2.9	30.1	31.3	1.2	7	61
西班牙	8	5.9	7.6	1.7	12.2	18.2	6.0	5	19
爱尔兰	1	25.0	37.0	12.0	13.5	20.1	6.6	3	15
捷克共和国	3	23.0	27.3	4.3	19.9	21.3	1.4	1	14
德国	21	6.4	6.7	0.3	15.0	15.0	0	6	12

续表

国家	都市圈样本数量	都市圈区域人口次中心平均数量			区域人口次中心占都市圈人口比重（%）			2001—2011 年数量变化	
		2001 年	2011 年	变化	2001 年	2011 年	变化	减少个数	新增个数
日本	17	2.3	2.9	0.6	6.5	10.7	4.2	2	12
加拿大	6	3.2	4.5	1.3	14.0	19.6	5.6	0	8
波兰	8	2.3	3.3	1.0	13.0	15.9	2.9	0	8
瑞士	3	11.0	13.0	2.0	31.5	34.3	2.8	1	7
匈牙利	1	14.0	20.0	6.0	12.0	16.6	4.6	1	7
意大利	11	4.6	4.8	0.2	8.1	9.0	0.9	5	7
墨西哥	8	1.3	2.0	0.7	8.9	12.1	3.2	0	6
澳大利亚	3	16.3	18.0	1.7	15.5	16.1	0.6	0	5
比利时	4	2.3	3.3	1.0	8.4	11.2	2.8	0	4
葡萄牙	2	10.5	12.0	1.5	20.9	21.7	0.8	1	4
荷兰	5	1.0	1.4	0.4	5.4	10.6	5.2	1	3
瑞典	3	0	0.7	0.7	0	6.8	6.8	0	2
智利	1	1.0	2.0	1.0	7.9	12.8	4.9	0	1
丹麦	1	4.0	5.0	1.0	14.7	17.6	2.9	0	1
爱沙尼亚	1	1.0	2.0	1.0	3.1	4.9	1.8	0	1
希腊	2	2.5	3.0	0.5	11.2	14.6	3.4	0	1
挪威	1	2.0	3.0	1.0	14.1	17.4	3.3	0	1
斯洛文尼亚	1	1.0	2.0	1.0	5.6	10.9	5.3	0	1
斯洛伐克共和国	1	12.0	13.0	1.0	50.6	51.5	0.9	0	1
芬兰	1	1.0	1.0	0	15.7	16.5	0.8	0	0

资料来源：Veneri, P., "Urban Spatial Structure in OECD Cities: Is Urban Population Decentralising or Clustering?", OECD Regional Development Working Papers, 2015 (13), 2015。

同时，围绕核心城市，一批功能完备，独立性较高的次中心城市单元加快形成。以日本首都圈为例，自 1985 年提出围绕东京都建立具有区域社会经济自立性，提供高档次城市服务的功能核心城市以来，多个区域副中心城市加快形成，逐渐发展成为都市圈人口和产业集聚的区域次核心，如多摩自立都市圈、神奈川自立都市圈、埼玉自立都市圈、千叶自立都市圈、茨城市南部自立都市圈（见表1-7）。

表1-7　　　　　　　　　日本首都圈区域副中心（自立都市圈）

自立都市圈	东京区位	范围	业务城市（核心城市）	主要功能
多摩自立都市圈	西部	三多摩地区	八王子市、立川市	●八王子市发挥富饶的自然环境、广域交通体系、大学等多元特色，承担居住生态休闲、教育、居住等功能 ●立川市建设具备业务、商业、信息和文化功能的复合型街区，建设南关东地区大规模灾害情境下的广域防灾基地，以及以绿色与文化为主题的世界级国家公园
神奈川自立都市圈	西南	神奈川县区域	横滨市、川崎市	●横滨聚集国际性的业务、商业、文化等多元城市功能、建设以电子信息港为核心的国际信息中心 ●川崎市发展研发、信息、国际交流等高层次复合功能，建设"百合城市"，推进高层次的文化、艺术、教育、研发等功能集聚
埼玉自立都市圈	正北	埼玉县区域	大宫市、浦和市	●承接政府行政职能转移 ●行政与业务管理、高层次商业服务以及文化功能
千叶自立都市圈	正东	千叶县区域	千叶市	●千叶市承担原材料进口功能 ●成田围绕新国际机场承担国际交流、国际物流、临空产业与商业功能 ●幕张以日本会展中心为核心，建设国际交流及具有高端新兴产业和研究开发等复合功能的未来型城市
茨城市南部自立都市圈	东北	茨城市南部区域	土浦市、筑波研究学园城市	●土浦市发挥学术研究、国际文化交流等功能 ●筑波科学城以筑波大学为核心，建设开展高水平研究、教育活动的城市，承接东京都国家实验研究、教育机构等转移，培育业务管理、高层次商业、文化、国际交流与研发功能

　　资料来源：高慧智、张京祥、胡嘉佩：《网络化空间组织：日本首都圈的功能疏散经验及其对北京的启示》，《国际城市规划》2015年第30期。

（五）城市间分化加剧，不同类型的收缩城市逐渐产生

20世纪后期，随着部分国家城镇化进入中后期，在郊区化、去工业化、全球化、局部金融危机和社会转型的交叠影响下，部分国家城市出现了明显的经济衰退、人口减少以及"城市收缩"现象①。总体来看，收缩城市产生的主要原因来自于经济结构调整、社会结构演化、生态环境恶化、城镇空间结构调整等因素（见表1-8）。

表1-8　　　　　　　　　　收缩城市产生原因

原因类型	具体原因	典型案例
经济结构调整	全球化和区域化带来资本、劳动力、技术等生产要素的流动导致老工业基地的衰落与转型	欧洲、美国、日本、澳大利亚等地区的大部分原工业城市
社会结构演化	老龄化与少子化导致人口自然增长为负，总量减少	德国、日本收缩城市
生态环境恶化	气候变化导致部分地区人居环境恶化、宜居度降低，进而带来人口、产业的流失	澳大利亚南部地区
城镇空间调整	核心城市虹吸作用导致边缘城市人口减少、郊区化进程导致中心城区衰落	日本、韩国收缩新城或郊区城市

资料来源：张京祥、冯灿芳、陈浩：《城市收缩的国际研究与中国本土化探索》，《国际城市规划》2017年第32期。

例如，1990—2000年，全球超过1/4的城市人口在减少，到2007年，世界上有超过1/6的城市经历了人口流失；约40%的欧洲城市人口在流失，1960—2003年，220个欧洲大中城市中超过一半出现了不同程度的人口流失，尤其是东欧的前社会主义国家；日本的中小城市尤其是资源型城市收缩问题尤为突出，如夕张市在1960—2008年人口收缩率高达近90%。从美国20世纪八九十年代人口变化分布看，人口持续增长和持续流失的地方占绝大部分，其中美国五大湖"铁锈地带"的底特律、匹兹堡、圣路易斯、克利夫兰、布法罗等城市的人口收缩率都超过了50%，而沿海和南

---

① 吴康、孙东琪：《城市收缩的研究进展与展望》，《经济地理》2017年第37期。

部地区人口持续增长，城市间分化加剧①。

（六）乡村地区功能不断拓展，城乡融合发展成为可能，"有差异、无差距"的城乡关系逐渐形成

在不同的城镇化阶段，城乡关系具有一定的阶段性规律。城镇化中后期，城乡进入统筹阶段，随着城乡公共服务、社会保障及福利水平均等化、城乡收入均衡化和城乡要素配置合理化，城乡之间逐渐呈现要素双向流动，城乡之间形成多种类型的分工联系，城乡之间的差别主要表现为功能分工上的差别。

表 1 - 9　　城乡一体化发展阶段与城镇化水平关系

城乡融合阶段（城市化率）	城乡关系
初始阶段（10%—15%）	整体上为落后贫穷的传统农业社会
起步阶段（15%—30%）	通过工业发展打破工农业发展的低水平均衡，以城市发展为主，通过城乡产品价格的"剪刀差"来为工业提供原始积累，而农村地区则陷入积贫积弱的状态
集聚发展，兼顾乡村阶段（30%—50%）	第二、第三产业有了长足发展，城市变得繁荣，农村人口大幅流出，物质环境日益破败，传统农村社区趋于解体
城乡统筹发展阶段（50%—70%）	国民经济发展达到了较高的水平，公共财力大为增强，在农业人口大幅减少的同时，城乡社会保障和公共服务差距也明显缩小，但城乡发展仍存在显著的差距
城乡一体化发展阶段（＞70%）	国民经济高度发达，农村人口和农业人口占总人口的比重很小，国家对农村、农业的补贴力度提升，城乡要素市场、城乡社会保障、城乡公共服务等呈现"一体化"发展

资料来源：吴梦笛、陈晨、赵民：《城乡关系演进与治理策略的东亚经验及借鉴》，《现代城市研究》2017 年第 1 期。

城乡主要表现在功能上的分工，城市和乡村在地位平等的基础上承担着各自功能。一方面，乡村除了作为粮食等作物的生产空间以外，更可以依据其所拥有的"稀缺"资源，为城市居民提供独特而不可替代的服务。

---

① 吴康、孙东琪：《城市收缩的研究进展与展望》，《经济地理》2017 年第 37 期。

在城乡一体化发展的过程中，乡村充分发挥其在生态、环境、文化等方面的地域资源特性，并通过多样化的乡村经济活动，培育乡村的内生发展能力，进而巩固提升乡村居民的福利水平。另一方面，城市作为城乡发展的带动者，在经济上为乡村发展提供了支持，例如部分城市第二、第三产业向乡村转移，技术、资本等要素向乡村流动，基础设施和公共服务等向乡村延伸等①。

以法国为例，在城镇化快速发展时期，法国的乡村地区逐渐从农产品生产地变为多种产业发展地，从单纯的农民居住地变为城乡居民共同居住地，并成为生态保护和涵养地。法国政府在快速城市化进程中制定了一系列乡村政策，经历了从"提高农业生产力→推进乡村综合事务→促进城乡及人与自然和谐发展"的多阶段发展进程。

功能方面，法国的乡村逐渐从单一农业到多业并举，乡村地区功能逐渐多元。城镇化中后期，法国以农业为主导的乡村地区大幅减少，以工业和服务业为主导的乡村地区明显增多，产业结构更加混合，体现了乡村地区经济功能的拓展。其中，农产品加工业和乡村服务业成为乡村发展最为迅猛的产业门类。同时，随着生活质量因素（如公共服务设施、气候、污染、生活成本等）逐渐替代经济因素（如收入水平、就业机会、失业率等）成为人口迁移的主要目的，乡村逐渐从农产品生产地成为休闲旅游目的地和生态环境的保护地，从农民的居住地成为城乡居民共同的居住和休憩地，顺应了人们对"生活质量"的追求以及对人与自然关系的新认识②。

人口流动方面，人口大型村落和都市区城郊乡村人口回迁趋势明显。1954—1962年，法国的乡村聚落均呈现出人口外迁的态势；但自20世纪60年代中期以来，超过2000居民的大型乡村聚落开始出现人口回迁的现象；1968—1975年，这一回迁的趋势进一步延续并扩大（见表1-10）。同时，值得注意的是，并不是所有类型的乡村地区均迎来了明显的回流人口：距都市区较远的传统乡村地区的人口仍持续外迁，而城郊乡村地区则成为人口回迁的主要目的地（见图1-7）。

---

① 吴梦笛、陈晨、赵民：《城乡关系演进与治理策略的东亚经验及借鉴》，《现代城市研究》2017年第1期。

② 汤爽爽、冯建喜：《法国快速城市化时期的乡村政策演变与乡村功能拓展》，《国际城市规划》2017年第32期。

表 1 - 10　　　　法国人口向乡村迁移演变情况（1954—1975 年）　　　单位:%

乡村规模（居民数）	1954—1962 年	1962—1968 年	1968—1975 年
0—49	− 2.28	− 2.54	− 2.11
50—99	− 1.94	− 1.93	− 1.52
100—199	− 1.6	− 1.5	− 1.07
200—499	− 1.28	− 1.12	− 0.57
500—999	− 0.9	− 0.66	− 0.03
1000—1999	− 0.5	− 0.14	0.63
>2000	− 0.39	0.07	0.89
总体	− 0.96	− 0.69	− 0.03

资料来源：汤爽爽、冯建喜：《法国快速城市化时期的乡村政策演变与乡村功能拓展》，《国际城市规划》2017 年第 32 期。

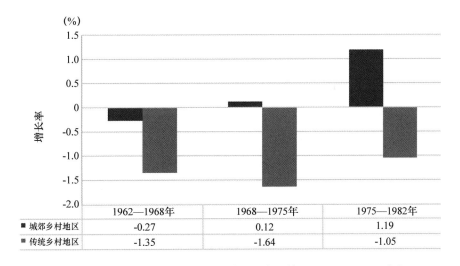

图 1 - 7　法国不同类别乡村地区的人口变化情况（1962—1982 年）

资料来源：汤爽爽、冯建喜：《法国快速城市化时期的乡村政策演变与乡村功能拓展》，《国际城市规划》2017 年第 32 期。

三　典型国家城镇化中后期的城市体系特征分析

城镇化中后期，全球以及典型国家的城镇体系呈现出向超大、特大城市集聚态势，同时中等规模城市和小城镇在城镇化中的作用愈发重要，在巩固提升大城市发展优势的同时，应该不断完善中小城市的功能。

（一）全球城市体系演变：人口向超大、特大城市集聚态势明显

全球特大超大城市发展迅速，人口集聚度不断提高。1900 年全球只有16 个超过 100 万人口的城市，但是到 2000 年，全球有近 400 个超过 100万人口的城市。同时，世界上最大的 100 个城市的平均规模从 1800 年的20 万增长到 1990 年的 500 多万[①]。

从城市数量变化看，1000 万以上人口城市的数量增加速度远高于其他规模类别城市数量，1950—1975 年，1000 万以上人口城市的数量增加速度是其他三类的 2 倍左右，1975—2000 年，1000 万以上人口城市的数量增加速度是其他三类的 1.7—3.3 倍[②]。

从城市规模变化看，1000 万人口以上城市的平均规模显著增长，从1950 年的 1234 万持续增长到 2000 年的 1621 万。相比而言，500 万—1000 万人口城市的平均规模从 1950 年的 600 万增长到 1975 年的 765 万左右，之后略有下降至 2000 年的 735 万。100 万—500 万人口城市的平均规模稳定在 190 万左右，50 万—100 万人口城市的平均规模稳定在 60—70 万[③]。

从城市人口占比变化看，1000 万以上城市人口占全球城市总人口比重持续上升，从 1950 年的 1.63% 增长到 1975 年的 4.42% 和 2000 年的7.86%；50 万人口以下城市的人口比重从 1950 年的 63.75% 持续下降到1975 年的 54.74%，进而到 2000 年的 52.5%；100 万—500 万人口城市的人口比重从 1950 年的 19.15% 缓慢上升到 2000 年的 23.6%；500 万—

---

① Cohen, B., "Urban Growth in Developing Countries: A Review of Current Trends and a Caution Regarding Existing Forecasts", *World Development*, 32 (1), 2004: 23 – 51；丁成日、段霞、牛毅：《世界巨型城市：增长、挑战和再认识》，《国际城市规划》2015 年第 30 期。

② Cohen, B., "Urban Growth in Developing Countries: A Review of Current Trends and a Caution Regarding Existing Forecasts", *World Development*, 32 (1), 2004: 23 – 51；丁成日、段霞、牛毅：《世界巨型城市：增长、挑战和再认识》，《国际城市规划》2015 年第 30 期。

③ Cohen, B., "Urban Growth in Developing Countries: A Review of Current Trends and a Caution Regarding Existing Forecasts", *World Development*, 32 (1), 2004: 23 – 51；丁成日、段霞、牛毅：《世界巨型城市：增长、挑战和再认识》，《国际城市规划》2015 年第 30 期。

1000 万和 50 万—100 万城市人口占比整体保持相对稳定①。

表 1 - 11　　　　　　　　　　全球城市体系演变

	年份	>1000 万	500 万— 1000 万	100 万— 500 万	50 万— 100 万	<50 万
数量（个）	1950	1	7	75	106	—
	1975	5	16	174	248	—
	2000	16	23	348	417	—
城市人口（万）	1950	1234	4212	14434	7513	48146
	1975	6812	12211	33158	17641	84430
	2000	22499	16916	67457	29011	150292
平均人口（万）	1950	1234.00	601.71	192.45	70.88	
	1975	1362.40	763.19	190.56	71.13	—
	2000	1406.19	735.48	193.84	69.57	
城市人口比重（%）	1950	1.63	5.58	19.11	9.95	63.74
	1975	4.42	7.92	21.50	11.44	54.74
	2000	7.86	5.91	23.57	10.14	52.52
城市数量 增长率（%）	1950—1975	6.65	3.36	3.42	3.46	—
	1975—2000	4.76	1.46	2.81	2.10	—
城市人口增长率 （%）	1950—1975	7.07	4.35	3.38	3.47	—
	1975—2000	4.90	1.31	2.88	2.01	—

资料来源：Cohen，B.，"Urban Growth in Developing Countries：A Review of Current Trends and a Caution Regarding Existing Forecasts"，*World Development*，32（1），2004：23 - 51；丁成日、段霞、牛毅：《世界巨型城市：增长、挑战和再认识》，《国际城市规划》2015 年第 30 期。

（二）典型国家城市体系演变：超大规模城市崛起、中等规模城市比重下降

利用联合国数据，按照小城市（小于 50 万）、中等城市（50 万—1000 万）和超大城市（大于 1000 万）三个等级来分析城市体系结构，可以将城市体系结构分为三大类：A 类（金字塔结构：超大城市比重 < 中等城市比重 < 小城市比重）；B 类（哑铃型结构：中等城市比重既小于小城

---

① Cohen，B.，"Urban Growth in Developing Countries：A Review of Current Trends and a Caution Regarding Existing Forecasts"，*World Development*，32（1），2004：23 - 51；丁成日、段霞、牛毅：《世界巨型城市：增长、挑战和再认识》，《国际城市规划》2015 年第 30 期。

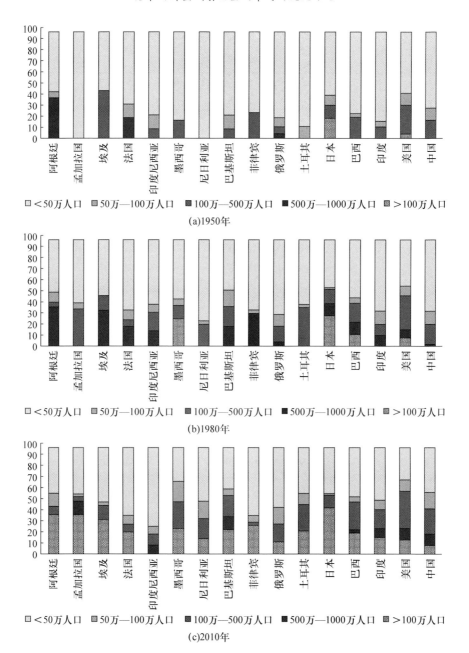

图1-8　典型国家城市体系结构演化趋势

资料来源：联合国；丁成日、段霞、牛毅：《世界巨型城市：增长、挑战和再认识》，《国际城市规划》2015年第30期。

市比重，也小于超大城市比重）；C 类（菱形结构：中等城市比重大于小城市和大城市）①。

从典型国家城镇体系演变趋势看，属于金字塔型和哑铃型结构城镇体系结构的国家数量显著增多，说明一批超大城市加快形成，同时超大城市比重有所上升，中小规模城市人口比重有所下降②。其中，属于金字塔结构城镇体系的国家从 1950 年的美国，增加为 1980 年的巴西和美国，进而增加到 2010 年的尼日利亚、巴基斯坦、俄罗斯、土耳其、巴西、印度尼西亚、印度和中国；属于哑铃型结构城镇体系的国家从 1950 年的日本，增加为 1980 年的墨西哥和日本，进而增加到 2010 年的阿根廷、孟加拉国、埃及、法国、菲律宾和日本（见图 1 – 8）。

同时，从典型国家大城市人口占比看，百万以上人口城市占全国人口比重持续升高③。2018 年，美国、日本、韩国和巴西超过百万人口城市占全国人口比重分别达到 46.26%、64.63%、50.15% 和 41.95%，分别较1960 年提升了 7.53、24.07、28.34 和 20.57 个百分点（见图 1 –9）。

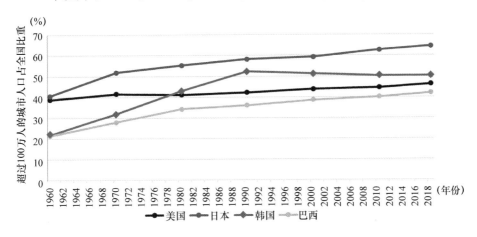

图 1 – 9　典型国家特大城市人口占比变化

资料来源：世界银行。

---

① 丁成日、段霞、牛毅：《世界巨型城市：增长、挑战和再认识》，《国际城市规划》2015年第 30 期。

② 丁成日：《世界（特）大城市发展——规律、挑战、增长控制政策及其评价》，中国建筑工业出版社 2015 年版。

③ 丁成日：《世界（特）大城市发展——规律、挑战、增长控制政策及其评价》，中国建筑工业出版社 2015 年版。

（三）首位城市规模仍保持高速增长，但占全国城市人口比重有所下降

从首位城市增速看，典型国家首位城市人口增速在城镇化中后期依然处于较高水平（见图1－10至图1－17）。墨西哥、土耳其、俄罗斯、日本、美国等国家首位城市人口增长率在城镇化水平超过60%之后的一段时间内仍然保持高速增长，增速高于全国人口和全国城市人口平均增速。巴西、阿根廷和法国首位城市人口增速在城镇化水平超过60%之后的一段时间内高于全国平均水平但低于全国城市人口增速平均水平。

从首位城市占城市人口比重变化看，典型国家首位城市人口占比总体保持稳定但呈现下降趋势。在全国城镇化率达到60%之后10年，阿根廷首位城市人口占比由1950年的45%下降至1960年的43%（见图1－10）；墨西哥首位城市人口占比在波动中稳定在29%左右（见图1－11）；巴西首位城市人口占比在达到高峰后开始下降，由1975年的14.61%降至1985年的14.07%（见图1－12）；土耳其首位城市人口占比基本保持稳定，由

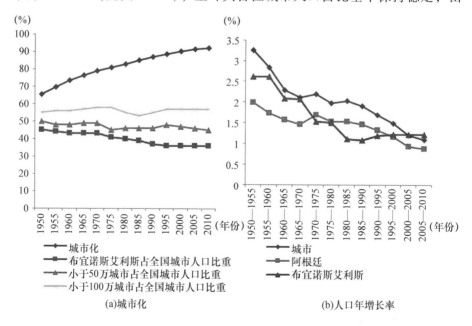

(a)城市化　　　　　　　　　　　(b)人口年增长率

图1－10　阿根廷首位城市增长

资料来源：联合国；丁成日、段霞、牛毅：《世界巨型城市：增长、挑战和再认识》，《国际城市规划》2015年第30期。

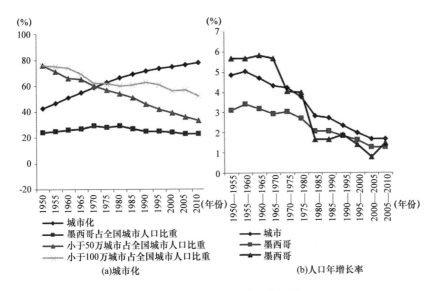

(a)城市化　　　　　　　　　　　(b)人口年增长率

图 1 - 11　墨西哥首位城市增长

资料来源：联合国；丁成日、段霞、牛毅：《世界巨型城市：增长、挑战和再认识》，《国际城市规划》2015 年第 30 期。

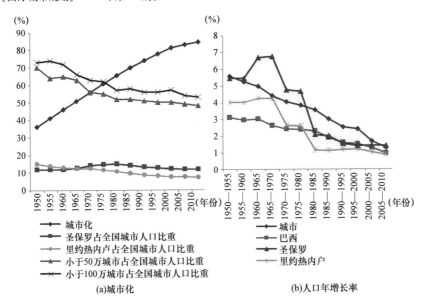

(a)城市化　　　　　　　　　　　(b)人口年增长率

图 1 - 12　巴西首位城市增长

资料来源：联合国；丁成日、段霞、牛毅：《世界巨型城市：增长、挑战和再认识》，《国际城市规划》2015 年第 30 期。

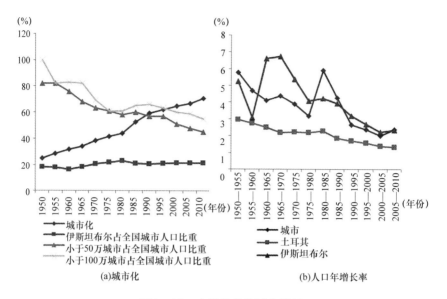

(a)城市化　　　　　　　　(b)人口年增长率

图 1 – 13　土耳其首位城市增长

资料来源：联合国；丁成日、段霞、牛毅：《世界巨型城市：增长、挑战和再认识》，《国际城市规划》2015 年第 30 期。

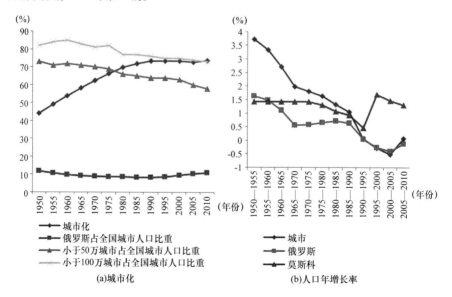

(a)城市化　　　　　　　　(b)人口年增长率

图 1 – 14　俄罗斯首位城市增长

资料来源：联合国；丁成日、段霞、牛毅：《世界巨型城市：增长、挑战和再认识》，《国际城市规划》2015 年第 30 期。

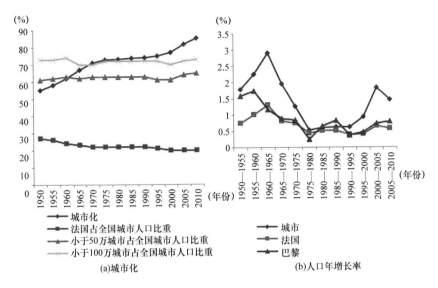

图 1 - 15　法国首位城市增长

资料来源：联合国；丁成日、段霞、牛毅：《世界巨型城市：增长、挑战和再认识》，《国际城市规划》2015 年第 30 期。

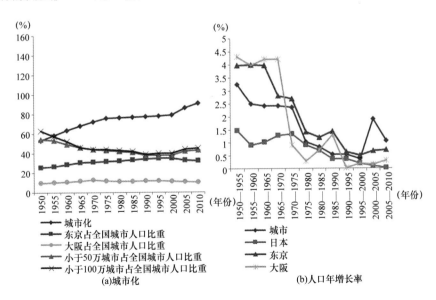

图 1 - 16　日本首位城市增长

资料来源：联合国；丁成日、段霞、牛毅：《世界巨型城市：增长、挑战和再认识》，《国际城市规划》2015 年第 30 期。

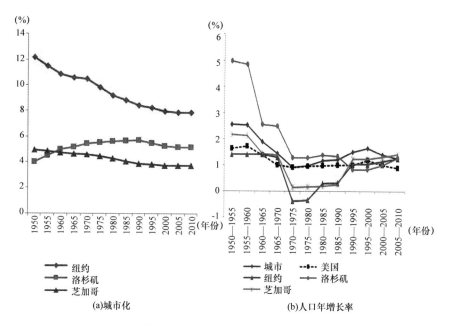

(a)城市化　(b)人口年增长率

图 1-17　美国首位城市增长

资料来源：联合国；丁成日、段霞、牛毅：《世界巨型城市：增长、挑战和再认识》，《国际城市规划》2015 年第 30 期。

1990 年的 20.4% 微升至 21.2%（见图 1-13）。值得注意的是，单一制国土小国日本的首位城市人口占比由 1955 年的 26.56% 持续上升至 1965 年的 30.7%（见图 1-16）。

（四）中等规模城市地位愈发重要但面临发展困难

中等规模城市在城镇化发展和城市体系中占据重要位置。根据 Global-Data 统计[①]，中等规模城市包含了全球 23.3 亿人口，贡献了全球 50.6% 的 GDP，预计在 2025 年将新增 1.43 亿人口，贡献全球 46.8% 的 GDP 增长。然而，近年来，中等规模城市发展与特大/超大城市差距日益增大。以美国为例，虽然全美近 20% 的人口居住在中等规模城市，但是，2010—2017 年中等规模城市（都市圈人口规模 25 万—100 万）就业增长滞后于大城市

① https：//www.globaldata.com/middleweight-cities-to-spearhead-global-gdp-growth-by-2025-says-globaldata/.

（人口规模＞100万的都市圈）4个百分点。其中，中等规模城市的高科技就业岗位数占全国比重由2010年的15%下降至2017年的13%（见图1-18）。

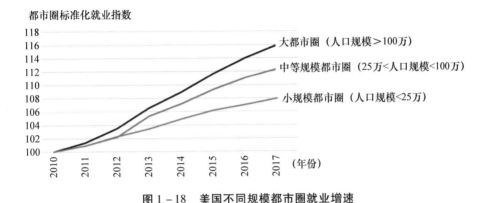

图1-18　美国不同规模都市圈就业增速

注：2010年就业为100。

资料来源：Brookings。

（五）小城镇逐渐成为推进大中小城市和城乡融合发展的关键环节

小城镇通过创新发展模式，不断完善城市功能，提高人口和产业承载能力，成为补充大城市功能，联系城乡的重要一环。一是小城镇通过加强区域合作，弥补自身发展短板，不断提升人口承载能力。人口规模小导致部分城市提供基础设施和公共服务的成本较高，这是小城镇固有的发展短板。以法国为例，为解决小城镇难以独立承担一定规模的地区级公共服务设施，难以独立实现给排水、垃圾处理、环境卫生治理等市政设施的建设与管理等问题，法国通过整合多方市镇的治理能力，成立市镇联合体，以联合的形式形成合力，从城市合作、城镇合作、到村镇合作满足不同尺度区域发展需求，摆脱治理困境，解决地方公共问题①。

---

① 丁煌、上官莉娜：《法国市镇联合体发展的历史、特点及动因分析》，《法国研究》2010年第1期；孙婷：《基于市镇联合体的法国小城镇发展实践及对我国的启示》，《小城镇建设》2019年第37期。

表 1 – 12　　　　　　　　　　**法国市镇联合体的职能**

类型	范围	职能
城市联合体	行政边界范围内总人口数超过 50 万，同时，至少包含一个人口多于 5 万的城市	必须履行的职能： ◇空间整治 ◇促进经济发展（建立经济活动区） ◇公墓、屠宰场建设与管理 ◇水资源及环境保护 ◇生活卫生管理、垃圾处理、空气污染防治 ◇噪音污染防治、能源管理
聚集区联合体	行政边界范围内包含 5 万—50 万人口的居民聚集区，同时包含至少一个达到 1.5 万人口的中心城市	必须履行的职能： ◇空间整治 ◇促进经济发展（建立经济活动区） ◇社会住宅建设 ◇社会发展与经济政策制定 ◇犯罪预防 以下 6 项内选择 3 项： ◇道路和停车场建设 ◇水资源及环境保护 ◇生活卫生管理、垃圾处理、空气污染防治 ◇能源管理 ◇文化和体育设施建设与管理 ◇保护社区利益
村镇联合体	行政边界范围内包含至少 4.5 万居民，普通乡村城镇与工业化村镇均可形成村镇联合体	必须履行的职能： ◇空间整治 ◇促进经济发展（建立经济活动区） 以下 6 项内选择 1 项： ◇生活卫生管理 ◇保护和改善环境 ◇住房和生活环境政策 ◇公路建设 ◇文化体育设施建设与管理、小学与幼儿园的教学设施建设与管理 ◇社会活动组织

资料来源：孙婷：《基于市镇联合体的法国小城镇发展实践及对我国的启示》，《小城镇建设》2019 年第 37 期。

　　二是城镇化中后期，一些国家的小城镇在承接大城市功能和带动乡村地区发展中发挥了重要作用。以德国为例，德国城镇体系发展比较均衡，小城镇数量众多、吸引力强。在城镇化进程中，乡村区域的中心镇逐步吸纳周围的农业人口，并承接大城市的部分功能，形成了众多小城镇，通过依托协作的产业集群、便捷的区域交通和宜居的空间品质，在促进区域就业平衡中发挥了重要作用。德国的小城镇大致可以分为三类：依附型小城镇受核心大城市产业辐射，承接大城市的部分产业转移，并吸引一部分大城市居住人口前来就业，一定程度上缓解了大城市的就业压力；网络型小城镇之间形成差异化、分工协作的产业集群，对中年就业人口的吸引力较高；独立型小城镇根据当地的资源条件形成特色产业，为周边乡村社区居民提供就业岗位，推动乡村剩余劳动力就近城镇化，是乡村区域的就业中心[①]。

表 1 – 13　　　　　　　　　　　　　德国小城镇类型及功能

类型	主要功能及特征
依附型小城镇	• 位于核心大城市功能区域内部或者边缘，与大城市相邻或接壤，有密切的空间关系，并且往往依附于大城市； • 在同一个大城市周边的小城镇，就业产业结构具有相似性，且与其依附的大城市高度一致，大城市往往对其临近的小城镇形成较强的产业辐射，依附型小城镇承接了大城市的部分产业转移； • 核心大城市周边的小城镇体现出就业通勤人口的逆向流动，依附型小城镇为大城市的居住人口提供了相当数量的就业岗位，补充了大城市就业岗位的不足
网络型小城镇	• 不依附于任何一个核心大城市，往往位于距离大城市相对较远的区域，并与周边的其他中小城镇形成互相联系的空间网络； • 中小城镇之间的空间距离基本是均等的，大部分接壤或相隔一个乡村社区，既相互独立，又相互依存，形成了相对平等均衡的城镇群； • 不同小城镇的就业产业结构存在较明显差异，在城镇群内部形成了多元化的产业结构

──────────

　　① 秦梦迪、李京生：《德国慕尼黑大都市区小城镇就业空间关系研究》，《国际城市规划》2018 年第 33 期。

续表

类型	主要功能及特征
独立型 小城镇	● 深入乡村腹地，在空间上相对独立的小城镇，与周围大城市和中型城市的距离相对较远； ● 产业结构主要依托于其所处的区位优势资源； ● 与周围乡镇的就业通勤关系呈现出明显的放射状空间形态，对周边的乡村社区有比较强的就业吸引，吸纳了大量周边乡村地区的剩余劳动力，是区域中重要的乡村基层就业中心

资料来源：秦梦迪、李京生：《德国慕尼黑大都市区小城镇就业空间关系研究》，《国际城市规划》2018 年第 33 期。

四　对中国"十四五"城镇化发展的启示

中国幅员辽阔，经济和人口规模巨大，城镇化虽然起步晚，但速度快、规模大，呈现出大国城镇化的典型特征，同时，中国城镇化也面临着区域间不平衡、质量不高等突出问题。从典型国家城镇化中后期的特征和规律看，研判"十四五"时期中国城镇化的阶段和空间布局调整，需要注意以下几方面。

（一）更加注重应对城镇化放缓趋势

从城镇化发展阶段划分看，城镇化率接近 70% 将进入城镇化后期阶段，城镇化速度将在低水平保持相对稳定，而城镇化率在 60% 左右进入城镇化中后期，城镇化速度将开始呈现放缓趋势。从典型国家城镇化历程看，部分国家城镇化进入中后期之后将持续放缓，如土耳其、意大利等国家在城镇化率达到 60% 之后，城镇化速度短时间内出现大幅度下降。近年来，中国经济增速放缓、城乡差距不断缩小，新增外出农民工数量大幅下降，老一代农民工返乡意愿不断提升，因此，"十四五"时期，中国城镇化速度将整体呈现放缓趋势。

"十四五"时期，为应对城镇化放缓趋势，中国应发挥好区域间城镇化水平的梯度差，大力推进中西部内陆地区就近城镇化，促使中国城镇化增速长期处于较高水平。当前，中国城镇化迈向中后期，在城镇化呈现放缓趋势的大背景下，中西部内陆地区依然保持高速增长，将成为推动中国城镇化保持较高速度发展的主要驱动力。分板块看，"十三五"前期，东部和东北部城镇化率年均增速仅为 1.0 和 0.4 个百分点，分别低于全国平均水平 0.2 和 0.8 个百分点，而中部和西部地区城镇化率年均增速分别为 1.5 和 1.4 个百分点，分别高于全国平均水平 0.3 和 0.2 个百分点，高于"十一五"时期的全国城镇化增速。其中，重庆、河北、湖南、河南、贵州等内陆省份"十三五"时期城镇化率年均增长超过 1.5 个百分点，仍然处于城镇化快速发展期。"十四五"时期应注重挖掘中西部内陆地区城镇化潜力，引领中国城镇化持续发展。

（二）更加注重释放新型城镇化对经济社会发展的潜在带动效应

城镇化是推动经济发展和社会进步的基本动力，而城镇化中后期，城镇化对经济发展和社会进步的带动效应将加快释放。随着城镇人口规模的持续扩大，集聚经济和规模经济效应将进一步发挥，同时，城镇宽容多元的人文环境推动多种文化相互碰撞、交流与融合，不断激发新思想、新理念，不断推动知识创造、科技发明、产业升级、业态培育，从而进一步推动经济社会持续发展。从典型国家城镇化历程看，一方面，城镇化中后期，社会劳动生产率和经济运行效率将显著提高；另一方面，出现了大规模的城镇非正规就业[1]，由于其难以享受到同等的公共服务和福利保障，从而抑制了城镇化对经济社会发展的带动作用。

当前，中国城镇化中后期面临同样的问题，城市中大量的农民工和外来就业人员仍然难以取得城市户籍，享受到不平等的公共服务、社会保障和福利待遇。虽然，近年来中国农业转移人口市民化工作成效明显，但是，"十三五"前半期，中国常住人口和户籍人口城镇化率差距未出现明显缩小趋势，与2020年目标仍有较大差距，城镇化对经济发展和社会进步的带动效应还有待进一步释放。国务院发展研究中心课题组测算[2]，每年市民化1000万人，GDP增速将提高 0.75—1 个百分点，增加 15 万非农

[1]　非正规就业指，没有社会保险（养老、健康、失业保险）的就业人员或没有签署正规劳动合同的就业人员，包括家庭工人、自我雇佣者、临时工、小时工、杂工等。
[2]　国务院发展研究中心课题组：《农民工市民化对扩大内需和经济增长的影响》，《经济研究》2010 年第 6 期。

就业。"十四五"时期，中国在城镇化速度有可能放缓的情况下，更加应该注重通过提高城镇化质量，进一步释放城镇化对经济社会发展的驱动作用。

（三）更加注重向宜居宜业宜游的多维城镇化发展目标转变

当前，中国已迈入提升城镇化质量的关键窗口机遇期。城镇化快速发展中后期，既是城市发展过程中多种长期积累矛盾和问题的集中爆发期，也是人口结构和需求变化对城镇化发展目标提出新要求的关键期。从世界各国城镇化历程看，在经历了消耗性的增长后，城镇人口大规模快速增加导致市政设施和公共服务供给短缺、生态环境恶化、城市规划和管理相对滞后、城市病集中凸显，如果在这个时期再不采取有效举措加以应对，巨大的锁定效应和沉没成本将显著增加后期的治理难度和成本①。

同时，城镇化中后期，随着少儿和老龄人口增多，高学历和高收入群体不断扩大，对城镇住房、游憩、康养等高品质生活空间需求日益增加，城镇化发展需要加快从单维的经济增长目标向宜居宜业宜游的多维目标转变，更加注重营造绿色、韧性、包容的环境，更加注重优化城镇化存量空间，更加注重实现城市"精明增长"。

（四）更加注重应对城市间的分化趋势

城镇化中后期，随着人口流动特征和城镇化推动力的转变，城镇体系将长期呈现分化演变趋势。一方面，人口流动逐渐由乡城转移主导转变为城市间流动，意味着快速扩张城市和收缩城市将长期共存；另一方面，现代服务业逐渐取代制造业成为推动城镇化的主要带动力，由于服务业更加依赖于人口和产业的高度集聚，人口和各类生产要素将主要向中心城市和大都市圈集聚，其与中等规模城市和都市圈的差距逐渐增大，一些小城市人口增长面临停滞甚至净迁出，形成一批收缩城市。

近年来，中国三线城市人口增长缓慢、四线城市人口持续流出，人口净流入地区减少和净流出地区持续增多。"十四五"时期，中国城镇化将

---

① 陈恒、李文硕：《全球化时代的中心城市转型及其路径》，《中国社会科学》2017年第12期。

持续向少数地区、大城市、大都市圈不断集聚，一批收缩城市和衰退城市将逐渐显现，需要提前谋划，制定应对政策。

（五）更加注重现代化都市圈的规划建设

城镇化中后期，中国将进入都市圈密集规划建设时期，以中心城市、都市圈、城市群为主的多层次城镇化空间格局将加快形成。"中心城市—都市圈—城市群"是城镇化发展空间拓展的三个阶段，也是城镇化不断发展所形成的空间结构。从国际经验看，城镇化中后期城镇人口将加快向都市圈集聚，虽然中心城市受郊区化影响人口增长呈现放缓趋势，但是以中心城市为核心所形成的都市圈集聚人口能力不断增强。

"十四五"时期是中国都市圈形成和建设的关键时期，随着城市和区域交通基础设施的不断完善，中心城市呈现制造业外迁和服务业高级化趋势，城市将加快从孤立的"点"状发展到逐步走向区域，核心城市与周边城镇将加快形成经济联系紧密、空间组织紧凑、一体化程度高的都市圈。因此，应顺势而为，支持中心城市发展，推动与周边城镇一体化协调发展，培育发展一批现代化都市圈，着力在统一市场建设、基础设施一体高效、公共服务共建共享、产业专业化分工协作、生态环境共保共治、城乡融合发展等方面有所突破，为在更大区域范围实现一体化发展，为城市群高质量发展提供重要支撑。

（六）更加注重新型城镇化战略与乡村振兴战略的融合互动

城镇化中后期是提升乡村发展，缩小城乡差距，推动城乡融合发展的关键时期。随着城镇化水平的提高，大量农业剩余劳动力进入城市，需要在乡村地区对农业生产的组织结构、经营规模和从业人员进行重组，并扶持乡村的特色产业，实现乡村地区的综合发展。例如，日本在城镇化发展的中期阶段（城市化率为50%—70%）有效解决了城乡差距，为后期阶段的城乡一体化发展奠定了基础。日本在城镇化率达到60%时，农业政策的目标逐渐从"实现粮食增产、保证粮食自给"转向"缩小城乡收入差距"，通过积极推动土地规模化经营，提高农业生产率；实施农业保护政策，提高对农民的转移性支付；采取工业分散化战略，促进农村地区的工业化等政策，极大地缩小了城乡差距，为农业农村提供了新的发展机遇。

当前，中国城乡差距依然较大，城乡资源要素自由流动通道依然不畅，"十四五"时期，应借鉴日本、德国、法国等国经验，大力完善乡村基础设施，推动公共服务向农村延伸、社会事业向农村覆盖，加快推进城乡基本公共服务的标准化、均等化，同时，以满足人们不断提升的高品质生活需求为抓手，大力拓展乡村功能，通过破除城乡体制机制弊端，推动城乡要素双向自由流动，加快城乡融合发展。

第二章

城镇化空间形态的演变
特征和趋势研究

　　经过几十年的发展，中国城镇化进入快速发展中后期，新型城镇化空间形态呈现新的特征，城市群成为新型城镇化的主体形态，都市圈和"两横三纵"城市发展轴带集聚人口和经济活动的能力日益增强，城市发展呈现分化，成长型与收缩型城市并存，县域城镇化发展相对滞后等，成为"十四五"新型城镇化空间形态演变的基础。展望"十四五"，交通、产业、开放、生态、城乡融合等成为影响城镇化空间形态的新变量，对城镇化空间形态将产生广泛而深刻的影响。西部陆海新通道加快建设，取代包昆通道，形成"新两横三纵"城市发展格局，城市群、都市圈进一步成为城镇化的重中之重，特色小镇发展渐趋规范化成为城乡融合和乡村振兴的联结点，"十四五"时期城镇化空间形态将会更加多元、开放、均衡、高效。

2018 年，中国城镇化率达到 59.58%，城镇常住人口达到 83137 万人，相比 2010 年 49.68% 的水平提高了约 10 个百分点，城镇人口增加 16579 万人。根据联合国预测，到 2030 年中国城市化率将达约 70%，对应城镇人口为 10.2 亿，在 2018 年的基础上再增加近 2 亿人口，城镇人口的持续增加和城镇间人口的加速流动，必将带来城镇化空间形态的调整重塑[①]，未来城镇新增人口向何处去，城镇空间形态如何演变，亟须我们立足现状、研判趋势、明确任务，为促进中国城镇化空间格局持续优化提供科学支撑。

一 "十二五"以来新型城镇化空间形态现状特征分析

城镇化空间形态的形成是一个长期过程，受到自然、地理、经济、社会、政治、文化等多个复杂因素影响，随着中国即将进入城镇化率超 60% 的城镇化中后期阶段，城镇化空间形态将以"总体稳定，局部调整"的发展态势开启空间优化新阶段。总体稳定指城镇化发展的主要轴带、城市群和都市圈等大形态趋于稳定，局部调整指随着区域发展水平差距扩大和超大、特大城市和大城市吸引力的加快放大，城镇化将由过去人口的城乡流动为主逐步转变为城乡流动、城城流动双轮驱动，城镇空间形态也将伴随这一过程呈现出局部调整优化态势。

（一）"两横三纵"轴带人口和经济占比总体提升，西部陆海新通道正加速替代包昆成为新的纵向城镇化轴带

在中国网络化城镇空间格局中，以交通水系为骨架的"两横三纵"轴带，串联主要城市群、都市圈和中心城市，形成了集聚效应明显的战略轴带。经初步测算，总体上"两横三纵"轴带人口、经济与全国之比分别提高了 1.00 和 2.36 个百分点，显示出其在中国城镇化格局中的支撑作用。分轴带看，沿海轴带人口和经济占全国比重分别为 30.67% 和 45.19%，相比 2010 年，人口占比提升 0.31 个百分点，常住人口增加 2267.26 万

---

① 史育龙、申兵、刘保奎、欧阳慧：《对我国城镇化速度及趋势的再认识》，《宏观经济研究》2017 年第 8 期。

人，经济占比下降 0.06 个百分点；京哈京广轴带人口和经济占全国比重
分别为 21.21% 和 26.98%，比 2010 年人口占比提高 0.33%，常住人口增
加 1715.74 万人，而经济占比下降 0.56%；包昆轴带人口和经济占全国比
重分别为 6.35% 和 5.80%，比 2010 年人口占比提高 0.09%，常住人口增
加 501.19 万人，经济占比增加 0.25%；沿长江轴带人口和经济占全国比
重分别为 19.03% 和 23.90%，比 2010 年人口占比提高 0.35%，常住人口
增加 1423.26 万人，经济占比增加 2.32%；陇海兰新轴带人口和经济占全
国比重分别为 9.13% 和 7.86%，比 2010 年人口占比低 0.07%，常住人口
增加 455.98 万人，经济占比增加 0.40%。5 条城镇化战略轴带中，包昆
轴带和陇海兰新轴带集聚人口经济能力较弱，同时轴带之间的分化也较为
显著。

表 2 - 1 　　　　　　"两横三纵"轴带 GDP 和人口占比变化

轴带名称	城市数量	GDP 占比			常住人口占比			常住人口增长
		2010 年	2018 年	提高	2010 年	2017 年	提高	
	个	%	%	百分点	%	%	百分点	万人
沿长江轴带	50	21.58	23.90	2.32	18.68	19.03	0.35	1423.26
陇海兰新轴带	38	7.46	7.86	0.40	9.20	9.13	-0.07	455.98
沿海轴带	88	45.25	45.19	-0.06	30.36	30.67	0.31	2267.26
京哈京广轴带	48	27.54	26.98	-0.56	20.88	21.21	0.33	1715.74
包昆轴带	27	5.56	5.80	0.25	6.26	6.35	0.09	501.19
合计		107.38	109.74	2.36	85.39	86.39	1.00	6363.43

资料来源：根据有关统计数据整理。

近年来，随着"一带一路"走向深入，中国南向开放释放出巨大潜
力，西部陆海新通道正加快形成并呈现出较强的集聚态势。根据初步测
算，西部陆海新通道涉及 77 个城市，人口和经济分别占全国的 14.10% 和
17.09%，相比 2010 年常住人口增加 1015.78 万人，经济占比提升
1.79%，仅次于沿长江轴带的 2.32%。同时西部陆海新通道与包昆轴带中
间部分重合较多并在西北方向和西南方向比包昆轴带拓展范围更广，对于
人口和经济的集聚作用比包昆轴带更强，与"一带一路"有关廊道对接更
加通畅，有望替代包昆轴带成为城镇化战略格局中重要的"一纵"。

（二）城市群地区人口经济在全国占比在 80% 以上，城市群之间和城市群内部呈现一定差异

根据课题组测算，中国 19 个城市群，含地级城市 235 个，约占国土面积的 29%，2018 年，共承载人口 11.14 亿人（2017 年），创造 GDP 81.47 亿元（2018 年），分别占全国人口和经济总量的 80.15% 和 87.96%，相比 2010 年，城市群地区人口增加 5183 万，经济总量超 2010 年的 2 倍，占全国人口和经济比重分别提升 0.26 和 0.44 个百分点，形成长三角、京津冀、成渝、长江中游、中原 5 个人口亿级城市群，珠三角、海峡西岸 2 个人口 5000 万以上城市群，整体上，城市群作为中国城镇化主体形态的功能更加稳定。

表 2 - 2　　　　　　　　19 大城市群 GDP 和人口占比变化

城市群名称	城市数量	GDP 占比			常住人口占比			常住人口增长
	个	2010 年 %	2018 年 %	提高 百分点	2010 年 %	2017 年 %	提高 百分点	万人
长江三角洲	26	18.41	19.29	0.88	10.71	11.07	0.36	1043.24
珠江三角洲	9	8.43	8.75	0.32	4.19	4.49	0.30	629.31
京津冀	13	9.79	9.11	-0.69	7.79	8.07	0.28	783.80
山东半岛	17	9.04	8.39	-0.64	7.15	7.20	0.05	423.53
北部湾	15	2.02	2.18	0.16	2.97	3.01	0.05	212.05
成渝	17	5.29	6.30	1.00	7.33	7.38	0.04	430.03
海峡西岸	11	4.01	4.52	0.51	4.12	4.16	0.04	268.70
长江中游	31	7.74	9.01	1.27	8.95	8.96	0.01	464.63
关中平原	12	2.08	2.24	0.16	3.19	3.18	-0.01	140.16
中原	24	6.06	6.13	0.06	8.91	8.83	-0.08	332.35
哈长	11	3.82	2.89	-0.93	3.65	3.46	-0.19	-80.93
辽中南	12	4.44	2.64	-1.80	2.90	2.82	-0.09	25.04
黔中	6	0.80	1.29	0.49	1.94	1.94	0.00	103.21
滇中	5	1.11	1.22	0.12	1.63	1.63	0.01	93.95
呼包鄂榆	4	1.97	1.45	-0.52	0.81	0.82	0.02	65.54
山西中部	5	0.98	0.94	-0.04	1.14	1.14	0.00	63.60
兰西	9	0.60	0.64	0.04	1.09	1.09	0.01	65.26

续表

城市群名称	城市数量	GDP 占比			常住人口占比			常住人口增长
	个	2010 年	2018 年	提高	2010 年	2017 年	提高	
	个	%	%	百分点	%	%	百分点	万人
天山北坡	4	0.62	0.60	-0.02	0.41	0.45	0.03	68.13
宁夏沿黄	4	0.32	0.37	0.05	0.38	0.40	0.02	51.65
合计	235	87.53	87.96	0.43	79.25	80.11	0.86	5183.25

资料来源：根据有关统计数据整理。

　　19 大城市群经济人口集聚呈现出一定的差异性，其中长三角、珠三角、京津冀三大城市群集聚人口显著，新增人口均超过 600 万人，约占城市群地区新增人口的 46%。山东半岛、成渝、长江中游和中原四个城市群新增人口均超过 300 万人。哈长、辽中南城市群占全国人口和经济比重双下降。一些人口增加较多的城市群，经济占比却在下降，如京津冀、山东半岛城市群等。长三角、成渝、长江中游三个城市群经济占比大幅提高，推动长江经济带引领全国经济增长。呼包鄂榆、山西中部、天山北坡等城市群人口增加较少，经济占比滑坡。兰西、滇中、宁夏沿黄、关中平原、北部湾等城市群经济人口占比提升很小。

　　城市群内部，不同城市集聚人口能力差异也较大。如长三角城市群中，上海、杭州、合肥和芜湖人口集聚明显，而安庆等地人口流出较多，同时经济占比也在下降。又如哈长城市群仅哈尔滨和大庆人口增加，其他地市人口均在下降，辽中南城市群仅大连和沈阳人口增加较多，其他地市人口增加较少或流出，长江中游城市群武汉、长沙等城市集聚人口较多，湘潭市和天门市人口减少较多等。

　　城市群之间和城市群内部的人口流动和经济分化表明，尽管城市群作为城镇化的主体形态将继续发挥吸引区域经济、人口集聚的作用，但处于相对落后地区的城市群的人口将持续流出至发达地区的城市群中，城市群内部吸引力差的城市，其人口也会加快流入群内吸引力强的城市，从而推动中国城镇化空间形态发生群间局部调整和群内局部调整。

（三）都市圈集聚作用更加明显，引领城镇化高质量发展的核心功能不断加强

根据清华大学发布的《中国都市圈发展报告》，中国已形成 2 个都市连绵区（成熟型都市圈）、16 个发展型都市圈和 11 个培育型都市圈，共计 29 个都市圈[①]。但该报告中对都市圈的范围是按照一定算法机械划定，部分都市圈范围不是很合理。

因此，本课题组在该研究的基础上，对 29 个都市圈范围进行了部分调整，并在对有关指标进行计算的基础上进行分类。通过初步统计，29 个都市圈涉及 164 个地级市，面积占全国的 21%，集聚人口 83632 万，经济总量 68.28 亿元，分别占全国的 60.19% 和 73.72%，其中，长三角都市圈人口过亿，珠三角、首都 2 个都市圈人口超 5000 万，以成都都市圈为代表的 22 个都市圈人口超千万，长三角、珠三角、首都 3 个都市圈经济总量超 5 万亿元，青岛等 17 个都市圈经济总量过万亿元。相比 2010 年，都市圈人口和经济占全国比重分别提高 0.67% 和 1.01%，常住人口增加 4525.84 万人，比城市群区域集聚人口经济更为明显。

表 2 - 3　　　　　　　　29 个都市圈 GDP 和人口占比变化

都市圈名称	城市数量	GDP 占比			常住人口占比			常住人口增长
		2010 年	2018 年	提高	2010 年	2017 年	提高	
	个	%	%	百分点	%	%	百分点	万人
长三角都市圈	22	17.19	17.83	0.63	9.62	9.77	0.15	787.67
珠三角都市圈	9	8.43	8.75	0.32	4.22	4.49	0.27	629.31
首都都市圈	7	7.34	7.10	-0.24	4.78	4.99	0.22	587.44
合肥都市圈	7	1.52	1.81	0.29	2.12	2.29	0.17	360.7
青岛都市圈	5	3.63	3.44	-0.19	2.29	2.27	-0.02	110.96
成都都市圈	10	2.59	3.08	0.48	3.26	3.23	-0.02	165.7
西安都市圈	7	1.50	1.73	0.24	1.94	1.91	-0.02	82.56
郑州都市圈	9	3.03	3.08	0.05	3.17	3.16	-0.01	179.49
厦门都市圈	3	1.58	1.86	0.28	1.24	1.28	0.04	129.02
济南都市圈	7	3.20	2.89	-0.31	2.50	2.51	0.00	157.92

[①]　尹稚、袁弘：《中国都市圈发展报告》，清华大学出版社 2019 年版，第 30 页。

续表

都市圈名称	城市数量	GDP 占比			常住人口占比			常住人口增长
		2010 年	2018 年	提高	2010 年	2017 年	提高	
	个	%	%	百分点	%	%	百分点	万人
武汉都市圈	9	2.15	2.69	0.54	2.28	2.27	0.00	136.06
石家庄都市圈	4	1.74	1.43	-0.31	2.32	2.32	0.00	141.96
长春都市圈	4	1.59	1.28	-0.31	1.38	1.27	-0.11	-75.86
太原都市圈	5	0.96	0.92	-0.04	1.17	1.17	0.00	66.09
长沙都市圈	5	2.02	2.26	0.24	1.76	1.79	0.03	149.98
贵阳都市圈	5	0.73	1.18	0.45	1.69	1.69	0.00	97.44
南宁都市圈	6	0.88	0.96	0.07	1.42	1.44	0.03	123.33
沈阳都市圈	6	2.35	1.23	-1.12	1.52	1.46	-0.06	8.4
南昌都市圈	5	1.21	1.36	0.15	1.52	1.52	0.00	86
昆明都市圈	4	0.96	1.05	0.09	1.30	1.30	0.00	72.75
重庆都市圈	3	2.06	2.52	0.46	2.73	2.76	0.03	204.87
银川都市圈	3	0.29	0.33	0.04	0.30	0.32	0.02	43.98
哈尔滨都市圈	3	1.65	1.13	-0.52	1.43	1.40	-0.03	43.17
大连都市圈	3	1.55	1.06	-0.49	0.87	0.85	-0.02	25.74
兰州都市圈	4	0.38	0.42	0.04	0.75	0.74	-0.01	34.11
福州都市圈	3	1.04	1.30	0.26	0.96	0.97	0.01	74.41
呼和浩特都市圈	2	0.54	0.40	-0.15	0.38	0.38	0.00	20.71
乌鲁木齐都市圈	2	0.42	0.48	0.06	0.34	0.37	0.03	57.35
西宁都市圈	2	0.18	0.19	0.01	0.27	0.28	0.01	24.58
总计	164	72.71	73.72	1.01	59.52	60.19	0.67	4525.84

资料来源：笔者根据 Wind 数据库、各省 2018 年统计年鉴及第六次全国人口普查数据计算。

　　29 个都市圈的经济集聚总体上强于人口集聚，表现在两个方面。一是大部分都市圈经济总量占比高于人口总量占比，如长三角、珠三角、首都、青岛、济南、武汉等都市圈；二是部分都市圈经济占比提升明显高于人口占比的增长，如长三角、珠三角，武汉、成都、重庆等都市圈。另外，部分都市圈经济人口占比双下滑明显，主要是分布在东北地区的沈阳、大连、哈尔滨都市圈。都市圈内部相对更为密集和发达的经济，是引领城镇化高质量发展的核心载体。

（四）成长型与收缩型城市并存，城市形态呈现分化趋势

2010 年以来，随着沿海地区产业转型升级、东北地区部分城市资源枯竭和产业衰退，中西部地区产业承接以及老一代农民工老化，部分劳动力逐渐回流中西部，东部地区一般劳动力集聚逐渐放缓，东北人口出现负增长，与此同时，北京、上海、深圳和广州等超大城市，成都、杭州、重庆等特大城市，以及其他省会城市为主的大城市的就业机会、收入水平、配套设施、包容性、工作生活氛围及相对公平的竞争环境对年轻人口、人才具有明显吸引力，各大城市纷纷出台"人才政策"，降低人才落户门槛，吸引了一大批大学生落户，常住人口继续保持了增长态势。统计表明，2010—2017 年，深圳、天津、合肥、成都、广州常住人口增量均超过 200万人，北京、重庆、郑州、芜湖、淮南、西安、武汉等城市常住人口增量超 100 万人，16 个城市人口增量在 50 万人以上。人口的持续增加带动城市空间进一步扩张，如成都市提出"东进"战略，引导人口向东部新城集

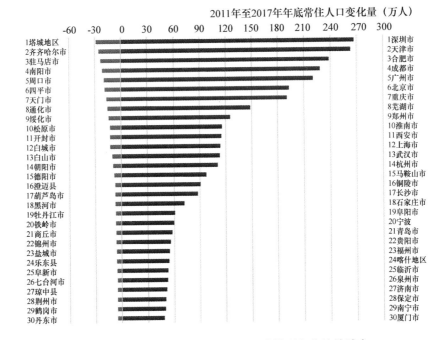

图 2-1　人口变化最多的前 30 位成长型和收缩性城市

资料来源：笔者根据第六次全国人口普查数据和各省 2018 年统计年鉴数据计算。

聚，促进城市格局由"两山夹一城"变为"一山连两翼"。广州市也提出"东进、南拓"城市发展战略，新一轮总规中明确提出 2035 年常住人口控制在 200 万人左右，按照 2500 万管理服务人口进行基础设施配套。在特大城市、大城市扩张的同时，处于城镇体系底端的中小城镇，面临着发展空间被进一步压缩，城市形态可能被动受限。而在东北地区、河南和部分资源型城市，受制于资源枯竭、产业衰退和发展条件落后，有的城市出现人口减少，形成一些收缩城市，尤其是东北地区、海南各县人口流出较为普遍，大别山地区人口流出较多①。一些收缩城市在人口流出后，空间形态将不再扩张，趋于稳定状态，而另一些不能及时转变规划思路的城市，可能仍将继续粗放扩张，造成空间资源浪费，不利于城镇化健康发展。

（五）县域城镇化发展相对滞后，城镇土地利用总体粗放

相比城市区域，县域城镇化发展相对滞后，尤其是经济发展较为落后的中西部地区，县域城镇化率较低，如 2017 年甘肃省天水市甘谷县城镇化率为 46.00%，宁夏中卫市中宁县城镇化率为 45.46%，四川省广安市岳池县城镇化率为 35.70%，安徽省蚌埠市怀远县城镇化率为 40.00%。德州市武城县作为山东全省唯一的实施产城融合推进就地城镇化试点，城镇化率也仍低于全国平均水平。与县域城镇化率较低相伴而生的是城镇空间利用粗放，地均人口和地均产值较低，土地闲置浪费严重等问题，但是随着三区三线划定，土地空间约束趋紧，县城、建制镇建成区面积增速有所放缓，"十三五"前两年县城建成区面积年均增长速度为 - 0.47%，低于"十二五"时期 3.86% 的增速，小城镇建成区面积增速也从"十二五"时期的 4.22% 下降到"十三五"时期的 0.23%。

二　城镇化空间形态变化趋势分析

"十四五"时期，新型城镇化进入快速发展中后期，交通、产业、开放、生态、城乡融合等成为影响城镇化空间形态的新变量，对城镇化空间形态产生广泛而深刻的影响。

---

① 郭源园、李莉：《中国收缩城市及其发展的负外部性》，《地理科学》2019 年第 1 期。

（一） 交通物流经济深度融合塑造城镇化空间形态的主体骨架

"十三五"以来，国家"十纵十横"综合运输大通道快速推进，特别是西部和东北地区对外交通骨干网络逐步完善，交通运输日益发挥着对优化城镇布局、承接跨区域产业转移的先导作用，带动了交通沿线城市产业发展和人口经济活动的集聚①。"十四五"时期，交通大格局进一步完善，人口和经济活动向主要交通廊道集聚的态势将更加强化，成为城镇化空间格局的主要轴带，交通物流经济深度融合成为塑造城镇化空间形态的主体骨架，但各主要发展轴带存在较大差异。包昆轴带继续与国家大战略擦肩而过，重要作用将会持续下降，特别是随着西部陆海新通道②的建设，战略地位和功能将会被进一步替代，除了成渝城市群成为人口主要集聚地之外，其他城市群将会逐渐萎缩。西部陆海新通道作为连接"一带"和"一路"的纽带，在"一带一路"倡议和新时代西部大开发大背景下，加快通道和物流设施建设，提升运输能力和物流发展质量效率，深化国际经济贸易合作，促进交通、物流、商贸、产业深度融合，将成为推动西部地区高质量发展、建设现代化经济体系提供有力支撑，也将进一步成为人口和经济活动新的集聚带。

根据课题组的测算，预计"十四五"时期末主要发展轴带 GDP 和人口占全国比重将分别提高 4.53 和 3.21 个百分点，其中长江经济带和西部陆海新通道成为吸引人口和经济活动的主要区域，西部陆海新通道 GDP 和人口分别提高 4.10 和 1.09 个百分点，成为引领中国西部地区增长的新引擎。陇海兰新轴带、沿海轴带、包昆轴带承载的人口和经济活动都呈现略微下降的趋势，特别是包昆轴带 GDP 和人口占全国比重进一步下降，分别下降 1.80 和 0.85 个百分点，份额降到 4.0% 和 5.5%，与其他轴带相比，无论是从体量上还是从战略上地位都将大幅下降。

---

① 孙斌栋、华杰媛、李琬、张婷麟：《中国城市群空间结构的演化与影响因素——基于人口分布的形态单中心—多中心视角》，《地理科学进展》2017 年第 10 期。

② 其中，西部陆海新通道的主通道自重庆经贵阳、南宁至北部湾出海口（北部 湾港、洋浦港），自重庆经怀化、柳州至北部湾出海口，以及自成都经泸州（宜宾）、百色至北部湾出海口三条通路，共同形成西部陆海新通道的主通道。

表2-4　　　　　"十四五"时期城市群轴带 GDP 和人口占比预测

轴带名称	城市数量	GDP 占全国比重			常住人口占全国比重		
		2018 年	2025 年	提高	2017 年	2025 年	提高
	个	%	%	百分点	%	%	百分点
长江经济带	130	44.26	48	4.26	42.98	43	1.98
陇海兰新轴带	38	7.86	7	-0.86	9.13	9	-0.13
沿海轴带	88	45.19	45	-0.19	30.67	30	-0.67
京哈京广轴带	48	26.98	26	-0.98	21.21	23	1.79
包昆轴带	27	5.80	4	-1.80	6.35	5.5	-0.85
西部陆海新通道轴带	77	14.10	18	4.10	17.09	18	1.09
合计				4.53			3.21

资料来源：2017 年、2018 年数据根据相关统计数据整理，2025 年为预测数据。

（二）产业转移和新经济发展进一步强化中西部地区省会城市的集聚程度，中等城市分化现象加剧

"十三五"以来，中国产业转移和新经济发展出现新的特点，受到成本、市场、开放、人才、技术等多种因素的影响，从东部地区向中西部地区产业转移的速度和规模都在大幅下降，中西部城市承接产业转移的压力增大。"十四五"时期，外部环境更加错综复杂，从东部地区直接到东南亚国家的产业转移将进一步挤压向中西部转移的规模，中西部地区除核心城市或城市群内发展基础较好的大中城市外，其他城市发展将会进一步放缓，甚至呈现收缩态势。除此之外，新经济快速崛起也将对城镇化空间布局产生较大影响。2017 年，中国新经济规模接近 30 万亿元，占 GDP 比重超过 30%，新经济公司的总市值已经超过了市值前十的传统经济龙头企业。新经济打破传统产业沿海布局的模式，在制度环境好的区域成长非常迅速。这无疑也将进一步强化中西部地区省会城市经济实力。

总体判断，"十四五"时期城市发展将会呈现"两端聚集"发展态势，副省级及以上城市为主体的"头部城市"发展进一步增强，县城和小城镇受益于乡村振兴战略也会呈现一定程度的增长，位于城镇体系中部的中等城市发展将会受到一定的挤压，分化现象将进一步加剧[1]。沿海的制造中

---

[1] 李晓江、郑德高：《人口城镇化特征与国家城镇体系构建》，《城市规划学刊》2017 年第 1 期。

心，如南通、绍兴、台州等，传统的省域副中心城市，如襄阳、徐州、九江等，新兴的人口大市，如南阳、遵义、赣州等将呈现较好的发展态势，对人口和产业活动形成较大的吸引力，处于成长型城市方阵。同时，更多的中等城市将会呈现全面收缩，人口、产业严重流失，主要分布在东北、西北地区的一些资源型城市、劳动力输出的人口大市，受资源型城市转型压力的影响，处于全面萎缩状态，如齐齐哈尔、四平、天门、通化、松原、白山、黑河、七台河、鹤岗、大兴安岭，也有大城市周边的小城市，如德阳、天门、仙桃等，中心城市还处在集聚发展阶段，对周边产业和人口形成较大的虹吸效应，周边城市会出现一定程度的收缩，这主要出现在中西部地区。

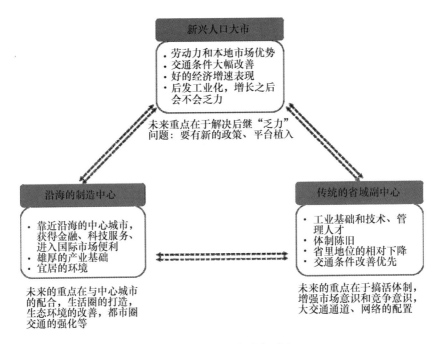

图 2 - 2　成长型中量级城市

资料来源：刘保奎：《改革开放以来我国城市中心性研究——以中量级城市为例》，宏观经济研究院基本课题报告，2019 年，第 9 页。

（三）"一带一路"建设为牵引的全面开放新格局加快形成，开放性对城镇化空间形态的影响日益增强

与经济全球化潮流相适应，中国提出要发展更高层次的开放型经济，形成全面开放新格局，开放性特征影响城镇化空间形态的重要性日益增强。特别是"一带一路"实施以来，中国与沿线国家开展务实合作，六大国际经济走廊进展迅猛，政策沟通、设施联通、贸易畅通、资金融通、民心相通成效显著。中国"两横三纵"城镇化发展格局中陇海—兰新线与新欧亚大陆桥、中国—中亚—西亚经济走廊、中巴经济走廊等联系紧密，珠江—西江经济带与中国—中南半岛经济走廊和孟中印缅经济走廊、京哈线与中蒙俄经济走廊也具有联系的紧迫性。随着中欧班列的开启，重庆、成都、武汉、郑州、西安等城市发挥的作用日益凸显，向西开放格局初步形成。中国开放的大门不会关闭，只会越开越大。"十四五"时期，开放性将会继续而且更加深刻影响城镇化空间形态，城镇化发展轴带亟须进一步和国际经济走廊相衔接，特别是西部陆海新通道纵贯中国西南地区，有机衔接"丝绸之路经济带"和"21世纪海上丝绸之路"，将进一步成为促进陆海内外联动、东西双向互济的桥梁和纽带，加强中国—中南半岛、孟中印缅、新亚欧大陆桥、中国—中亚—西亚等国际经济走廊的联系互动，在西部对外开放格局中的地位和作用进一步凸显，成为集聚人口、产业和经济活动的重要载体。同时，具有开放优势的地区将会成为聚集人口和经济活动的新载体，比如北部湾城市群可能迎来发展新机遇。

（四）生态刚性约束进一步强化，城镇空间的集约性更加增强

党的十八大以来，党中央、国务院更加注重生态文明建设，党的十八大报告第一次把生态文明建设与物质文明、精神文明、政治文明、社会文明建设放在同等重要位置，明确提出要推进经济、政治、文化、社会、生态"五位一体"的建设，由此拉开了生态文明改革的序幕。习近平总书记强调："我们既要绿水青山，也要金山银山。宁要绿水青山，不要金山银山，而且绿水青山就是金山银山。"① 绿色发展也是中国五大新发展理念之一，并提出建设天蓝、地绿、水清的美丽中国的目标。"十四五"时期，

---

① 《习近平关于全面建成小康社会论述摘编》，中央文献出版社2016年版，第171页。

党中央将进一步强力推进生态文明建设和绿色发展，生态刚性约束将进一步强化，对城镇化空间、产业布局、人口流动形成较大影响，城镇空间的集约性进一步增强，城市群继续成为集聚人口和产业、经济活动的主体。集聚人口和经济活动的能力将进一步增强，但受经济南北分化的影响，城市群南北分化现象进一步显现。预计到2025年，19大城市群GDP和人口占全国的比重分别从87.96%、80.15%上升到88.49%、81.63%，分别上升0.53和1.48个百分点。与此同时，各个城市群分化现象将更加突出，与区域经济南北分化相一致，城市群也将出现南北分化现象，北方的城市群萎缩现象进一步加剧，哈长、辽中南、呼包鄂榆、晋中、兰西等城市群人口向南方流失，常住人口占全国比重相对下降，山东半岛、京津冀城市群将保持较好发展态势。南方的大部分城市群，包括长三角、珠三角等人口比重上升，经济比重上升，特别是处于开放前沿的成渝、北部湾城市群等迎来更好的发展机遇，人口比重预计上升0.40和0.58个百分点。

表2-5　　　"十四五"时期19大城市群GDP和人口占比预测

城市群名称	城市数量	GDP占全国比重			常住人口占全国比重		
		2018年	2025年	提高	2017年	2025年	提高
	个	%	%	百分点	%	%	百分点
长江三角洲	26	19.29	20.07	0.78	11.08	11.31	0.23
珠江三角洲	9	8.75	9.20	0.45	4.49	4.74	0.25
京津冀	13	9.11	8.31	-0.80	8.08	8.18	0.10
山东半岛	17	8.39	8.52	0.13	7.20	7.40	0.20
北部湾	15	2.18	2.63	0.45	3.01	3.59	0.58
成渝	17	6.30	7.64	1.34	7.38	7.78	0.40
海峡西岸	11	4.52	4.72	0.20	4.17	4.18	0.01
长江中游	31	9.01	10.13	1.12	8.97	8.99	0.02
关中平原	12	2.24	2.34	0.10	3.18	3.16	-0.02
中原	24	6.13	6.15	0.02	8.83	8.82	-0.01
哈长	11	2.89	1.69	-1.20	3.46	3.26	-0.20
辽中南	12	2.64	0.64	-2.00	2.82	2.72	-0.10
黔中	6	1.29	1.79	0.50	1.95	1.96	0.01

续表

城市群名称	城市数量	GDP 占全国比重			常住人口占全国比重		
		2018 年	2025 年	提高	2017 年	2025 年	提高
	个	%	%	百分点	%	%	百分点
滇中	5	1.22	1.42	0.20	1.63	1.64	0.01
呼包鄂榆	4	1.45	0.89	-0.56	0.83	0.82	-0.01
晋中	5	0.94	0.70	-0.24	1.14	1.13	-0.01
兰西	9	0.64	0.65	0.01	1.09	1.08	-0.01
天山北坡	4	0.60	0.59	-0.01	0.45	0.46	0.01
宁夏沿黄	4	0.37	0.41	0.04	0.40	0.42	0.02
合计	235	87.96	88.49	0.53	80.15	81.63	1.48

资料来源：2017 年、2018 年数据根据相关统计数据整理，2025 年为预测数据。

（五）城乡融合发展和乡村振兴发展为城镇化空间形态变化注入新动力，县城和小城镇发展迎来新机遇

党的十九大报告提出乡村振兴战略和建立健全城乡融合发展体制机制和政策体系，城乡融合发展成为影响城镇化空间形态的新变量。随着乡村振兴战略的推进，特别是《关于建立健全城乡融合发展体制机制和政策体系的意见》颁布实施后，城乡基础设施一体化和基本公共服务均等化的进程将显著加快，一二三产业融合发展将提速，农村发展活力将被进一步激发出来，乡村人口向城镇转移的规模和速度都会下降，相反，城镇人口流回都市圈周边乡村的数量将会有所上升①。"十四五"时期，城乡人口双向流动的特点，将推动作为连接城乡的重点镇、特色小镇、县城等城镇的发展，在小城镇吸纳能力和承载能力同步提高的条件下，小城镇的人口比重将小幅上升。同时，随着城乡人口流动的速度和规模下降，城市和城市之间人口流动的规模和速度相对会有所上升。"十四五"时期，特色小镇和特色小城镇发展更趋规范化，将会进一步规范、扶持特色小镇及特色小城镇的发展，建立规范纠偏机制，坚决纠正概念不清、盲目发展及房地产化苗头，淘汰一批缺乏产业前景、变形走样异化的小镇和小城镇，特色小镇发展更趋规范化。鉴于各地发展基础和发展条件的差异，特色小镇发展将

---

① 李爱民：《我国城乡融合发展的进程、问题与路径》，《宏观经济管理》2019 年第 2 期。

会出现两极分化现象，纳入全国特色小镇试点的 403 个特色小镇将会得到进一步发展，地方创建的 2000 多个省级特色小镇大部分得到进一步整顿规范甚至清除。不同区域的特色小镇面临不同的发展形势，东南沿海地区特别是长三角、珠三角地区的特色小（城）镇，产业支撑较好，无论是财政收入还是集聚人口数量已经可以与中小城市匹敌，撤镇设市或者设镇级市的需求较为强烈，需要转型发展。中西部和东北地区的部分特色小镇，处于集聚经济发展阶段，受中心城市的虹吸效应影响明显，缺乏产业支撑，对人口的吸纳能力不足，是应该限制发展的特色小镇类型。大城市周边的特色小（城）镇处于城乡融合的前沿地带，休闲、养生、旅游等特色产业发展势头迅猛，是逆城市化发展的新空间，属于支持发展的特色小镇。

表 2 - 6　　　　　　　　　　　**分类推进特色小镇发展**

类型	区域	发展策略
转型发展型	东南沿海地区	通过撤镇设市或者设镇级市等方式破除体制机制束缚，推动产业转型升级
限制发展型	中西部和东北地区	进一步规范整顿、纠偏房地产化倾向
支持发展型	大城市周边地区	通过土地、产业、财税等政策支持发展，纳入城乡融合发展统一考量

资料来源：根据相关政策文件整理。

三　"十四五"推进城镇化空间结构优化的重点任务

顺应人口、经济活动的发展趋势，牢牢把握影响城镇空间结构变化的主要因素，推动形成多元、开放、均衡、高效的城镇化空间结构。

（一）推动胡焕庸线东西两侧分类施策，夯实人口、经济与资源、环境协调的空间开发基础

坚持因地制宜、分类指导的原则，以胡焕庸线为界，对人口密集地区和人口稀疏地区分类实施发展重点和开发模式。

推动胡焕庸线以西地区优势集中。适应人口稀疏、发展条件较差的特点，推动人口、产业等经济活动在优势地区适度集中。加大对边境地区支

持力度，实施兴边富民行动，推动特色化发展；强化稳边戍边功能，推动公共资源倾斜性配置和对口支援；发挥边境城市口岸城市功能，推动与"一带一路"深度融合；培育发展特色优势产业，推进边境地区产业园区发展。加强非边境地区人口向资源环境承载力较强地区集中，推动呼包鄂榆、宁夏沿黄、兰州—西宁、天山北坡城市群发展，加快区域性中心城市建设。

胡焕庸线以东地区优化发展。都市圈地区实施网络化开发模式，推动统一市场建设、基础设施一体高效、公共服务共建共享、产业专业化分工协作、生态环境共保共治、城乡融合发展，形成区域竞争新优势，打造成为集聚人口、产业等经济活动的主要承载地。非都市圈地区实施点状开发，加快中小城市和小城镇发展，提升产业支撑能力和公共服务品质，落实非县级政府驻地特大镇设市，推动经济发达镇行政管理体制改革扩面提质增效，提高服务镇区居民和周边农村的能力，加快实施乡村振兴战略。

（二）加快培育西部陆海新通道，优化形成"新两横三纵"战略格局

依托主要交通干线和综合交通运输网络，进一步优化调整城市化战略格局，在以往"两横三纵"城市化战略格局基础上，推动城市发展轴带与对外通道建设紧密衔接，形成均衡化、网络化、开放化城市群格局。构建以丝绸之路城市发展带、长江经济城市发展带为两条横轴，以沿海、京哈京广、西部陆海新通道为三条纵轴，促进国土集聚开发，引导生产要素向交通干线和连接通道有序自由流动和高效集聚，推动资源高效配置和市场深度融合。

丝绸之路城市发展带：以陇海兰新线为轴线，以中原、关中平原、兰州—西宁、天山北坡城市群为主体，着力推动郑新欧、兰新欧等通道建设，发展外向型经济，形成"一带一路"建设重要支撑和向西开放的重要依托。

长江城市发展带：以沿江综合运输大通道为轴线，以长三角、长江中游和成渝三大城市群为主体，以黔中、滇中城市群为补充，强化基础设施建设和联通，优化空间布局，推动产城融合，引导人口集聚。

沿海通道：以沿海通道建设为依托，贯通辽中南、京津冀、山东半岛、长三角、海峡西岸、珠三角、北部湾等城市群，发挥经济基础好、对外水平高优势，形成中国经济转型升级、参与高水平全球竞争合作的标杆作用。

京哈京广通道：以京哈—京广铁路通道为依托，加强哈长、京津冀、中原、长江中游、珠江三角洲城市群纵向联系，建设中国重要的原材料工业、重化工业及装备制造业、商品粮等基地，形成中部地区和东北地区新型城镇化主体骨架。

西部陆海新通道：规划建设西部陆海新通道，连接兰州—西宁、成渝、黔中、北部湾城市群，形成商品、信息、资金、人流等流通，形成中国内陆对外经济发展新通道，实现丝绸之路经济带和21世纪海上丝绸之路的有机衔接。

（三）分类推进重点城市群建设，强化新型城镇化主体形态

保持现有19+2城市群规模大致不变，分类指导各个城市群发展。全力打造珠三角、长三角、京津冀三个世界级城市群，坚持世界标准、国际眼光、中国特色，以盘活存量用地为主，严格控制新增建设用地，引导中心城市人口向周边区域有序疏解，提升城镇化发展质量和开放竞争水平，提升全球影响力和辐射力①。推动成渝城市群上升为国家战略，依托成都、重庆发展优势，建立健全区域协调发展体制机制，实现成都、重庆协同、协调、相向发展，形成强大辐射带动合力，切实发挥好成渝城市群作为"一带一路"和长江经济带发展两大国家规划交汇点的战略支撑作用，形成西部大开发战略实施的重要引擎和中国经济第四极。加强改革创新，为扩张型城市群提供充足发展空间，优化发展长江中游、海峡西岸、北部湾、天山北坡、滇中、中原地区等城市群，适当扩大建设用地供给，提高存量建设用地利用强度，完善基础设施和公共服务，加快人口、产业集聚，打造推动国土空间均衡开发、引领区域经济发展的重要增长极。妥善应对收缩型城市群，密切关注哈长、呼包鄂榆、兰州—西宁等城市群发展动向和人口流向，以"瘦身强体"的思路推动集约化发展，进一步改善内部基础设施条件，明确产业分工和错位发展，实现特色化、专业化发展，改善营商环境，提升城市品质，建设小而精、小而美城市群。

---

① 高国力：《引导我国城市群健康发展》，《宏观经济管理》2016年第9期。

表 2-7   分类推进城市群建设

城市群类型	城市群名称
世界级城市群（3个）	珠三角、长三角、京津冀
扩张型城市群（12个）	成渝、长江中游、北部湾、海峡西岸、江淮、山东半岛、宁夏沿黄、黔中、滇中、天山北坡
收缩型城市群（7个）	哈长、辽中南、兰州—西宁、呼包鄂榆、晋中、中原、关中平原

资料来源：高国力：《引导我国城市群健康发展》，《宏观经济管理》2016年第9期。

（四）积极构建现代化都市圈，引领空间集约高效开发利用

抓住当前城乡区域空间调整的方向和趋势，加快培育现代化都市圈。从严划定都市圈划定依据，以人口规模为基础，严格以超大特大城市或辐射带动功能强的大城市为中心；以人均 GDP 为依托，都市圈内人均 GDP 达到全国中上水平；以重大战略规划实施为补充，都市圈的建设必须更好地服务当前和未来国家重大战略规划。严格控制都市圈数量，以超大特大城市为依托，加快发展北京—天津、上海、广州—深圳等现代化核心都市圈。重点建设以成都、杭州—宁波、武汉、郑州、西安、西宁—海东、济南、太原—晋中等为中心的 17 个重点都市圈。切实培育发展南昌、宁波、昆明、银川、哈尔滨、兰州等 10 个潜在都市圈。合理确定都市圈规模，以 1 小时通勤圈为基本范围，防止都市圈泛滥。分类推进都市圈建设，核心都市圈提质增效，持续提升共建共享水平；重点都市圈优势互补，着力构建一体化体制机制和市场环境；潜在都市圈补足短板，先行推进基础设施一体化规划建设管护。都市圈内加快推进基础设施建设，以一体化规划建设管护为抓手，织密网络、优化方式、畅通机制，增强连接性贯通性。以各城市间专业化分工协作为导向，强化产业分工协作，推动中心城市产业高端化发展，夯实中小城市制造业基础。加快建设统一开放市场，打破地域分割和行业垄断、清除市场壁垒，营造规则统一开放、标准互认、要素自由流动的市场环境。统筹推动基本公共服务、社会保障、社会治理一体化发展，持续提高共建共享水平。强化生态网络共建和环境联防联治，共建美丽都市圈，实现一体化发展中生态环境质量同步提升。率先实现城乡融合发展，促进城乡要素自由流动、平等交换和公共资源合理配置。构建都市圈一体化发展体制机制，形成都市圈协商合作、规划协调、政策协

同、社会参与等机制。

表 2-8　　　　　　　　　　　30 个现代化都市圈

都市圈类型	都市圈中心城市
核心都市圈（3 个）	北京—天津、上海、广州—深圳
重点都市圈（17 个）	杭州—宁波、南京、合肥、青岛、成都、西安、郑州、厦门、济南、武汉、石家庄、长春、太原—晋中、长沙、贵阳、南宁、沈阳
潜在都市圈（10 个）	南昌、宁波、昆明、银川、哈尔滨、兰州、福州、呼和浩特、乌鲁木齐、西宁—海东

资料来源：笔者根据相关数据和标准划分。

（五）实施县城提升计划，打造城乡融合的战略支点

统筹县（市）新城建设与老城改造，全力提升县城规划、建设、管理的质量和水平，基本实现布局合理、功能齐全、管理规范。

加强县城规划建设。发挥城市规划的战略引领和刚性控制作用，全面提升县城规划水平，科学引领城市发展和品质提升。建立完善空间规划体系，整合主体功能区规划、城乡规划、土地利用总体规划、生态环境规划等，形成全县空间的"一张底图"，实现"多规合一"。优化生产生活生态空间，完善公共服务功能，优化城镇体系布局，完善基础设施支撑体系，强化规划刚性约束

提升县城城市功能。以特色化发展为主，因城施策，强化产业功能、服务功能和居住功能。以城镇道路、供水、供电、通讯等基础设施及城镇教育、文化、卫生、社会保障等公共服务体系建设为重点，提升市政基础设施建设和公共服务品质，提高县城的综合承载能力，引导人口和公共资源向城区集中。保护传承历史文脉，加强老城更新改造。紧抓国家深化文化体制改革的契机，加大投入力度，加快发展文化产业和文化事业，打响文化品牌，提升县城城市品位。

完善县城城市治理。下足"绣花"功夫推进城市治理，落实网格化管理机制，推进城市管理精细化，全面整治城区容貌环境，综合治理各类垃圾，保障设施安全运营，进一步改善市民居住环境。积极创新城市治理方式，加快构建数字化城市管理平台，提升城市管理智能化、人性化水平，全面提升城市人居环境。

（六）规范发展特色小镇，统筹推进小城镇发展与乡村振兴

把特色小镇和特色小城镇作为新型城镇化与乡村振兴的重要结合点加以打造，使之成为促进经济高质量发展的重要平台。制定特色小镇标准体系，严格特色小镇设立标准，以高质量发展为目标有力有序有效推动特色小镇建设。坚持特色兴镇、产业建镇，坚持政府引导、企业主体、市场化运作，因地制宜创建完善一批工业发展型、历史文化型、旅游发展型、民族聚居型、农业服务型和商贸流通型等精品特色小镇。鼓励发展多种类型特色小镇模式，探索"市郊镇""市中镇""园中镇""镇中镇"以及卫星型、专业型等特色小城镇。以特色小镇和特色小城镇发展为契机，带动乡村振兴发展，建立健全引导城市产业、消费、要素向农村流动的政策体系，鼓励和支持规划建设一批具有示范带动效应的农村产业发展平台项目，包括农村产业融合发展示范园、农业主题公园、田园综合体、电子商务平台、特色种养殖基地、乡村旅游景区（点）、休闲观光园区、康养基地、乡村民宿、特色小（城）镇、农村综合服务中心等各具特色和功能的平台，利用"生态＋""互联网＋"等模式积极挖掘、拓展和延伸农业农村的多维功能，构建农业全产业链。

表2-9　　　　　　　　　**农业农村功能拓展方向**

农业农村功能	拓展方向
农产品供给功能	进一步巩固和增强农业农村主导功能，为粮食蔬菜消费和工业原料需要等提供充足的农产品资源保障
生态产品功能	深度开发农村田园风光、清新的空气等作为重要生态产品的生态价值
消费市场功能	提高农民的消费能力和激发他们的消费潜力，增强农村发展新动能；增加农村地区文化消费、生态产品消费、农产品消费、旅游消费供给
文化传承功能	深度挖掘农村民俗文化、耕读文化、民间艺术文化等民间文化资源，与现代文化相得益彰
新经济功能	通过拓展生态、景观、休闲、体验、文化、创意、疗养等功能，促进农业产业链条前后双向延伸以及农业与工业、现代物流、手工艺品、文化创意、旅游观光、康养、电商等第二、第三产业融合

资料来源：笔者依据相关资料整理。

四　政策建议

（一）加快西部陆海新通道建设

根据《国务院关于西部陆海新通道总体规划的批复》，加快实施西部陆海新通道建设工程，推动重庆、广西、贵州、甘肃、青海、新疆、云南、宁夏、陕西9个省份积极参与通道建设，在次区域合作层面带动沿线国家和地区共同推进西部陆海新通道共商共建共享。在全面衔接国家重大规划的基础上，将"西部陆海新通道"建设纳入国家促进新一轮西部大开放的政策意见，抓好铁路、公路、港口、航道、多式联运基地等基础设施建设。在交通、信息、港口、园区、内陆无水港等方面与沿线国家和地区加强合作，构建多式联运体系，提高通关效率，提升各中转港口陆海联运和国际中转能力。完善西部陆海新通道建设工作机制，建立包括国家、省、市、县四级层面的"西部陆海新通道"宏观协调、中观合作及微观协作机制，提高通道运行效率。推动通道与区域经济深度融合发展，探索培育重要节点枢纽经济发展新模式，打造沿线节点型城市，促进产业结构优化升级，以线串点，形成高品质陆海联动发展经济新走廊。加强西部陆海通道对外开放和国际合作，抓好重大物流园区、物流产业项目建设，全力推动中新（重庆）战略性互联互通示范项目、新加坡（广西南宁）综合物流产业园建设，持续放宽外资准入，改善外商投资环境，不断提升"西部陆海新通道"的影响力和辐射范围，提升中国西部地区与东南亚地区的互联互通水平。力争到"十四五"时期末，基本建成经济、高效、便捷、绿色、安全的西部陆海新通道，更好引领区域协调发展和对外开放新格局。

（二）推动成渝城市群发展上升为国家战略

从支撑"一带一路"建设、长江经济带发展、新一轮西部大开发等国家重大规划的高度，着眼于推动区域协调发展以及构建全方位对外开放新格局，推动成渝城市群一体化发展上升为国家战略，建设带动西部经济转型升级、服务支撑国家重大战略、参与全球竞争与合作的世界级城市群，切实将成渝城市群打造成中国第四极。加快构建综合交通运输体系，大力推进成南达万高铁、渝昆高铁、西渝高铁、川藏铁路等重大项目，支持参与西部陆海新通道建设，构建成渝城市群与长三角、珠三角、京津冀城市群之间互联互通的交通运输体系；高标准编制实施成渝城市群轨道交通建设规划，形成成都—重庆、成都重庆与周边城市间、相邻城市间 1 小时交通圈。加快打造高端要素集聚平台，推动城市群创新升级和新旧动能转换，引领西部高质量发展。加大国家层面统筹力度，研究制定支持成渝城市群一体化发展的指导意见和支持政策，加强规划引领，推动分工协作，突出重大项目支撑带动，引导生产要素自由流动和高效配置，形成统筹有力、竞争有序、绿色协调、共赢共享的区域协调发展新格局。加快实施西部陆海新通道，推进南北向通道建设，提升联通西北、西南的通道效率，利用渝新欧、蓉新欧等发展基础，进一步提升对外开放的层次和水平，形成向西向南开放的战略高地。

（三）完善都市圈建设配套政策

积极稳妥、有序有效推进现代化都市圈建设，避免一窝蜂、一哄而上，率先推动东部发达地区和中西部地区省会城市建设现代化都市圈，开展都市圈建设先行试点，重点在解决城市间交通一体化水平不高、分工协作不够、低水平同质化竞争严重、协同发展体制机制不健全等问题上先行探索，积累可复制推广的都市圈建设经验。加快构建支持都市圈发展的政策体系，建立都市圈统一的建设用地市场①，构建促进都市圈发展的土地制度体系，统筹确定供应规模、区片、底价，实现一个口子出、一个价格卖、一套标准分，让都市圈内土地价值充分实现、收益合理分配。建立都市圈基础设施发展的成本分担机制和利益共享机制，进一步完善财政转移支付体系。编制都市圈发展规划或重点领域专项规划，形成一张蓝图，统一实施空间拓展、产业选址和重大项目落地，制定机制清单。依托都市圈建立城市实体地域统计体系，探索以镇街为单位，按照一定人口密度、通勤量等标准，识别划分不同类型统计区。建立都市圈发展指标体系，按照实体地域开展都市圈人口、经济、社会等统计，定期向公众发布主要指标情况。加强都市圈考核评估，将都市圈建设作为当地政府和部门年度工作

---

①　陆铭：《建设用地指标可交易：城乡和区域统筹发展的突破口》，《国际经济评论》2010年第 2 期。

任务、纳入年度重点督查事项，适时开展督导检查和考核评估。

（四）建立健全城乡融合发展体制机制和政策体系

　　率先在发达地区、都市圈内部特别是超大特大城市周边推行城乡融合发展，探索建立健全城乡融合发展体制机制和政策体系。建立健全有利于城乡要素合理配置的体制机制，放开放宽除个别超大城市外的城市落户限制，允许农村集体经济组织探索人才加入机制，吸引人才、留住人才，进一步完善农村承包地"三权分置"制度，探索宅基地所有权、资格权、使用权"三权分置"，健全集体经营性建设用地入市制度，率先在都市圈地区允许城乡建设用地指标可交易①。建立健全有利于城乡基本公共服务普惠共享的体制机制，推动教师资源向乡村倾斜，健全乡村医疗卫生服务体系和城乡公共文化服务体系，统筹城乡社会保险和社会救助。统筹布局城乡基础设施，建立城乡基础设施一体化管护机制。建立健全有利于乡村经济多元化发展和农民收入持续增长的机制，培育发展农村新产业新业态，构建农村一二三产业融合发展体系，挖掘农村生态价值，建立生态产品价值实现机制，保护乡村文明。搭建城乡产业协同发展平台，差异化特色化推进美丽乡村建设，开展城乡融合发展试点示范，创建一批城乡融合典型项目，形成示范带动效应。

（五）对南北分化、城市分化进行分类引导

　　牢牢把握区域经济、城市发展的普遍性规律，提升对分化现象的认识水平，有效应对南北分化和城市分化②。推动北方资源型省份和产业衰退型地区结构转型，深度开发"原字号"、改造提升"老字号"、培育壮大"新字号"，破除体制机制障碍，全面改善营商环境，为中长期经济增长增添活力。更新城市发展理念，摒弃"城市必须增长"的惯性思维，贯彻落实"严控增量、盘活存量"要求，放弃"摊大饼"式的扩张方式，将城区常住人口保持稳定或者一定程度的减少作为前提预设，严控土地供给，不再通过大规模的基础设施建设和房地产开发来吸引外来人口。树立城市

---

　　①　高国力、刘保奎：《调整优化新型城镇化空间布局》，《经济日报》2019年12月5日第12版。

　　②　申兵、党丽娟：《区域经济分化的特征、趋势与对策》，《宏观经济管理》2016年第10期。

"精明收缩"理念，通过空间集聚和功能优化等措施，保持城市活力，挖掘潜在动力，提升区域效率，应对人口流失。将对人口的增减关注，拓展到国土空间维度，分类引导三区三线的人口与用地集疏。在优化开发区，重点提升特大型和超大型城市以及重点城市群地区的科技创新能力和内涵发展，缩减低效工业用地，提高公共服务承载能力；在重点开发区的中小城市，避免浪费蔓延式发展，加强地方特色和品质的挖掘和营造，提升城市绿色生态水平；在农产品区的主要乡镇，可采取精明收缩等。在未来的城市发展战略中，应更加注重根据不同主体功能，发展多元化的产业结构，提升城镇的抗风险能力，特别是更加注重生态价值和文化内涵，创造绿色宜居、富有活力的文化生活，建立有效应对城镇收缩①的机制。

（六）提高农业转移人口落户质量

贯彻落实《国家新型城镇化规划（2014—2020 年）》《国务院关于进一步推进户籍制度改革的意见》和《国务院关于深入推进新型城镇化建设的若干意见》等相关文件精神，深化户籍制度改革，加快完善财政、土地、社保等配套政策，扎实推进有能力在城镇稳定就业和生活的农业转移人口举家进城落户，提高农业转移人口落户质量。进一步拓宽落户通道，降低落户门槛，全面取消 300 万人口以下城市落户限制，放开放宽其他类型城市落户条件。深化"人地钱挂钩"等配套政策，落实支持农业转移人口市民化的财政政策，在安排中央和省级财政转移支付时更多考虑农业转移人口落户数量。全面落实城镇建设用地增加规模与吸纳农业转移人口落户数量挂钩政策，在安排各地区城镇新增建设用地规模时，进一步增加上年度农业转移人口落户数量的权重。落实中央基建投资安排向吸纳农业转移人口落户数量较多城镇倾斜政策，完善财政性建设资金对吸纳贫困人口较多城市基础设施投资的补助机制。

（七）加快实现基本公共服务均等化

坚持以人民为中心的发展思想，从解决人民群众最关心最直接最现实的利益问题入手，以普惠性、保基本、均等化、可持续为方向，健全国家

---

① 龙瀛、吴康、王江浩：《中国收缩城市及其研究框架》，《现代城市研究》2015 年第 9 期。

基本公共服务制度，完善服务项目和基本标准，强化公共资源投入保障，提高共建能力和共享水平，加快实现基本公共服务均等化在区域间、城乡间、人群间实现均等化，努力提升各类人群的获得感、公平感、安全感和幸福感。把促进就业摆在首要位置，建立健全就业公共服务体系；继续完善社会保障体系，加快实现城乡社会保障一体化；坚持教育优先发展，加大基础教育尤其是农村基础教育投入；建立覆盖城乡居民的基本卫生制度，深化文化体制改革，积极发展城乡公共文化事业；推动城市基础设施向农村延伸，推动城乡融合发展；解决人民群众普遍关心的食品、生态环境领域的安全问题，确保食品安全、生态环境安全。顺应城镇化发展趋势，推动常住人口基本公共服务全覆盖，实现公办学校普遍向随迁子女开放，完善随迁子女在流入地参加高考的政策；全面推进建立统一的城乡居民医保制度，提高跨省异地就医住院费用线上结算率；推进城乡居民养老保险参保扩面，各地区全面建立城乡居民基本养老保险待遇确定和基础养老金正常调整机制；强化全方位公共就业、培训等服务。

第三章

产业发展对城镇化空间调整
优化的影响研究

随着新科技革命、产业变革和产业转移的深入推进，预计"十四五"时期，在新技术驱动下一批高新技术产业将群体性兴起，新业态、新模式层出不穷，国内发达地区和欠发达地区之间、大中小城市之间产业将继续转移联动，国际产业转移与合作持续深化，与此同时，消费经济将成为新的经济增长点。在这一背景下，城镇生产生活空间不断优化升级，将出现更多新的经济形态和载体。从产业空间看，既要加快优化存量空间，也要培育壮大增量空间，还要优化城乡区域产业分工协作和提高产业空间的开放程度，从而为新型城镇化提供更高质量的产业空间。

由于人口、经济要素大规模、快速流动更加便捷，新的产业组织方式和新业态层出不穷，要素向中心集聚和向外围扩散同为趋势，区域发展由单极化向多极化、扁平化深度演化，可以预见，"十四五"时期产业空间向新型化、功能化、多元化、集约化等更高质量转型升级的步伐加快，这将有助于推动城镇化空间优化调整，当然也要顺应新趋势在政策上进一步加以引导。

一　"十四五"产业发展新特点新趋势

新技术、新业态、新模式、新产业在"十四五"时期将迎来规模化、市场化发展的集中爆发，与此同时，国内外产业发展大循环、国内发达地区和欠发达地区及大中小城市间的产业循环运动将进一步深化，消费经济将日益成为新的重要经济增长点，在新型城镇化过程中需要提高适应这些产业新趋势的能力。

（一）新技术突破驱动新产业群体性兴起

当今世界，技术变革日新月异，新一轮科技革命和产业培育正在形成势头，掌握全球技术变革的新动向就把握了世界发展的前沿和未来。

从全球范围的科技创新发展趋势看，在知识分享扁平化和创新合作的大潮流中，新技术新产业有可能同时发生在全球不同地区和国家。大数据、智能世界、新材料、新能源、基因工程、生物医药、航空航天、海洋工程等一大波新的科技革命正在酝酿和催生新的生产和生活方式。可以预见，"十四五"时期，人工智能、量子科学、基因编辑、5G、物联网、新材料、新能源、生物工程等关键领域技术将会取得进一步突破，催生形成一批高新技术产业。

从国家科技创新能力建设布局看，目前国家布局建设有北京、上海和粤港澳大湾区三大具有世界影响力的科技创新中心以及北京怀柔、上海张江、深圳、合肥四个综合性国家科学中心，将有力支撑中国创新竞争力提升，为高质量发展提供内生动力。可以预见，新技术驱动型产业将率先在京津冀、长三角、粤港澳大湾区三个区域成长兴起。此外，重庆、武汉、郑州、西安等一批创新基础和影响力较大的中心城市也将在部分领域实现技术创新突破和新的产能诞生。根据科技部、财政部发布的《关于加强国家重点实验室建设发展的若干意见》（国科发基〔2018〕64 号），到 2025 年国家重点实验室体系全面建成，若干实验室成为世界最重要的科学中心和高水平创新高地，持续产出对世界科技发展有重大影响的原创成果，在相关领域成为解决世界重大科学技术问题的核心创新力量。"十四五"时期依托这些国家重点试验区将催生发展一批新兴产业。

（二）5G＋、智能＋、业态融合等不断催生新业态新模式

以智能、泛在、融合和普适为特征的新一轮信息技术在生产生活领域的深度和广泛应用，既直接推动新一代网络、云计算、物联网等信息产业快速发展，也促进新业态、新模式及关联产业的加速升级。

一是 5G＋全面启动。2019 年 6 月 6 日，中华人民共和国工业和信息化部向中国电信、中国移动、中国联通、中国广电发放 5G 牌照，四家运营商将正式建设 5G 网络。随后，中国移动公布了第一批全国 5G 试商用城市名单。在 2019 世界移动大会上，中国移动表示将按照四条路径布局 5G，包括推进 5G＋4G 协同发展，推动 5G＋人工智能（AI）、物联网（IoT）、云计算（Cloud Computing）、大数据（Big Data）、边缘计算（Edge Computing）等新兴信息技术深度融合，推进 5G＋Ecology 生态共建，推进 5G＋X 在更广范围、更多领域的应用，实现更大的综合效益，更好地满足广大市民美好数字生活的需要。与此同时，中国电信、中国移动也同期加快 G5 应用布局和试点建设。"十四五"时期，5G 核心技术、5G 基础设施、5G 应用生态将逐渐构建完善，并在全国范围内催生形成现代化 5G 产业体系，不仅促进实体经济升级，同时带动智慧城市提质。

二是智能＋深度应用。"十四五"时期将正式进入全方位智能时代，在现代服务业领域，服务型机器人、人工智能客服将重塑部分服务业态。例如，银行、零售等行业可通过人机互动完成服务产品的供需过程；在工业生产领域，协作机器人创新应用将进一步释放工厂用工和提高生产效率；在交通出行方面，以无人驾驶为牵引的智能汽车应用有望成为趋势，将冲击部分就业岗位以及汽车行业（共享汽车替代个人拥有汽车）；在终端设备上，智能手机"三摄时代"降临将加速传统相机退出历史舞台，可穿戴设备应用带动传统设备更新升级①。

三是制造业与服务业深度融合。随着创新链、产业链和价值链的一体化深度融合，制造业服务化和服务业制造业将同为趋势。制造业服务化方面，例如，装备制造在安装维护、智能化升级、大数据跟踪服务以及研发设计等方面延伸业态，将拓展制造企业提供与制造品功能相关的服务，完善制造服务链条，增强制造业服务功能，这也是提升制造业价值链的重要手段。服务业制造化方面，可推动服务业企业将制造业的现代化生产方式、标准化产品引入到服务业，增加服务业中的制造业元素，提升服务业运营效率，同时根据服务业发展需要，推动相关制造业发展。例如，物流业制造化，可发展物流运输环节需要的机器人、无人机、数控仓储装备等制造业；文旅健康服务制造化，延伸拓展医药制造、康复医疗装备、城市快餐连锁店标准化生产机器设备、文化加工制造、虚拟现实（Virtual Reality，VR）产品制造等；信息服务制造化，可发展数字采集设备、智能应用终端、云端设备等信息制造业。

由于新技术新业态新模式应用需要一定的技术条件，这些新趋势总体上会率先在一些发达地区出现并快速成熟，随后在全社会逐渐推广应用，将对传统产业、行业和就业带来较大冲击影响，引起部分行业衰落或转型，以及加速结构性失业，从而引起部分地区出现阶段性产业空心化以及劳动力人口流动置换。

（三）国内产业转移深化驱动新一轮产业集聚与扩散运动

受外部市场环境、内部结构调整以及产业发展条件变化等多种因素影响，"十四五"时期，产业转移将在继续深化。

一是东部沿海地区的劳动密集、技术密集和资本密集型产业在向中西部转移过程中有不同表现。近年来，中国生产要素成本整体上升明显，包括劳动力、土地、能源、原材料等生产要素成本均不同程度上升，要素成本的国际比较优势正在削弱②，其中东部沿海地区的生产要素成本上升要

① 《2019 新技术浪潮下的产业变革大趋势》，2019 年 1 月 18 日，https：//t. qianzhan. com/caijing/detail/190118 - 67896fa4. html。

② Harold L. , Sirkin, Michael Zinser and Justin Rose, "The Shifting Economics of Global Manufacturing", BCG Report, 2014, p. 6 - 10.

快于中西部地区。李婷研究发现，劳动密集型产业从劳动力成本逐渐攀升的东部大规模转出，中部有效承接了这些产业，但劳动力成本相对较低西部地区却没有很好承接东部转出产业，东北劳动密集型产业则是出现了相对稳定状态，没有发生大规模转移；技术劳动密集型企业总体上从东部转移到西部，中部比西部更好地承接了东部转出产业，东北技术劳动密集型产业比较稳定，没有出现明显转移想象，相较于劳动密集型产业，技术劳动密集型产业转移规模较小；资本技术密集型产业并没有出现从东部向西部转移的趋势，而是越来越向东部集聚，东北地区资本密集型产业转出数量多、规模大①。可以预见，"十四五"时期，随着中国产业组织方式的变化和全国产业结构的优化调整，东部沿海的劳动密集型、资源能源依托型、内陆消费市场拉动型的产业将继续向中西部地区转移。此外，沿海地区一些总部企业，继续将营销管理、技术、资金等环节转移扩散到中西部地区，带动当地产业升级。

二是大城市（核心）城市向周边中小城市转移产业。中国已经进入城镇化中后期，人口、经济要素大规模向城市集聚，但是长期以来的大规模、粗放型的城市建设，导致目前中国正处于城市病的集中爆发期，"大城市病"问题突出。中央推动实施京津冀协同发展战略，根本上就是要解决北京的"大城市病"，疏解北京的非首都功能向周边城市转移。可以预见，"十四五"时期，随着中国都市圈、城市群建设的深化推进，在全国范围内一批较大规模的中心城市，都将有必要且会出现部分功能及配套产业向周边中小城市疏解转移。

三是城市经济要素向农村扩散延伸加快。随着乡村振兴战略的全面推进实施，城市的人才、资金、科技等优势资源将逐步延伸扩散到农村地区，从而进一步激活农村土地、农产品、生态资源等沉睡资源。工商企业作为市场主体，将在城乡资源要素流动方面发挥主导作用。可以预见，"十四五"时期，城乡之间将从简单供求关系向分工关系转变，农村以向城市输出农业原材料、劳动力等为主转向城乡要素双向流动、城乡经济协作，乡村经济将成为新增长点。

---

① 李婷：《区域协调战略下我国工业产业转移研究》，《现代商业》2019 年第 5 期。

（四）竞争博弈中的国际产业转移与分工协作持续深化

当今世界，全球互联日益深化，固态世界更加被赋予流动特性，是否深度和广泛置身世界经济分工体系网络中很大程度上决定着一个地区和城市的发展活力和竞争力。资金、人口、信息、资金、创新成果乃至加工制成品等在全球范围内流动，流动世界中的点可以实现与全球任何地方的连通。与此同时，围绕科技创新和产业升级的竞争博弈将是"十四五"甚至更长一个时期发达国家和发展中大国之间的主旋律，在全球化背景下国际产业运动将迎来新变化。

一是贸易摩擦常态化长期化加速产业转型与转移。中国作为世界第二大经济体、第一大工业国和货物贸易国，既是世界贸易主角，也是各国发起贸易争端摩擦的头号对象。2018年以来的中美贸易摩擦，进一步加速中国调整出口贸易结构和工业生产结构，同时亟待提升中国在关键和核心领域的技术创新能力，增强抵御国际技术封锁的风险能力。中美贸易摩擦正在或将持续冲击中国钢铁、铝材、轮胎、电子元器件、机械、家电、纺织服装、高性能医疗机械、生物医药、新材料、农机装备、工业机器人、新一代信息技术、新能源汽车、航空产品和高铁装备等多个行业，并短期内加速中国外资企业和订单向越南、泰国、印度等国家转移，同时也会影响与中国有产业链关联的国家，如日本、韩国、马来西亚等。

二是国际资本紧盯中国消费市场仍将持续向中国转移产能。中国超大规模、多层次的消费市场仍将是发达国家企业产能转移的第一且不可抗拒的动力。例如，近年来特斯拉、福特等汽车企业正有向中国转移的趋势，这些外资企业显然看到了中国超大规模的消费市场。"十四五"时期，瞄准中国消费市场，欧美、日韩等国家和地区将会有越来越多的企业到中国寻求投资合作机会。

三是"一带一路"建设进一步深化中国国际产能合作。"一带一路"倡议提出以来，中国与沿线国家合作领域和规模不断扩大，人类命运共同体构建的宏伟蓝图逐渐展开。特别是中欧班列的开通运行，大大促进了中国与欧洲及"一带一路"沿线国家经贸合作。"十四五"时期，沿海、沿边、内陆等不同地区借力"一带一路"经贸通道的打通和国际合作平台的建设，必将推动外向型经济再上新台阶。

（五）以高品质工业制成品使用、文化旅游、健康养生等为支撑的消费经济将进入蓬勃发展期

中国城镇人口占总人口比重分别于 2003 年超过工业增加值占比、2009 年超过第二产业增加值占比，这在一定程度上标志中国进入城市社会，中国正由长期工业化支撑城镇化发展的阶段向城镇化引领工业化发展的新阶段转变①。在城市社会发展阶段，消费结构将面临全面升级，进而进一步拉动形成更多新的消费热点。

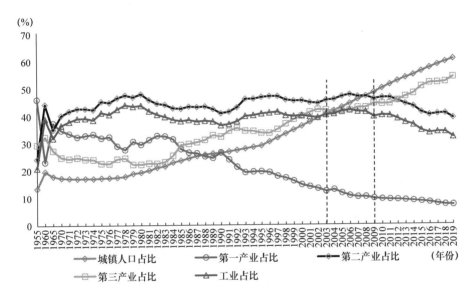

图 3－1　中国城镇化率与三次产业及工业增加值占生产总值比重变化
（1955—2019 年）

资料来源：《中国统计年鉴（2020）》，国家统计局网站。

此外，从经济增长三驾马车看，近年来消费对经济增长的贡献率正在大幅度提升，2014 年以来持续超过出口和投资对经济增值的贡献，2018 年达到 76.2%，对经济增长拉动 5 个百分点。这说明，消费经济将成为中国经济增长的重要动力。可以判断，"十四五"时期随着中国城乡居民收入水平及消费能力持续提高，全社会消费结构不断升级，消费者对高品质

---

① 张燕：《"十四五"时期推进市县高质量发展的思路与对策》，《区域经济评论》2020 年第 5 期。

的工业制成品、休闲度假、文化旅游体验、健康养生、绿色环保等高端化、个性化、品质化的消费需求日益增多，与此同时，将进一步淘汰和挤出传统低端的工业制成品和服务消费需求。

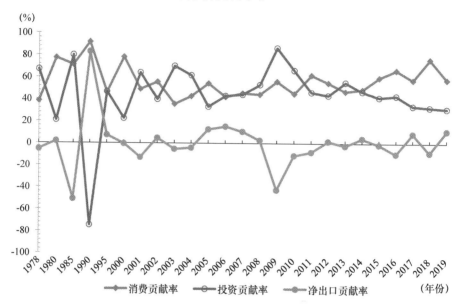

图 3 - 2   中国消费、投资和净出口在 GDP 的贡献率（1978—2019 年）

资料来源：《中国统计年鉴（2020）》，国家统计局网站。

二   产业发展对城镇化空间影响的主要表现

新科技革命、产业变革、产业结构优化调整和产业跨国跨区域运动的新变化，将驱动人口、经济要素加速跨城乡区域流动，既对中国未来城镇化空间带来新的影响，也对城镇化空间优化布局提出了新的要求。

（一）城镇生产空间在经济结构调整中实现优化升级

随着供给侧结构性改革的深化推进，"十四五"时期传统产业会加速转型升级、低端落后产能将逐渐淘汰出局，由此一些产业用地将腾退出来，一些产业用地将承载新的产能，当然还会有一些产业用地转化为其他性质用地等。总之，存量的产业空间在"十四五"时期将面临优化重组。特别是对于资源衰退型城市、老工业基地城市，伴随着产业功能的衰减，城市收缩抑或成为必然趋势。

相应地，随着新科技革命和产业变革的加速，战略性新兴产业正在加快培育成长，预计"十四五"时期，新能源、新能源汽车、新一代电子信息、生物医药等一大批新兴产业将会形成高速增长势头，部分需要占用更多的产业用地。此外，为提升中国科技创新能力，在全国范围内还将继续布局重大科技装备、重点实验室、科技园区等，由此科研用地需求也将大幅度提升。

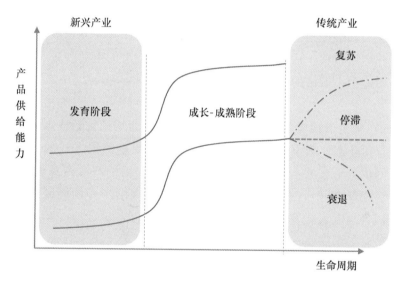

图 3 - 3　中国新兴产业和传统产业处于不同生命周期

资料来源：笔者自绘。

（二）中西部和大城市周边有条件地区将形成一批承接产业转移地

随着国际产业转移与分工协作的深化、中国东部沿海等发达地区产业转移推进和大城市功能疏解的加速，在中国中西部和大城市周边有条件地区将形成一批承接产业转移地，将为本地城镇化提供产业发展支撑。

从区域板块上看，近年来在全国范围内经济增速较快的省份，西南 4 省（四川、贵州、云南、重庆）和中部 4 省（安徽、江西、湖北、湖南）等地区的经济增速领跑所在区域乃至全国，成为新时期支持带动全国经济中高速增长的重要引擎。这些地区总体上具有资源环境承载力强、经济基础条件好和开发建设潜力大的共性特征，实体经济发展潜力和进一步成长壮大的空间大，"十四五"时期在保护好生态环境的前提下，有望成为承接国际及东部沿海产业转移的重点区域。

从大中小城市协同看，在大城市（核心城市）周边有条件的地区，有望形成一批承接核心城市功能疏解和产业转移落地的集中承载地。主要以都市圈、城市群为主体，核心城市的部分产业向周边中小城市加快疏解，形成核心城市为总部经济引领、周边中小城市加工制造配套的协同分工模式，可逐步解决长期以来中国大城市产业布局过度集中和中小城市产业支撑严重不足同时并存的问题。既能够加快推进大城市"去工业化"进程，积极引导大城市逐渐把一般加工制造环节向周边资源环境承载力较强的中小城市和城镇转移，适度压缩生产空间转换为一定的生活和生态空间，又能增强周边中小城市的发展活力和动力。

（三）催生形成类型多样的产业功能区将成为城镇化新载体

随着新业态、新模式、新消费增长点和产业新组织方式的加快发展，倒逼空间供给形态的不断创新，特色小镇等一些新的产业经济载体形态已具雏形，预计在"十四五"时期，会有更多新型的产业功能区形态形成，且在全国各地嵌入式发展。

一是楼宇生态经济是发达地区产业集聚的重要形态。目前，北京、上海、深圳、广州等城市产业园区在楼宇生态经济方面已经形成了规模性增长气候，由于发达地区特别是大城市、中心城区的用地紧张，高端要素集聚，不适宜布局大规模生产制造，但以科技创新为引擎、高端制造为支撑、知识密集型服务业集聚的楼宇生态经济正成为产业布局的重要形态。

二是小镇经济将在全国范围内异彩纷呈。小镇经济有利于汇聚创新创业人才和团队，特别是对青年人有较强的吸引力，能够共享创新资源、分享知识和信息，在小镇内形成创新创业发展的合力。围绕各类业态、不同功能类型的集聚发展需要，在全国范围内小镇经济将继续成为城镇经济发展的新载体。

三是田园综合体日益成为城乡新的产业空间形态。近年来，随着乡村振兴战略的推进，在农村、城乡接合部甚至少部分城区，正在规划建设一批现代化的田园综合体，促进现代农业、城郊农业和都市农业向多业态、多功能升级。显然，田园综合体将成为新型城镇化的新兴产业空间载体。

四是文化旅游、健康养生等综合体将嵌入式分布在全国各地。随着人们对文化旅游休闲、健康养生养老需求的日益增加，近年来全国各地依托本地的资源条件，正在规划建设一大批文化旅游综合体、健康养生养老综合体，例如，三亚、成都等城市业已成为部分人群首选的休闲旅游、养生养老的徙居地。可以预见，文化旅游和健康养生养老消费新载体空间也将成为新的城镇化空间。

五是以交通枢纽为支撑的枢纽经济新空间进一步提升壮大。随着高速铁路网、高速公路网甚至航空网络的日益完善，一些地区的交通枢纽地位逐渐凸显出来，围绕交通枢纽形成的批发交易市场、商贸功能区、会议展示功能区等正加快建成，将在未来城市空间格局中发挥重要的人流、物流、信息流集散功能作用。

（四）人们越来越追求更高品质的城镇生活空间

进入城市社会，随着人们生活水平的提高，城市居民越来越注重高品质就业生活环境。目前，为吸引更多高层次人才集聚，很多地区和城市都提出要打造高品质优质生活区，并出台实施一系列政策举措。基于城市空间结构优化角度，就是要进一步优化生产、生活和生态空间结构，让城市更加宜居宜业。

从新科技革命和产业发展角度看，一是要加快智慧城市建设，让城市治理更加精明，确保城市居民更加便捷、更有效率地生活；二是要提供更高品质的就业空间，既要给城市居民提供更加有充分的就业机会，也要解决就业环境差、职住分离等问题；三是优质的生活空间，完善生活服务业供给，要有更多集城市文化、休闲体育、商务金融服务、餐饮娱乐、育儿培训等多功能于一体的综合性公共服务中心。这就要求要构建形成更高品质和组织形态的产城融合发展城市空间。

（五）全方位对外开放促进建设更多外向型经济空间载体

"一带一路"倡议提出以来，中国与沿线国家合作领域和规模不断扩大，人类命运共同体构建的宏伟蓝图逐渐展开。东部沿海地区作为"一带一路"建设的排头兵，中西部地区成都、重庆、郑州、武汉、西安已成为内陆开放新高地，中国全方位的对外开放格局正在形成。党的十九大报告提出以"一带一路"建设为重点，推动形成陆海内外联动、东西双向互济的开放格局。显然，"一带一路"建设已经成为新时代引领全国各地区扩大对外开放的总抓手，各地区应因地制宜发展外向型经济，持续提高对外开放水平，在开放中集聚新优势新动能。

随着中国东部沿海世界经济走廊的重塑、内陆开放高地的加快建设、沿边开发开放经济带的崛起，以及"一带一路"核心区、战略支点、开放门户及对外大通道的加快建设，各地区与沿线国家和地区互联互通水平不断提高，陆海内外联动、东西双向开放的全面开放新格局逐步形成，日益催生一批沿海、内陆和沿边开放型城市或经济中心，在全国将布局形成一批外向型产业集群、具有全球影响力的先进制造业基地、边境经济合作区、国际性消费中心等，驱动成长一批国际型城市、形成一批重要开放节点城市、新兴一批沿边口岸开放城市等。

三　优化重塑城镇化产业发展空间的重点任务

积极顺应产业变革发展和转移演化的新趋势，持续提高产业用地节约化集约化水平，充分保障新增优势产业用地需求，既要优化城乡区域之间的产业空间关系，也要促进城市内部产业空间优化升级，为城镇化空间优化提供新支撑。

（一）提高存量产业空间发展效率

改革开放40多年来，中国经历大规模快速的工业化进程，在全国各地布局建设的各类大小工业园区是支撑中国制造和世界工厂的重要载体。在高质量发展的新时代，面临去产能、生态环境约束等新要求，存量产业空间亟待优化调整。

一方面，优化调整不合理的园区布局。对于临近大江大河布局的化工类等对流域环境污染风险较大的产业园区，应适时推进改造、搬迁调整。对于位于饮用水源地上游、上风向和在重点生态功能区等布局的有环境污染风险的工业园区、企业项目，应尽快撤销或搬迁。对于立地条件不好、开发效率不高的较小或山区产业园区，应予以取缔，根本性改变工业园区遍地开花的形态。

另一方面，强化园区土地产出效率管理。在全国范围实施严格的园区用地产出量化管理措施，因地制宜明确单位面积土地上的动态产出规模，实现企业产出目标坐标化，落实产业发展在土地开发上的约束与引导。加强对现有企业工业厂房闲置现象的检查清理，对占地较多、占而不用、用而效率不高的产业企业项目、厂房用地等严格进行清退腾出，盘活整理存量土地资源。

（二）确保新增优势产业项目空间落地

随着新科技革命和产业变革的深化演进，在全国范围内都将会持续催生形成一批战略性新兴产业、新行业、新业态、新模式，这些新兴产业是引领产业转型升级和新旧动能转化的重要力量，需要新的承载空间。

表 3 - 1　　　　　　　　　　**优化布局存量和增量产业空间**

	主要任务	示例
存量空间	优化调整不合理的园区布局	①临近大江大河； ②饮用水源地上游、上风向、生态功能区； ③立地条件不好、开发效率低的较小园区
	逐步清退土地开发利用效率不高的产业企业	①工业厂房闲置； ②开发效率低
	提高园区土地开发利用效率	建立单位土地面积产出管理机制
增量空间	培育发展新空间形态	①楼宇经济（城市综合体）； ②小镇经济； ③乡村产业融合综合体（田园综合体）； ④文化旅游、康养综合体
	新增产业用地	重大改革开放平台
	土地整理更新	存量空间如城中村、老旧厂区、海岸线等整理更新

资料来源：笔者整理。

一是积极谋划布局新的空间形态。随着商业模式、业态、产业组织方式发生新的变化，催生一批新的产业空间形态，例如小镇经济、楼宇经济、城市综合体、乡村综合体、文化旅游及健康养生综合体等成为新的产业集聚形态。鼓励各地区因地制宜规划布局，建设各具特色和优势的新产业载体空间，在产业用地给予倾斜保障，促进这些成为城镇化发展的新支撑载体。

二是必要情况下因地制宜研究新增开发用地。国家级新区、自由贸易试验区等一批重大改革开放平台，一直以来在新旧动能转换方面起到先行示范作用，但受开发空间限制，这些平台的功能作用发挥受到掣肘，可根据实际需要，进行"一对一"的评估研究，对确实需要拓展发展空间的，国家及省市层面统筹考虑给予开发用地支持，或研究扩区方案，推动在更大范围优化整合资源。

三是加强空间整理更新。结合空间规划工作开展，对存量土地类型、开发现状等加强摸底、整理，通过优化项目布局建设、城市更新等多种措施，整理出一批用地，通过建设用地指标异地置换等方式，保障新增产业用地。

（三）促进城乡区域产业有序转移与分工协作

随着城乡区域之间要素交流和产业分工协作的深化，应顺应服务业、制造业进一步集聚和转移发展的新趋势，构建更加专业化、精细化和网络化城乡区域产业分工协作关系，促进全国产业发展空间优化重塑。

一是优化产业区域分工协作格局。因地制宜推进"再工业化"，东部沿海地区率先实现在更高技术条件下的工业化升级，即重点发展战略性新兴产业；中西部地区依托资源能源优势条件促进实现就地产业化，逐渐改变过去长距离劳动力转移、能源资源运输配置的格局。发挥经济支撑带和交通通道的纽带作用，推进东部沿海一些依托原材料、劳动力和能源投入为主的基础性、传统性的产业向中西部转移，加强南北经济协调联动。打造跨区域行业企业发展新生态，促进资源跨区域有效配置，推动行业企业在转型升级中整体走向新的成长生命周期。

二是有序推进产业转移与承接落地。依托中西部地区资源和产业基础配套条件，进一步优化提升和打造一批产业承接基地，积极承接全球和东部沿海地区产业转移，支持和鼓励优势企业将营销管理、技术、资金等环节转移扩散到中西部地区，带动当地产业转型升级。发挥经济支撑带的纽带作用，推进东部沿海产业向中西部转移，因地制宜推进更高质量的再工业化。相应地，东部沿海地区应加强与全球经济联系互动，进一步提高在科技创新研发、高新技术产业和现代高端服务业发展上的空间集聚度，提高国际竞争和影响力。

三是引导大中小城市产业有序转移流动。引导发展要素进一步向中心城市和城市群集聚。顺应大城市产业升级趋势，以都市圈、城市群为主体，促进部分优势产业从中心城市向周边中小城市（镇）转移疏解，形成中心城市总部经济和高端经济引领、周边中小城市加工协作配套或专业化分工为特色的大中小城市产业协作新格局。围绕不同都市圈、城市群产业基础优势和发展条件，强化专业化分工协作，打造若干具有地域特色和市场竞争力的跨城际产业集群。

四是合理引导城市产业要素向农村转移渗透。顺应农村以向城市输出农业原材料、劳动力等为主转向城乡要素双向流动、城乡经济协作发展的新趋势，以农业农村资源深度开发和产业链延伸拓展为依托，以新型农业经营主体为主导，以利益分配机制创新、业态创新、模式创新等为动力，以一二三产业融合发展为路径，鼓励城市人才、资金、技术下乡，积极拓展农村发展新空间，培育农村发展新动能，在农业农村发展领域积极培育壮大现代化经济发展的增长点。

（四）推动产城融合发展

以产促城、以城兴产，促进产城融合发展是城市空间优化、园区经济发展的高级形态，这将有利于打造更好的城市空间形态和人居就业生活环境，符合现代城市发展的方向和城市居民的需求。

一是推动有条件的产业园区率先实现产城融合发展。对城市功能配套相对完善、城市建设用地保障较为充分的功能区、园区等，通过完善城市服务经济和功能配套、优化空间布局等手段，推动实现产城融合发展。此外，国家级新区是中国新型城镇化新型工业化的重要载体，也是国家改革开放重要平台，应加快补齐产业发展和城市建设短板，推动19个国家级新区率先实现产城融合发展。

二是对于新城新区按照产城融合发展思路规划建设。目前，全国各地仍在因地制宜新规划建设一批新城新区，应按照产城融合发展的思路进行规划建设，特别是要在建设开发时序、项目空间布局上做好谋划规划，避免"见楼不见业"或"只见产业圈地不见人居配套"的现象。

三是积极推动老城与新城新区联动发展。从目前全国各地城市空间拓展来看，往往新城新区房地产开发率先兴起、其次是产业项目引进、最后才是教育医疗卫生等公共服务配套供给，这就造成"新城就业、老城居住"的现象普遍存在，产城职住分离明显。因此，应加快推动老城区优质的公共服务资源和城市服务经济业态向新城新区外溢辐射，加快完善提升新城新区的基本公共服务功能。

（五）提高产业空间的开放度

随着改革开放进一步深化和"一带一路"建设的全面推进，中国对外经济联系日益紧密，各地区均将获得新的开放条件和发展空间，应进一步提高产业空间的开放性，积极搭建各具特色的外向型经济发展空间。

一是建设一批具有国际影响力的国别产业合作园区。京津冀、雄安新区、长江经济带、粤港澳大湾区、海南等重大国家战略区域，是改革开放的先锋和窗口，应以这些战略区域为重点，进一步面向全球扩大开放，鼓励和支持国际产业深化合作，推动建设一批有国际影响力的国别合作产业园区。

二是建设一批国际门户枢纽城市。随着中欧班列大规模运营、自由贸易试验区的深化建设，沿海、沿边、内地将依托国际商贸、国际物流配送等业态的发展，兴起一批外向型、国际枢纽型城市，应着眼全国对外大通道枢纽体系建设，优化布局建设一批国际门户枢纽城市，避免在外向型经济发展上的无序竞争。

三是有序引导产能投资走出去。近年来，中国东部沿海地区外资撤离和向东南亚国家转移趋势明显，这种现象符合市场经济规律。应遵循市场化规模，积极正面引导中国的优势产能产业企业更好地"走出去"，深化国际合作，推动在国外建设产业园区、科技研发平台、港口、产业基地等，为国内产业走出去和国际产能合作提供载体和对接平台，既能够拓展中国产业企业发展的境外市场空间，也能够带动国内相关产业企业的转型升级，并促进存量产业空间的优化。

四 政策建议

围绕提高产业用地效率、促进新技术新业态新产业新模式发展和优化布局产业发展空间等，持续推动新型城镇化、信息化、工业化和农业现代化同步发展，着眼优化城镇化空间布局，应研究推动战略性举措和精准化政策。

（一）培育一批战略性接续成长城市

围绕国际产业向中国转移、东部沿海产业向中西部转移、大城市产业向中小城市转移的大趋势，研究在全国推动建设一批产业配套能力好、承载空间大的城市成为战略性接续成长城市，助力这些城市建设成为促进新型城镇化和区域协调发展的重要支撑，打造成为除东部沿海发达城市和省会等核心城市以外的第二梯队城市。建议在现有的世界城市、国家中心城市以外，以发展条件较好的中西部地区和东部地区省域副中心城市为重点，遴选一批成为战略性接续成长城市，国家在财税、土地、投融资上给予政策支持。

（二）用好用足国家级产业承接转移示范区、产城融合发展示范区作用

加强对现有国家级产业承接转移示范区、产城融合发展示范区等平台评估，总结经验，发现不足，顺应全国产业转移和新型城镇化发展新趋势，在全国范围内优选一批有基础、能够起到示范带动作用的地区，规划建设一批承接产业转移示范区和产城融合发展示范区，切实为优化本地城镇化空间提供重要载体支撑作用。产业承接转移示范区，应在促进东部沿海与世界经济联系、中西部和东北与东部经济循环上发挥支点带动作用，积极探索多种类型的转移方式。产城融合发展示范区，应在现代化城市建设上因地制宜探索新路径。

（三）鼓励因地制宜规划建设新技术新产品应用场景

为适应各类新技术、新模式、新业态向网络化生态化转变，特别是随

着人工智能、5G、大数据、新材料、生命科学等技术逐步成熟，产业化正在或者即将进入成熟期，新技术新产品示范应用市场需求将面临爆发式增长。应积极支持和鼓励，有条件的地区充分发挥企业等市场主体的作用，因地制宜规划建设各种类型的新技术新产品应用场景，待试用成熟后向全国其他地区推广应用。

从目前看，北京、上海、深圳、广州等发达城市已经先行一步，围绕新技术应用正在推动规划建设一批应用场景。"十四五"时期，通过政策引导和支持，也应在欠发达地区和城市，有序推动规划建设一批应用场景，既要加快缩小区域之间的技术应用差距，也应聚集田园综合体、文化旅游综合体、健康养生综合体等新载体建设，积极推广应用新技术新业态新模式。

（四）加强政策引导促进产业优化布局

一是进一步增强中心城市和城市群产业和人口集聚度。有条件有能力适合发展经济和集聚人口的优势区域，如中心城市和城市群应在经济发展和人口集聚上进一步强化功能，提高这些区域产业空间的规模效率、集聚效率，使之成为引导全国和区域性经济增长的重要引擎和支撑板块。

二是强化京津冀、长三角和珠三角在未来科技及未来产业上的集聚能力。强化财税政策、用地政策、创新政策、产业政策、人才政策、投融资政策的组合作用，形成政策工具箱，重点支持建设科学城、科技城和国家级载体平台，提高京津冀、长三角和珠三角在科技创新、未来产业发展上的影响力和竞争力，把这些地区打造成为全国高质量发展的动力源。

三是提高中西部地区城市制造业专业化程度。对于有发展潜力和条件的中西部地区，在引导人口集聚的同时，聚集重点领域重在提高制造业专业化水平，引导建设一批有专业化影响力的科技创新和产业发展载体平台。

（五）加强产业用地分类管理调控

一是国家层面出台实施严格的落后产能淘汰及产业用地退出政策，对占而不用、投入产出达不到行业准入标准的产业用地予以收回，避免出现一方面土地大规模粗放使用和低效占用，另一方面新增产业项目用地保障不足的情况。

二是加强国家和省级层面产业用地统筹调配。对有重大战略发展导向作用的科技创新项目、新兴产业项目，优先给予用地指标。严禁借产业之名搞房地产开发的建设项目供地，严禁产业园区周边不科学的地产项目开发。

三是对文旅旅游、健康养生养老、田园综合体等业态融合发展类的用地，探索用地改革、用地模式创新，并适当给予建设用地指标、规划条件上予以支持。

四是鼓励中心城区土地混合使用。鼓励"居住＋商业""轨道交通用地＋商业、办公、居住"等土地混合利用类型。鼓励工业用地配套生产服务、行政办公、生活服务设施用地。支持加工制造用地、科研用地等嵌入混合试用。

第四章

人口分布对城镇化空间调整
优化的影响研究

人口在城乡和区域间分布的动态变化是城镇化的经典表征和空间表现，人口分布的趋势性判断和合理引导是城镇化空间调整优化的重点工作之一。本章首先从人口规模、结构、空间分布和迁移流动等方面梳理了近年来人口变动的宏观格局；其次探讨了人口流动尤其是城—城流动对城镇体系重构和城镇化格局的影响；进而对城市群、收缩城市和边境地区等重点区域人口发展趋势进行研判；最后从人口分布的视角提出"十四五"时期城镇化空间调整优化的思路和策略。

优化城镇化布局和形态是提升城市竞争力、促进区域协调发展的关键举措，是以人为核心的新型城镇化建设的重要任务。党的十八大以来，中央接连出台多项旨在推动城市群建设和促进区域协调发展的战略部署。城镇化的本质是人口从乡村到城镇，对人口空间分布变动趋势的研判是城镇化空间布局和形态优化的核心任务。本章从近年来人口规模、结构、空间布局和迁移流动的新特征出发，研判当前及今后一段时期中国人口空间分布变动的趋势，分析城市群、收缩城市和边境地区等重点区域人口空间分布的模式和特点，据此提出城镇化空间调整优化的思路和策略。

一　全国人口发展与分布演化趋势

近年来，中国人口规模、结构、空间分布和迁移流动进入转型阶段，对城镇化空间布局产生了深刻影响。了解和把握人口发展的新态势有助于为专题研究提供大体的宏观格局认知。本章从人口规模现状和趋势判断出发，探讨生育政策、人口空间分布和人口迁移流动的变动态势，提出"十四五"时期人口变动的基础性特征和趋势。

（一）人口规模与结构变动趋势

1. 人口增速放缓，未来将低水平波动

低水平波动将是未来人口增长的主要特征。2019 年，中国人口总量为 14.00 亿人，出生率为 10.48‰，死亡率为 7.14‰，自然增长率降至历史最低（3.34‰）。2000—2019 年，年均增长 657.1 万人，2019 年增长 467 万人，增量为近年最低水平。当前中国已进入人口低增长阶段。

人口数量红利随经济发展逐渐转向人口结构红利。1982—2000 年，总抚养比下降推动人均 GDP 增长速度上升 2.3 个百分点，对同期人均 GDP 增长贡献了 1/4 左右[①]。随着生育高峰人口的逐渐老化，2015 年劳动力数量达到峰值（7.87 亿），随后缩减。

经过校核，中国现状总和生育率（TFR）在 1.6—1.7。现有的主要研

---

① 蔡昉：《未来的人口红利——中国经济增长源泉的开拓》，《中国人口科学》2009 年第 1 期。

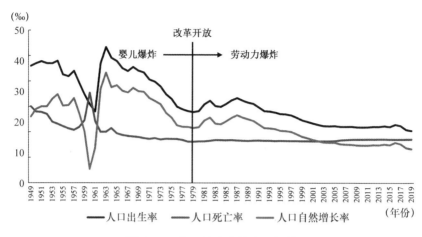

图 4 - 1　人口转变中的人口红利

资料来源：国家统计局。

究采用各种方法估计得到的近年总和生育率在 1.5—1.7。根据世界银行的
数据，2016 年中国总和生育率为 1.624。2017 年中国总和生育率应在
1.6—1.7。对比《国家人口发展规划（2016—2030 年）》中确定的 2020
年、2030 年的总和生育率目标为 1.8，在当前生育和福利政策不变的情况
下，对比国际经验并评估近期政策效果可知该目标较难实现。

　　在人口规模的预测方面，大部分学者认为中国人口规模峰值将在
2026—2030 年达到 14.38 亿—14.58 亿人，随后人口将会持续缩减。联合
国《世界人口展望 2017》，对中国的中方案预测结果为 2025 年人口达到
14.39 亿人，2029 年达到峰值 14.41 亿人随后持续下降。因此"十四五"
时期是接近人口峰值的时期，即将进入转折期，需提前做好应对人口总量
下降的准备。

表 4 - 1　　　　　　　　　　　学术界人口预测成果

	数据基础	政策背景	人口峰值年份	人口峰值规模	2050 年人口
杜鹏、翟振武、陈卫（2005）[①]	2000 年第五次全国人口普查	夫妇两人都是独生子女的可以在一定生育间隔后生育二胎	2026 年	14.5 亿	13.8 亿

续表

	数据基础	政策背景	人口峰值年份	人口峰值规模	2050 年人口
陈卫 (2006)[②]	2000 年第五次全国人口普查、2004 年数据修正	夫妇两人都是独生子女的可以在一定生育间隔后生育二孩	2029 年	14.42 亿	13.83 亿
翟振武、陈佳鞠、李龙 (2017)[③]	2015 年全国 1% 人口抽样调查	单独两孩、全面两孩	2029 年	14.55 亿	13.78 亿
刘庆、刘秀丽 (2018)[④]	2010 年第六次全国人口普查、2011—2015 年中国统计年鉴	单独两孩、完全两孩、完全放开生育政策	2026 年	14.16 亿	—
			2028 年	14.38 亿	13.63 亿
			2030 年	14.58 亿	14.14 亿
王广州 (2018)[⑤]	2010 年第六次全国人口普查	全面放开生育政策	—	<14.5 亿	12.20 亿
			—	<14.5 亿	12.31 亿

资料来源：①杜鹏、翟振武、陈卫：《中国人口老龄化百年发展趋势》，《人口研究》2005 年第 6 期；②陈卫、吴丽丽：《中国人口迁移与生育率关系研究》，《人口研究》2006 年第 1 期；③翟振武、陈佳鞠、李龙：《2015—2100 年中国人口与老龄化变动趋势》，《人口研究》2017 年第 4 期；④刘庆、刘秀丽：《生育政策调整背景下 2018—2100 年中国人口规模与结构预测研究》，《数学的实践与认识》2018 年第 8 期；⑤王广州：《中国人口预测方法及未来人口政策》，《财经智库》2018 年第 3 期。

2. 快速老龄化即将到来，人口流动迁移对老龄化格局影响重大

人口老龄化在很大程度上都与经济发展密切正相关。人口转变的主要推动力是经济增长和社会发展，与其他国家相比，中国的经济发展水平与老龄化的关系符合拟合线趋势。预期随着中国经济不断发展，中国未来的老龄化水平会不断提升，即将进入快速老龄化阶段。但较之发达国家，中国在人均收入水平较低的情况下面临人口快速老龄化的严峻形势，表现出一定程度的"未富先老"特征，未来仍需依靠经济增长来应对中国人口转变的新阶段。

2015 年，中国老龄人口数量为 1.44 亿，占总人口的 10.47%；2019 年老龄人口数量达到 1.76 亿，占总人口的 12.57%[①]。根据老龄化与经济

---

① 如无特殊说明，老龄人口均指 65 岁及以上人口。

发展的关系并参考了世界各国的老龄化历程，预计 2025 年和 2035 年中国的老年人口将分别达到 2.0 亿和 3.0 亿左右，老龄化率将分别达到 14% 和 20% 左右。

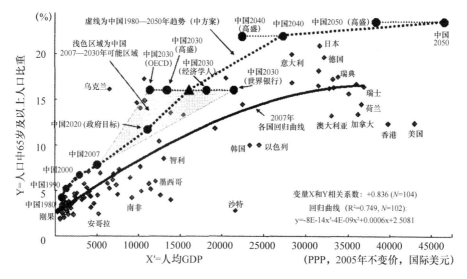

图 4-2　世界各国人均 GDP 和 65 岁及以上人口占比（2007 年）

注：样本为 2007 年人口在 500 万以上并有数据的 104 个国家（地区）。

资料来源：莫龙：《1980—2050 年中国人口老龄化与经济发展协调性定量研究》，《人口研究》2009 年第 3 期。

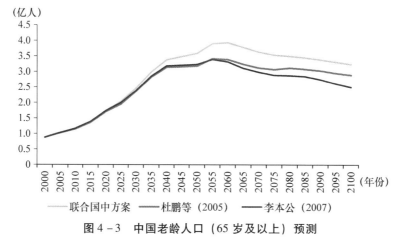

图 4-3　中国老龄人口（65 岁及以上）预测

资料来源：United Nations, *World Population Prospects: The 2017 Revision*, 2018；杜鹏、翟振武、陈卫：《中国人口老龄化百年发展趋势》，《人口研究》2005 年第 6 期；李本公：《中国人口老龄化发展趋势百年预测》，华龄出版社 2007 年版，第 77—89 页。

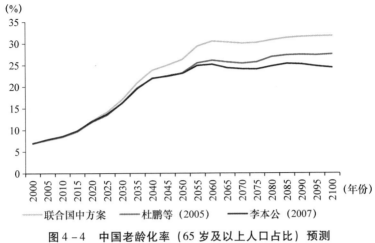

图4-4　中国老龄化率（65岁及以上人口占比）预测

资料来源：United Nations，*World Population Prospects*：*The 2017 Revision*，2018；杜鹏、翟振武、陈卫：《中国人口老龄化百年发展趋势》，《人口研究》2005年第6期；李本公：《中国人口老龄化发展趋势百年预测》，华龄出版社2007年版，第77—89页。

表4-2　　　　　　　　　　　　　联合国中方案预测结果

年份	老龄化率（%）	老年人口（亿）
2018	11.9	1.67
2025	14.16	2.04
2035	20.87	2.99
2050	26.30	3.59

资料来源：United Nations，*World Population Prospects*：*The 2017 Revision*，2018；国家统计局。

　　人口流动成为塑造老龄化空间格局的重要因素，青壮年劳动力从西部、东北流向东部地区，加快流出地老龄化，减缓流入地老龄化。2019年，全国老龄化率为12.57%，其中上海、辽宁、山东、四川、重庆和江苏的老龄化率超过15%，广东、青海、新疆和西藏老龄化率低于9%。川渝地区的高老龄化率和珠三角地区的低老龄化率均与人口流动密切相关。

　　3. 人口素质仍将持续快速提升，高素质人才向大城市加速集聚

　　一个区域的经济发展水平决定其培养人口文化素质的能力。尤其是在人均GDP达到2000美元前，随着经济发展，人口素质的提升速度非常快，中国目前正处于这个阶段。

2025 年中国高等教育毛入学率将达到 59%，2035 年则保持在 60% 以上。2019 年，中国高等教育毛入学率（高等教育在学人数与适龄人口之比）达到 51.5%。参考发达国家的历程，预计 2025 年中国高等教育毛入学率将达到 59%。

2025 年和 2035 年大专及以上学历占比预计将达到 18% 和 25% 左右。2015 年，中国 6 岁及以上人口中大学专科及以上学历占比达到 13.33%，根据 2000 年、2005 年、2010 年和 2015 年的数据进行趋势外推，中国 2025 年和 2035 年大专及以上学历占比预计将达到 18% 和 25% 左右。

中国的人才分布在特大城市和省会城市呈现空间集聚趋势。2010 年大专及以上学历人口占 6 岁及以上人口比例为 9.53%，其中北京、江苏和上海比例达到 15% 以上，河北、海南、青海和陕西低于 7%。人口素质基本与经济发展水平和城镇化水平正相关。

2000—2010 年，全国所有地级市的人口素质水平都有所提高，2000 年人口素质水平越高的地区在这十年间提升程度也越大，从而人口素质较高地区与较低地区的差异在拉大，"人才"空间集聚趋势明显。长远来看将造成区域间发展水平差距扩大。

（二）人口流动迁移新态势

1. 流动人口规模总体稳定，波动性增强

近年来，中国流动人口规模保持稳定，"城—城"迁移规模有所上升。研究表明，人口迁移强度与经济发展水平呈正相关，中国人口迁移强度仍处在世界中下游水平[①]。随着经济发展水平提升，中国人口迁移强度必将进一步增强。泽林斯基的人口移动转变理论表明，大规模的"乡—城"迁移起始于早期工业社会时期，并一直持续增长。当进入发达社会阶段后，该类迁移趋于下降，"城—城"迁移和城市内部的人口迁移和循环流动将趋于活跃。这与中国近年来流动人口发展趋势一致。

中国流动人口仍以国内迁移为主，国际移民将日趋活跃。经济发展水平的提升导致劳动力成本上涨，并带来人口老龄化等一系列问题。国际移

---

① 朱宇、林李月、柯文前：《国内人口迁移流动的演变趋势：国际经验及其对中国的启示》，《人口研究》2016 年第 5 期。

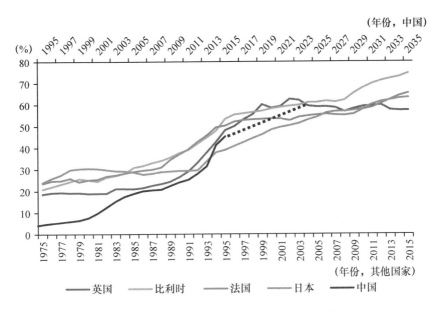

图 4 - 5 中国与部分发达国家高等教育毛入学率

资料来源：世界银行。

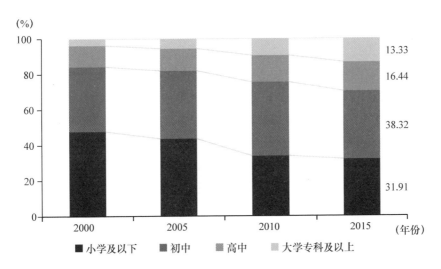

图 4 - 6 中国 6 岁及以上人口素质结构变化趋势

资料来源：国家统计局。

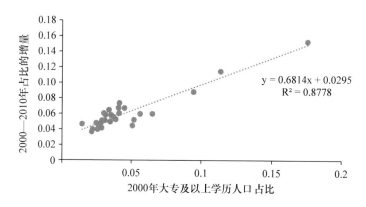

图 4 - 7　中国大专及以上学历人口占比及变化

资料来源：第五、第六次全国人口普查。

民成为发达国家吸引劳动力的重要手段。第二次世界大战后，OECD 国家国际移民数量大幅提升，2015 年已达到总人口的 10%。东亚中日韩三国移民政策和社会观念相近。近年来，日本、韩国国际移民均有较快增长，中国国际移民规模加速增长，预计未来增速将持续。但由于中国人口总量大，国际移民规模尚不足总人口的 0.1%，中国流动人口未来仍将以国内流动人口为主。

流动人口规模总体稳定，波动性增强。改革开放以来，中国流动人口持续高速增长。2014 年年底中国流动人口规模达到 2.53 亿人，占全国总人口的 18.5%。自 2015 年起，流动人口规模缓慢下降，2019 年中国流动人口规模为 2.36 亿人，占全国总人口比重下降到 16.9%。农业转移人口逐步向城镇落户、短期经济波动和人口回流等因素影响了流动人口绝对规模的增长。从未来发展看，流动人口规模将保持稳定，增长趋势将出现更大的波动性。

流动人口的"双向流动"成为趋势，导致人口结构—空间重构。"80后"新生代已成为流动人口的主体，高龄流动人口占比持续提高。2015年，新生代流动人口约为 1.18 亿，占全部流动人口比例超过一半（56.40%）。与此同时，50 岁以上流动人口数量和占比快速上升。新生代流动人口在子女教育、公共服务等方面的需求远高于老一代，而老龄流动人口对劳动保障、养老和医疗等方面的服务需求较大。对城市公共服务提

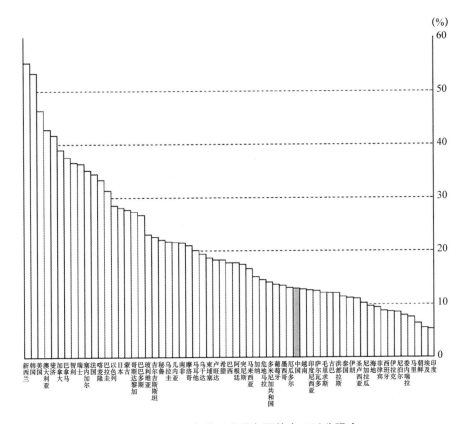

图 4 - 8 1995 年前后世界各国的人口迁移强度

资料来源：朱宇、林李月、柯文前：《国内人口迁移流动的演变趋势：国际经验及其对中国的启示》，《人口研究》2016 年第 5 期。

出严峻挑战。高龄流动人口出现回流现象。就业竞争力减弱、健康状况恶化和子女返乡高考等一系列因素更加大了高龄流动人口的回流概率。

家庭化迁移成为主流。流动人口的家庭化趋势开始凸显。2017 年流动人口动态监测调查数据显示，流动人口在流入地的平均家庭规模达到2.72 人，在流入地独自居住的流动人口仅占总样本的 18.10%。随着长期居留的家庭化流动人口成为主流，流动人口对教育、医疗和养老等基础性公共服务的需求更加迫切，主要流入地城市应保证公共服务空间的充足供给。

高学历流动人口比重上升。高学历流动人口比重有所上升。2017 年大专及以上学历流动人口占比为 17%，比 2012 年提升 8 个百分点。高

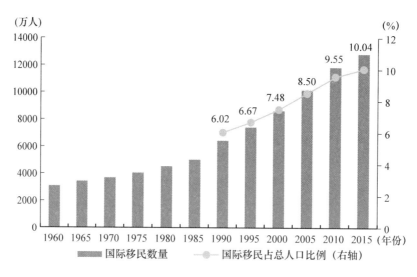

图 4 - 9   OECD 国家国际移民数量变化

资料来源：世界银行。

学历流动人口对城市生态环境、高质量就业机会和高品质公共服务等城市舒适物有显著偏好，城市舒适物的供给水平将影响高学历流动人口的流向。

2. 流动人口在沿海地区持续集聚，同时出现了省会为中心的内陆化趋势

中国流动人口仍集聚在东部沿海地区，但近年来已经出现内陆化趋势。流动人口空间分布与经济发展水平高度相关，持续向京津、长三角和珠三角地区集聚；内陆省会城市和都市圈外围地区流动人口规模增长较快。这一趋势将带来人口流动空间模式的多元化和城镇规模体系的重构。

不同流动范围的流动人口，其空间分布特征有所区别。跨省流动人口集中分布在沿海地区，省内流动人口集中分布在内陆省会城市。跨省流动人口集中连绵分布在东南沿海地区。以三大城市群为代表，以城市群为主要空间形态，该地区将继续保持对流动人口的强大吸引力。随着重大空间发展战略的推进，中西部特大城市成为区域内经济增长极，省内流动人口在此集聚，呈现点状集中式分布。

3. 流动人口的落户意愿低，"两率差"难以缩减

近年来，高定居意愿背景下的流动人口新需求受到关注。2017 年流动

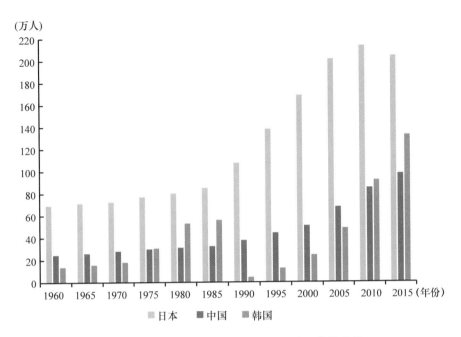

图4-10　中国、日本和韩国的国际移民数量变化

资料来源：世界银行。

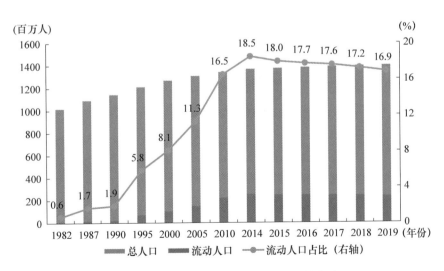

图4-11　中国流动人口和总人口规模变动

资料来源：国家统计局。

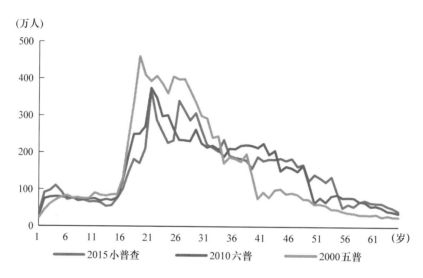

图 4 - 12　中国流动人口的年龄结构

资料来源：第五、第六次全国人口普查和 2015 年人口抽样调查。

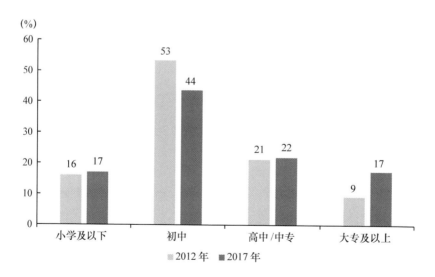

图 4 - 13　中国流动人口的受教育结构

资料来源：全国流动人口卫生计生动态监测调查。

人口动态监测调查数据显示，82.65%的流动人口希望未来在流入地继续居留。其中52.33%的流动人口希望在流入地长期居留（5年以上）。较高的定居意愿已成为新时期流动人口的重要特征。54.99%的流动人口表示自己在流入地遇到困难，集中在收入（72.95%）、购房（60.94%）等方面。

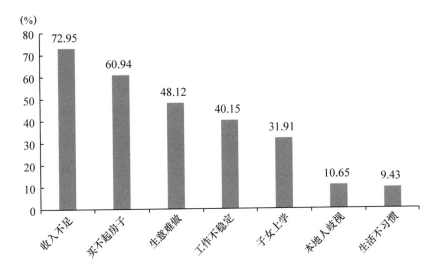

图4-14 流动人口在流入地的困难

资料来源：2017年全国流动人口卫生计生动态监测调查。

　　流动人口在流入地的高定居意愿影响其在老家的承包地耕种状况。2017年仅有51.66%的流动人口承包地由自家耕种，他人耕种（24.65%）、转租（14.58%）和撂荒（6.85%）等承包地处理模式对农业空间规划和农村土地利用提出新课题。

　　当前，中国流动人口的落户意愿低于居留意愿，且落户意愿在各等级城市间出现分化。2017年动态监测调查数据显示，39.01%流动人口愿意在流入地落户，不足居留意愿的一半。由于不同规模等级城市在就业机会、收入水平和公共服务等各方面的差异巨大，流动人口在各等级城市的落户意愿出现显著分化，落户意愿与城市规模呈正相关。中小城市流动人口的落户意愿较低。在300万—1000万等级城市的流动人口，平均落户意愿在40%以上。在1000万以上级城市的流动人口落户意愿更高达68%。这将进一步导致城

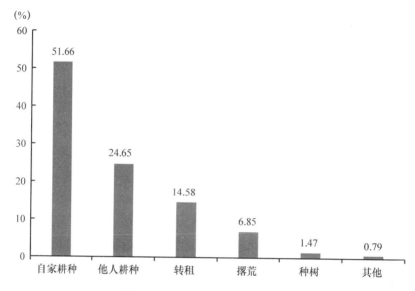

图 4 - 15　流动人口承包地状况

资料来源：2017 年全国流动人口卫生计生动态监测调查。

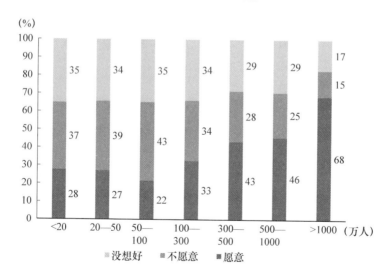

图 4 - 16　流动人口落户意愿与城市规模的关系

资料来源：2017 年全国流动人口卫生计生动态监测调查。

市规模体系的不均衡。出现这一现象的主要原因是落户意愿和落户政策宽严度的错位。落户意愿高的大城市落户难度高，落户意愿低的小城市落户门槛却相对较低，意愿和政策的不匹配增加了流动人口市民化的难度。

　　从宏观层面看，中国"两率差"并未有效缩减，进城务工农民落户城镇仍是重要任务。长期以来，中国户籍人口城镇化率低于常住人口城镇化率，2013年差值为17.7个百分点。《国家新型城镇化规划（2014—2020年）》将农业转移人口落户城镇作为新型城镇化的重要抓手。规划实施以来"两率差"有所缩减，但近年来这一趋势趋于停滞。2016年起，"两率差"更连续三年微幅上升，表明政策效果仍存在较大不确定性。促进农业转移人口落户城镇仍是新型城镇化的重要任务，对城市基础设施、公共服务和人居环境均提出要求。

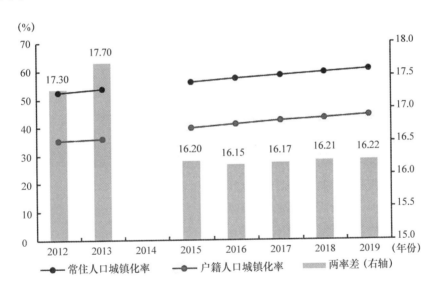

图4-17　常住人口城镇化率和户籍人口城镇化率

资料来源：历年政府工作报告和统计公报。

（三）人口空间分布趋势

1. 人口分布格局的中长期变动趋势

　　根据联合国的中情景人口预测方案，本章对2035年和2050年中国各省人口进行初步预测。根据本章预测结果，中国在2035年和2050年已跨过人口顶峰，进入人口规模缩减时期，全国各地出现不同幅度的人口数量下降。本章预计，到"十四五"时期末即 2025 年，辽宁省和上海市的人口规模相较 2019 年将出现下降。到 2035 年，位于东北地区的黑龙江、吉林、辽宁和内蒙古三省一区以及长三角地区的上海、江苏和浙江两省一市的人口规模相较 2019 年将出现下降，北京市 2035 年人口规模也将低于 2019 年。到 21 世纪中叶，除青海、宁夏和新疆等边境省份和广东、福建等沿海省份以外，全国各省份人口规模均将低于 2019 年人口规模。边境地区持续具备人口增长潜力，而南部沿海地区将成为这一时期的最主要人口流入地。

表 4-3　　　　　　　　　　全国各省份人口预测

省份	2019 年人口规模（万人）	2025 年预测人口（万人）	2035 年预测人口（万人）	2050 年预测人口（万人）	2019—2025 年人口变动（%）	2019—2035 年人口变动（%）	2019—2050 年人口变动（%）
北京	2154	2196	2126	1957	42	-28	-197
天津	1562	1607	1594	1520	45	32	-42
河北	7592	7814	7759	7384	222	167	-208
山西	3729	3848	3831	3669	119	102	-60
内蒙古	2540	2589	2536	2374	49	-4	-166
辽宁	4352	4337	4108	3670	-15	-244	-682
吉林	2691	2710	2579	2322	19	-112	-369
黑龙江	3751	3762	3568	3199	11	-183	-552
上海	2428	2401	2276	2035	-27	-152	-393
江苏	8070	8132	7863	7219	62	-207	-851
浙江	5850	5951	5769	5582	101	-81	-268
安徽	6366	6548	6556	6313	182	190	-53
福建	3973	4130	4180	4088	157	207	115
江西	4666	4871	4904	4753	205	238	87
山东	10070	10387	10306	9800	317	236	-270
河南	9640	9983	9951	9509	343	311	-131
湖北	5927	6075	5976	5617	148	49	-310
湖南	6918	7126	7071	6721	208	153	-197

续表

省份	2019 年人口规模（万人）	2025 年预测人口（万人）	2035 年预测人口（万人）	2050 年预测人口（万人）	2019—2025 年人口变动（%）	2019—2035 年人口变动（%）	2019—2050 年人口变动（%）
广东	11521	11960	12331	12425	439	810	904
广西	4960	5200	5295	5213	240	335	253
海南	945	983	1000	985	38	55	40
重庆	3124	3186	3159	3005	62	35	− 119
四川	8375	8538	8392	7879	163	17	− 496
贵州	3623	3777	3809	3700	154	186	77
云南	4858	5054	5093	4952	196	235	94
西藏	351	375	402	428	24	51	77
陕西	3876	3964	3919	3711	88	43	− 165
甘肃	2647	2727	2707	2577	80	60	− 70
青海	608	636	648	640	28	40	32
宁夏	695	724	738	729	29	43	34
新疆	2523	2710	2900	3082	187	377	559

资料来源：各省份 2019 年人口规模来自《中国统计年鉴》，其他数据为笔者推算。

2. 各省人口峰值预测

　　根据分省人口预测成果，在"十四五"时期末之前，北京、上海、黑龙江、吉林、辽宁、江苏、内蒙古、湖北和四川 9 省份将达到人口峰值，出现人口净减少现象。多数省份的人口规模峰值将在 2030 年前后出现。在人口由增转减的过程中，波动性难以避免，但人口自然增长率持续下降、迁移持续活跃的背景下，经济社会发展水平较高、新兴发展动能不足、人口调控力度较大的省份人口规模首先出现下降的宏观趋势是确定的。

表 4 – 4　　　　　　**全国各省份预计人口峰值规模及年份**

省份	2019 年人口（万人）	峰值人口规模（万人）	峰值人口年份
北京	2154	2203	2021

省份	2019 年人口（万人）	峰值人口规模（万人）	峰值人口年份
天津	1562	1609	2027
河北	7592	7826	2028
山西	3729	3856	2028
内蒙古	2540	2590	2024
辽宁	4352	4399	2020
吉林	2691	2742	2020
黑龙江	3751	3815	2020
上海	2428	2435	2020
江苏	8070	8157	2021
浙江	5850	5990	2026
安徽	6366	6579	2030
福建	3973	4180	2034
江西	4666	4911	2032
山东	10070	10401	2027
河南	9640	10012	2029
湖北	5927	6075	2025
湖南	6918	7136	2027
广东	11521	12460	2046
广西	4960	5296	2036
海南	945	1000	2036
重庆	3124	3189	2027
四川	8375	8538	2025
贵州	3623	3813	2032
云南	4858	5098	2032
西藏	351	428	2050
陕西	3876	3965	2027
甘肃	2647	2731	2028
青海	608	649	2037
宁夏	695	738	2037
新疆	2523	3082	2050

资料来源：各省份 2019 年人口规模来自《中国统计年鉴》，其他数据为笔者推算。

二　人口再分布对城镇化格局的影响

作为中国城镇化的核心主体和城市规模增长的主要贡献者，流动人口空间格局的演变对中国的城镇化和城镇体系形成了根本性冲击。刘涛等估算了人口流动对城镇化水平提高的贡献①。假设流动人口均为乡城流动，根据五普和六普数据估算出人口流动对净迁入和净迁出地城镇化的贡献率分别达到49.5%和20.0%。由于流动人口并非完全从乡村流入城镇，这个数据会有高估。

当前，中国城乡人口流动的格局总体稳定，城城迁移将成为未来人口迁移流动的另外一种重要模式，对城镇体系格局同样产生重要影响。本节在探讨人口流动的城镇化效应基础上对城城迁移进行深入分析，探讨其对中国城镇体系重构的影响。

（一）人口流动的城镇化效应

1. 人口流动对城镇化的影响机制

由于城市扩张、城乡就业机会和收入水平差距等因素的影响，农村剩余劳动力向城镇流动，农村人口减少，城镇人口增加，导致城镇化水平提升。

人口流动对城镇化水平的影响可分为就地城镇化和迁移城镇化。在空间单元内部，人口从本地农村流向本地城镇，本地农村人口减少，城镇人口增多，促进了就地城镇化；对于迁入地而言，人口从外地流入本地城镇，本地城镇人口增多，促进了迁移城镇化；对于迁出地而言，人口从本地农村流出外地，本地农村人口减少。同样促进了迁移城镇化。

仅考虑乡—城和城—城流动人口（即假设人口流入地均为城镇），对人口流动的城镇化效应进行分解。计算可知，在一定时间内：就地城镇化的贡献与该地区基期人口规模和增长率负相关，与基期城镇化率无关；迁入城镇化的贡献与该地区基期人口规模和增长率负相关，与基期城镇化率

---

① 刘涛、齐元静、曹广忠：《中国流动人口空间格局演变机制及城镇化效应——基于2000年和2010年人口普查分县数据的分析》，《地理学报》2015年第4期。

负相关；迁出城镇化的贡献与该地区基期人口规模和增长率负相关，与基期城镇化率正相关。

2. 城镇人口流出

利用 2010 年第六次全国人口普查数据和 2017 年流动人口动态监测调查数据估计各地区流出人口中来自城镇地区和农村地区的比例，分解并估计人口流动对城镇化的影响，对人口流动的城镇化效应进行分解，并解读其空间特征。

（1）流入人口 IU：以 2010 年六普数据的县外流动人口数量为流入人口。

（2）流出人口 OU（来自城镇的流出人口）和 OR（来自农村的流出人口）：利用 2017 年流动人口动态监测调查数据进行估计，步骤如下：

①根据户籍地所在县级单元，确定"户籍所在地所处的地理位置"为"农村"的样本确定为来自该县级单元农村的流出人口，其他样本为来自该县级单元城镇的流出人口，计算所有单元流出人口来自城镇的比例。约17 万个流动人口样本的户籍地分布在 2187 个县级单元，全部样本中来自城镇的比例为 22.89%，这一比例相对合理。

②将各县级单元"来自城镇的流出人口比例"与《中国县域统计年鉴》相关社会经济数据进行匹配，选取流出人口样本量在均值（70 个）以上且数据完整的县级单元，共计 579 个县级单元样本。

③将该比例的百分数作为因变量，社会经济数据作为自变量进行多元线性回归。模型回归结果显示：地区行政区划特征对该比例有较大影响；空间上，流出人口中来自城镇地区的比例从东部至西部逐次降低，与城镇化水平的空间特征一致；经济发展水平较高的地区，流出人口中来自城镇的比例较高；常住人口规模和非农产业产值与流出人口中来自城镇地区的比例呈现负相关关系。

④模型推广到全部县级单元，确定所有县级单元流出人口中来自城镇地区的比例。

观察城镇流出人口的空间分布，以下特征值得关注：第一，沿海主要城市群长三角、珠三角和京津冀等主要城市群地区整体流出人口来自城镇的比例较高；内陆主要城市群长江中游城市群和成渝城市群核心城市（武汉、成都和重庆）的周边地区流出人口来自城镇的比例较高。这表明中国主要城市群的吸引力逐渐增强，不仅吸引大量进城务工农民，还吸引相对多数的城镇人口，而整体上，沿海城市群的吸引能力强于内陆城市群。第二，东北地区流出人口来自城镇的比例较高。一方面是因为东北地区作为传统工业基地，城镇化比例高，非农产业就业人口较多；另一方面是因为近年来东北地区经济发展迟缓，城镇就业吸纳能力和收入水平均不足，导致城镇人口流出比例相对较高。

（二）人口迁移流动与城镇体系重构

1. 人口迁移流动重塑中国城镇体系

中国城市规模与流动人口占比整体上呈正相关，城市对人口的吸引力随人口规模增加而增加，但大中城市出现了分化。由于大城市具有更高的收入，更多的就业机会和更好的公共服务，流动人口普遍倾向于向大城市集中。流动人口与户籍人口的比值与市人口规模显著正相关，人口规模在50万以下的小城市大部分集中在回归线附近，但也有部分城市流动人口比重不低，反映了其较强的人口集聚能力，人口规模50万以上的大中城市则出现了较大的分化，表明很多城市实际上只是地区性的就业和服务中

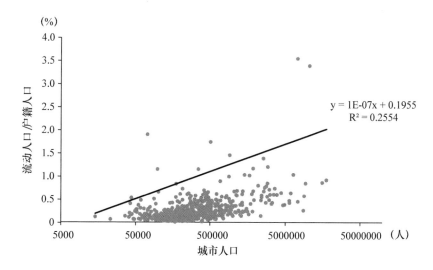

图 4 - 18　城市人口规模与流动人口的占比（2010 年）

资料来源：第六次全国人口普查。

心，对流动人口的吸引力并不高①。

中国人口迁移呈现出城市规模等级越高，人口净迁入率越大的特点。表4-5显示，全国664个城市整体的人口净迁入率为0.13，表明人口由非设市的行政单位向设市的行政单位流动。迁入率明显随着城市规模等级增大而增加，迁出率虽也呈现随着规模等级增大而增加的趋势，但变动幅度较小，从而造成小城市人口净迁出，中等及以上城市人口净迁入，且随着城市规模等级增大，人口净迁入率也增加。

表4-5　　　　　　　　各规模等级的城市人口迁移情况

城市规模等级	总人口（亿人）	户籍人口（亿人）	迁入率	迁出率	净迁入率
小城市	3.16	3.26	0.16	0.19	-0.03
中等城市	1.03	0.95	0.28	0.20	0.09
大城市	1.59	1.23	0.50	0.21	0.29
特大城市	0.84	0.60	0.61	0.22	0.39
超大城市	0.52	0.28	1.12	0.27	0.85
全部城市	7.13	6.32	0.33	0.20	0.13

资料来源：2017年全国流动人口卫生计生动态监测调查。

2000—2010年中国城市人口集中程度上升。根据位序—规模法则对中国各城市的市辖区人口及其位序进行拟合，计算出2000年的齐普夫指数为0.96，低于1，城市人口分布相对分散，2010年的齐普夫指数为1.014，超过了1，表明2000—2010年中国城市人口越来越向大城市集中。虽然城市人口呈现向大城市集聚的趋势，但大城市规模仍然不够大，对中国城镇体系功能提升的带动力不足。

流动人口迁出地主要为农村，占比85%，迁入地主要为城市，占比75%。流动人口主要从农村迁出，迁往城市，城—城、城—乡、乡—城、乡—乡迁移的流动人口占比分别为14%、2%、62%和23%，乡—城迁移

① 城市规模划分标准为2010年市人口在50万以下的为小城市，50万—100万的城市为中等城市；100万—500万的城市为大城市；500万—1000万为特大城市；1000万以上为超大城市。地级市及其以上的城市的数据都是市辖区，不包括下辖的县和县级市。

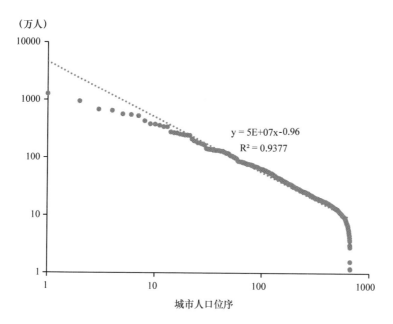

图 4 - 19　各城市的市人口数量及其位序（2000 年）

资料来源：第五次全国人口普查。

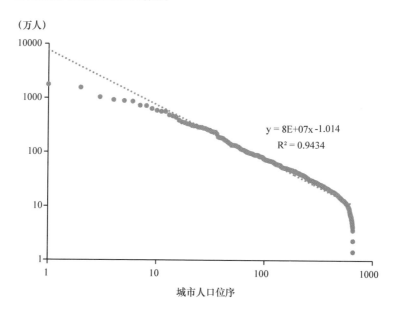

图 4 - 20　各城市的市人口数量及其位序（2010 年）

资料来源：第六次全国人口普查。

仍为主要的迁移形式，但城—城迁移已有了一定比例①。

表4-6　　　　　　　　　　　　人口的城乡迁移矩阵

户籍地 ＼ 现住地	城市	农村	合计
城市	23391 （14%）	2716 （2%）	26107 （15%）
农村	104827 （62%）	39055 （23%）	143882 （85%）
合计	128218 （75%）	41771 （25%）	169989 （100%）

资料来源：2017年全国流动人口卫生计生动态监测调查。

表4-7　　　　　　　　　　人口的城市规模迁移比例矩阵

户籍地 ＼ 现住地	小城市	中等城市	大城市	特大城市	超大城市
小城市	0.20	0.05	0.44	0.13	0.18
中等城市	0.14	0.06	0.33	0.19	0.27
大城市	0.21	0.04	0.25	0.15	0.35
特大城市	0.16	0.08	0.22	0.10	0.44
超大城市	0.18	0.05	0.32	0.24	0.22
全部城市	0.19	0.05	0.36	0.15	0.25

注：分析样本为户籍地和现住地均为直辖市、地级市或县级市的，地级以上城市市辖区合并后的跨城流动的城市人口，共计10847个样本。

资料来源：2017年全国流动人口卫生计生动态监测调查。

2. 城—城流动导致中等城市地位的弱化与分化

城—城流动人口普遍具有大城市偏好，对中等城市偏好最低。根据2017年流动人口城市规模迁移矩阵，小城市和中等城市流出人口对大城市

---

① 迁入地是否为城市的判别标准：现住地在居委会的均算为城市人口，现住地在村委会但居住政府提供公租房、自购商品房、保障房或小产权房也算为城市人口。迁出地是否为城市的判别标准：户口类型为非农业、非农转居的均算为城市人口，户口类型为农转居或居民且非农户口的获取方式为升学、工作（招工）、转干、家属随转或购房落户也算为城市人口。

的偏好最高，大城市和特大城市流出人口对超大城市的偏好最高，超大城市流出人口对大城市的偏好最高。所有规模城市的流出人口都对中等城市的偏好最低。这可能是由于大城市、特大城市和超大城市在就业机会、收入水平和公共服务方面具有较强的优势，而小城市较低的生活成本和较为适宜的居住环境对城—城流动人口也有一定的吸引力，而中等城市介于二者之间，吸引力最弱。

城—城流动人口对城市规模等级的偏好存在群体性差异。以城—城流动人口的流入地规模等级为因变量进行无序多分类 Logit 回归，以"小城市"为参照组，回归结果显示：流出地城市规模等级越小的城—城流动人口大城市偏好越强，流出地规模等级越大的城—城流动人口超大城市偏好越强；女性城—城流动人口对于大城市、特大城市和超大城市的偏好强于男性；流入本地时年龄较大的城—城流动人口对大城市和特大城市的偏好强于年龄较小者；受教育程度越高，对大城市、特大城市和超大城市的偏好越强；父母有外出经历的城—城流动人口对特大城市和超大城市的偏好强于父母没有外出经历者；身体健康的城—城流动人口对大城市、特大城市和超大城市的偏好强于身体不健康者；有配偶的城—城流动人口对超大城市的偏好强于无配偶者，但对大城市的偏好弱于无配偶者；汉族城—城流动人口对中等城市、大城市、特大城市和超大城市的偏好均强于少数民族；累计流动次数越多，对大城市、特大城市和超大城市的偏好会减弱。

城—城流动人口对不同规模城市的偏好在很大程度上改变了中国城镇体系的规模结构。小城市和中等城市流出人口的大城市偏好将在很大程度上强化大城市在全国城镇体系中的突出地位。大城市和特大城市对超大城市的偏好又会进一步强化超大城市在大城市中的突出地位，但在超大城市人口向大城市流动的情况下这一趋势可能会弱化。中等城市总人口尽管尚处于人口净迁入状态，但其城区对各规模等级城市的流出人吸引力最弱，从而城市未来的人口增长则主要依靠农村人口城镇化，而一些对农村人口吸引力弱的城市则可能面临城市人口增长缓慢甚至收缩的问题。小城市总人口尽管尚处于人口净迁出状态，但其城区对各规模等级城市的流出人吸引力并不弱，仅次于大城市和超大城市，尤其是对其他小城市流出人口的吸引力仅次于大城市，因此未来将会有部分小城市将凭借较强的人口吸引力吸引其他城市的流出人口，增大城市规模。

　　不同流动人口对不同规模城市的偏好差异影响了流动人口结构的城市
分布。女性、流出时年龄较大、学历较高、身体健康和汉族的城—城流动
人口对大城市、特大城市和超大城市的偏好更强（与男性、流出时年龄较
小、学历较低、身体不健康和少数民族的城—城流动人口相比）。因此在
大城市、特大城市和超大城市这类人群的比例将会增加。累计流动城市数
较多的城—城流动人口对大城市、特大城市和超大城市的偏好更弱，向其
而不是小城流动的可能性要比累计流动次数较少的城—城流动人口更低，
这类流动人口未来将在中小城市的流入人口中占有较大比例。城—城流动
人口对小城市和中等城市的偏好几乎没有群体差异，因此这两类城市所吸
引的人群差异不大。

三　重点区域的人口发展特征与趋势

（一）城市群的人口集散

1. 全国人口向城市群集聚速度放缓

　　城市群作为优化城镇化空间布局的重要动力，内部不同等级的城市之
间社会经济联系紧密，日益成为中国主要的人口集聚地区，影响着中国城
镇化过程中人口的空间分布变动，并受到国家重大发展战略的重视[①]。自
2000 年起，中国有超过半数（58.91%）的人口分布在城市群地区，并且
呈现人口持续向城市群地区集聚的趋势，但集聚速度显著放缓。如表 4 - 8
所示，城市群人口占全国人口比重由 2000 年的 58.91% 上升至 2017 年的
61.32%。各个城市群所处发展阶段和发育水平存在差异：东部沿海三大
城市群人口持续集聚，长三角、珠三角和京津冀作为中国发育水平最为成
熟的三个城市群，截至 2017 年，中国有近 1/4 的人口集聚在这三大城市
群（23.52%）；中部的长江中游城市群多核心增长极尚未充分发挥作用，
其内部的武汉城市圈、长株潭城市群和环鄱阳湖城市群的相互联系较弱，
尚未形成协同发展格局，人口集聚程度有所下降，人口占比由 2000 年的
9.72% 下滑至 2017 年的 9.32%；成渝城市群作为中国西部地区最大的城

---

　　① 顾朝林：《城市群研究进展与展望》，《地理研究》2011 年第 5 期；方创琳：《中国城市群形成发育的新格局及新趋向》，《地理科学》2011 年第 9 期。

市群，由成都和重庆两个核心复合驱动，区域人口密集，虽然于2000—2010年呈现出一定程度的人口外流现象，但自2010年以来，人口吸引力有所提高，人口外流趋势显著趋缓，城市群地区人口占全国比重保持在7.6%左右；中原和关中平原城市群地处中国中西部内陆地区，人口分别占全国的3.12%和3.18%，人口集聚程度整体偏低，城市群发育水平有待提高；山东半岛、辽中南和海峡西岸城市群均为省会城市加上一个经济发展规模较大的港口城市的沿海地区双核发展型城市群，人口集聚程度也较为接近，此类型城市群又以山东半岛城市群的人口集聚程度最高（人口占比达到3.29%）。

表4-8　　各城市群人口占全国人口比重变动情况（2000—2017年）　　单位:%

城市群	2000年	2010年	2017年	2000—2010年占比变动	2010—2017年占比变动	2000—2017年占比变动
京津冀	7.25	7.83	8.10	0.58	0.27	0.85
长三角	10.13	11.06	11.00	0.93	-0.06	0.87
珠三角	3.45	4.21	4.42	0.76	0.21	0.97
长江中游	9.72	9.35	9.32	-0.37	-0.03	-0.40
成渝	8.53	7.62	7.60	-0.91	-0.01	-0.92
山东半岛	3.20	3.28	3.29	0.08	0.01	0.09
辽中南	2.27	2.28	2.21	0.01	-0.07	-0.06
关中平原	3.27	3.21	3.18	-0.07	-0.03	-0.10
中原	3.06	3.12	3.12	0.06	0.01	0.07
海峡西岸	2.09	2.19	2.25	0.10	0.06	0.15
哈长	3.73	3.67	3.36	-0.06	-0.31	-0.37
北部湾	2.85	2.95	3.01	0.10	0.06	0.16
天山北坡	0.36	0.41	0.44	0.05	0.03	0.08
总计	58.91	61.18	61.32	1.27	0.14	1.41

注：培育型城市群未列入。

资料来源：人口普查、各省份统计年鉴。

2. 不同城市群人口集聚程度存在差异

由于发展阶段的不同，中国各个城市群之间人口增速存在差异。由图4-22可知：总体上来看，除长江中游、成渝和哈长城市群，2000—2017

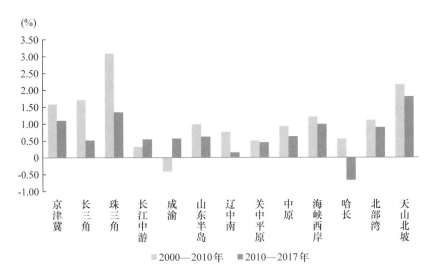

图 4 - 21　各城市群人口增速（2000—2017 年）

资料来源：人口普查、各省份统计年鉴。

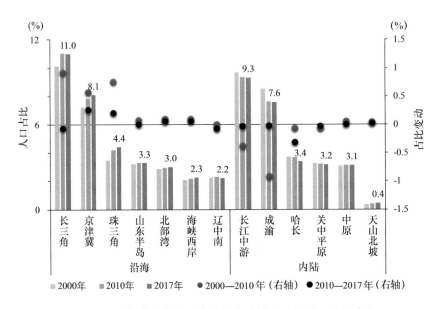

图 4 - 22　各城市群人口比重及变动情况（2000—2017 年）

资料来源：人口普查、各省份统计年鉴。

年中国城市群人口增速先增后减，虽人口增速有所放缓，但人口仍在向各个城市群地区集聚。长江中游城市群的人口增速则不断提升，由2000—2010年的0.32%增长至2010—2017年的0.55%。成渝城市群呈现由人口流失转向人口增加的发展态势，2000—2010年人口年变化率为-0.42%，2010—2017年人口开始增加，增速达到0.57%。哈长城市群则由人口增加转变为人口减少，2000—2010年人口增速仍有0.57%，而2010—2017年则出现人口负增长情况，人口减少速度为-0.67%。

沿海三大城市群人口占全国人口比重变动情况表现出快速提高到逐渐趋稳的特征。2000—2010年，中国人口快速向长三角、珠三角、京津冀三大城市群集聚，三大城市群人口占全国人口比重显著提高，2010年以来，人口快速向沿海三大城市群集聚态势则开始放缓。与沿海城市群呈现出的人口变动特征不同，内陆的两大城市群长江中游和成渝城市群经历了人口占全国比重下降到占比维持稳定的过程。2000—2010年，由于人口外流，长江中游和成渝城市群人口占全国人口比重大幅下降，2010年以来，除沿海发达地区，内陆地区的省会城市也成为流动人口流入地选择之一，且沿海地区流动人口开始出现一定程度的回流，内陆两大城市群的人口占比下降趋势显著缓和，其余较小规模的内陆城市群与较小规模的沿海城市群呈现的特征相似，人口占全国比重变化幅度并不大，基本保持稳定。

3. 城市群内部各圈层人口集聚特征

（1）京津冀城市群人口主要向北京、天津集聚

京津冀城市群中的北京和天津作为重要的两大核心城市双极化发展吸引人口，人口显著向北京和天津集聚，如表4-9所示。北京和天津人口占京津冀城市群比重由2000年的25.99%上升至2017年的33.14%，河北各中心城市人口占比略微提升，京津冀城市群县级人口规模庞大，但呈显著缩小趋势，常住人口占比由2000年的54.37%下降至2017年的46.61%。

从空间特征来看，京津冀城市群人口高度向北京、天津两市集聚。2000—2010年，除北京、天津两市，河北省仅有部分中心城市人口集聚，外围区县人口发展缓慢。2010—2017年，多个中心城市人口开始呈由分散转向集聚的态势，且人口集聚城市的外围县人口占比显著下降。

表 4 - 9　　　　京津冀城市群人口分布占比变动情况（2000—2017 年）　　　单位:%

	2000 年	2010 年	2017 年	2000—2010 年占比变动	2010—2017 年占比变动
北京/天津	25.99	31.18	33.14	5.19	1.97
河北各市	19.64	19.64	20.25	0	0.61
外围县	54.37	49.18	46.61	-5.19	-2.58

资料来源：人口普查、各省份统计年鉴。

（2）长三角城市群有多个吸引人口的中心城市

长三角城市群内部的城市级别丰富，人口既向最大中心城市上海集中，又向沿海各中心城市集聚，各级人口集聚中心影响力仍在持续，如表 4 - 10 所示。2000—2017 年上海人口占比增加了 2.80%，沿海各中心城市（如南京、杭州、苏州、宁波等）人口占比增幅共计达到 4.45%，较低级别的城市人口占比则没有明显变化。外围县人口占城市群比重持续下降。

表 4 - 10　　　长三角城市群人口分布占比变动情况（2000—2017 年）　　　单位:%

	2000 年	2010 年	2017 年	2000—2010 年占比变动	2010—2017 年占比变动
上海	13.04	15.62	15.84	2.58	0.22
杭州/宁波/南京/苏州/无锡/合肥	17.69	21.52	22.14	3.83	0.62
其他各市	19.08	19.10	19.36	0.01	0.26
外围县	50.19	43.76	42.66	-6.42	-1.10

资料来源：人口普查、各省份统计年鉴。

从空间特征来看，长三角城市群多个较高级别中心城市（上海、杭州、苏州、南京等）人口吸引力强。2000—2010 年，城市群北部和西部外围县人口占比呈下降趋势，人口总体上向东部沿海地带集聚，并逐渐向高等级城市集中。2010—2017 年，上海和杭州为主要的人口集聚地区，且人口开始向城市群南部集聚。

（3）珠三角城市群人口发展趋于稳定

珠三角城市群呈广州、深圳、佛山、东莞多极化发展趋势，如表 4 - 11 所示。2000—2017 年，这四市人口占城市群比重持续上升（共增加

2.91%)。其他中心城市（中山、珠海、惠州等）人口占城市群比重先增后减（2000—2010 年区域占比增加 0.41%，2010—2017 年区域占比下降 0.47%），但变化不大。县级人口比例略有减小，珠三角地区农村人口规模总体上保持稳定。

表 4 - 11　　**珠三角城市群人口分布占比变动情况（2000—2017 年）**　　单位：%

	2000 年	2010 年	2017 年	2000—2010 年占比变动	2010—2017 年占比变动
广州/深圳/佛山/东莞	67.01	68.55	69.92	1.54	1.37
中山/珠海/惠州/江门/肇庆	17.85	18.26	17.79	0.41	-0.47
外围县	15.14	13.19	12.29	-1.95	-0.89

资料来源：人口普查、各省份统计年鉴。

从空间特征来看，2000—2010 年，珠三角城市群人口呈现向中心城市集聚态势，新增人口主要位于广州、深圳、佛山、东莞四市，广州和东莞的人口虽有显著的增长趋势，但人口的区域占比有所下降，人口发展慢于深圳、佛山，城市群外围县人口占比则呈下降趋势。2010—2017 年，人口主要向核心城市广州、深圳集聚，其周边城市人口占区域比重有所下滑，城市群人口变动总体上趋向稳定，外围县人口发展缓慢。

（4）成渝城市群人口向核心城市成都、重庆集聚

成渝城市群作为中国西部地区最大的城市群，由成都和重庆两大核心复合驱动，区域人口密集，如表 4 - 12 所示，成都、重庆主城人口占比不断提高，由 2000 年的 12.07% 增加至 2017 年的 18.10%，其他区域中心城市人口占城市群比重的变化不大，人口占比总计提高 1.48%。2000—2010 年，外围县人口呈现出显著的人口外流现象，人口占比减少 5.55%，2010 年以来，外围县人口占比下降趋势有所放缓。

从空间特征来看，2000—2010 年，人口总体上呈现向大中城市集聚的趋势，成都、重庆城区和其他区域中心城市人口占比不断提高，而城市群中部及成都、重庆外围县级人口占比呈显著下降趋势。2010 年以来，人口集聚趋势有所变化，城市群人口大幅向成都和重庆城区集聚，其他中心城

市和外围县人口占比缓慢下降，人口规模较为稳定。

表4-12　　　成渝城市群人口分布占比变动情况（2000—2017年）　　　单位:%

	2000年	2010年	2017年	2000—2010年占比变动	2010—2017年占比变动
成都/重庆主城	12.07	16.79	18.10	4.72	1.30
四川各市/重庆各区	24.56	25.39	26.04	0.83	0.65
外围县	63.37	57.82	55.86	-5.55	-1.95

资料来源：人口普查、各省份统计年鉴。

（5）中原城市群人口高度向郑州集聚

中原城市群地处中国中部内陆地区，人口高度向核心城市集聚，如表4-13所示，郑州、洛阳人口占城市群比重持续提升，由2000年的10.74%上升至2017年的16.17%，区域中心城市人口占比则没有明显变化，外围区县人口占比不断下降，由2000年的73.02%降低至2010年的68.02%，再降至2017年的66.37%。

表4-13　　　中原城市群人口分布占比变动情况（2000—2017年）　　　单位:%

	2000年	2010年	2017年	2000—2010年占比变动	2010—2017年占比变动
郑州/洛阳	10.74	14.88	16.17	4.14	1.29
其他各市	16.24	17.10	17.46	0.86	0.36
外围县	73.02	68.02	66.37	-5.00	-1.65

资料来源：人口普查、各省份统计年鉴。

从空间特征来看，2000—2010年，人口主要向郑州、洛阳和许昌集聚，而外围区县则呈现出显著的人口外流现象，城市群中部县级人口占比下降。2010—2017年，人口向核心城市郑州集聚趋势加剧，城市群北部和南部外围县人口占比亦呈显著下降趋势。

（6）海峡西岸城市群持续向福州和厦门集聚

海峡西岸城市群人口持续向福州和厦门集聚，由表4-14可知，2017年，福州和厦门人口占城市群比重超过1/4（25.33%），2000—2017年，区域中心城市人口占城市群比重几乎保持不变，外围区县人口占比不断下降。

表 4 - 14　　海峡西岸城市群人口分布占比变动情况（2000—2017 年）　　　单位:%

	2000 年	2010 年	2017 年	2000—2010 年占比变动	2010—2017 年占比变动
福州/厦门	18.70	24.45	25.33	5.75	0.88
其他各市/	15.50	15.50	15.51	0	0.01
外围县	65.80	60.05	59.16	-5.75	-0.89

资料来源：人口普查、各省份统计年鉴。

从空间特征来看，2000—2010 年，厦门和福州为主要人口集聚地，其外围县人口占比显著下降，城市群中部人口外流。2010—2017 年，厦门和福州外围县人口下降趋势有所缓和，厦门部分外围县人口开始集聚，城市群北部和南部外围县人口占比也呈显著下降趋势。

（二）收缩城市现状与应对策略

近年来，随着全球经济结构调整以及发达国家史无前例的人口数量减少和结构老化，收缩城市现象在全球尤其是在发达国家呈迅速扩张之势，在欧洲也仅有 1/3 的城市在第二次世界大战之后持续增长，而有超过 40%的大城市（人口超过 20 万）开始走向收缩。收缩城市为世界普遍现象，是国家和区域发展格局优化过程的必然结果。

1. 收缩城市的定义与界定

城市收缩是城市人口、社会经济发展遇到问题，失去增长动能的综合表现。尽管城市收缩现象已经被学界广泛接受，但是对这一现象的理解仍存在着很多争议，包括城市收缩的定义和界定等。

城市收缩的定义是随着时代发展而不断变化的，目前学界对于城市收缩的定义主要有两种视角：一种是从人口变化来定义的，其中包括人口总量的减少、人口结构的退化；另一种是从多维要素变化过程来定义，强调城市收缩是一个多维作用的过程。

表 4 - 15　　　　　　　　　　　收缩城市的相关定义

视角	提出者	定义
人口变化	Hoekveld①	人口流失超过 5 年的城市地区
	Schilling 等②	须经历持续的人口流失，即在 40 年间流失了超过 25% 的人口，并且空置与废弃的住宅、商业与工业建筑不断增加
	Sousa 等③	暂时或永久性失去大量居民的城市，并且流失人口占总人口的 10% 或年均流失人口超过 1%
多维作用	Pallagst④	城市收缩伴随着显著的人口减少、经济衰退或国内国际地位的下降，从而影响区域、都市区或城市某些地区的发展
	Wiechmann⑤	收缩城市指拥有至少 1 万居民，在超过 2 年的时间内经历人口流失，并且正在经历以某种结构性危机为特征的、经济转型的城市建成区
	Martinez 等⑥	一个城市区域（包括一个城市、城市的局部、一个大都市区或者一个镇）持续经历着结构性危机（包括人口流失、经济下滑、就业减少、社会问题）
	杨振山、孙艺芸⑦	城市人口、社会经济发展遇到问题，失去增长动能的综合表现

资料来源：①Hoekveld, Josje J., "Time-space Relations and the Differences between Shrinking Regions", *Built Environment*, 38（2），2012：179 - 195；②Schilling, Joseph, and Jonathan Logan, "Greening the Rust Belt：A Green Infrastructure Model for Right Sizing America's Shrinking Cities", *Journal of the American Planning Association*, 74（4），2008：451 - 466；③Sousa, Sílvia, and Paulo Pinho, "Planning for Shrinkage：Paradox or Paradigm", *European Planning Studies*, 23（1），2015：12 - 32；④Pallagst, Karina, "Shrinking Cities：Planning Challenges from an International Perspective", *Cities Growing Smaller*, 10，2008：5 - 16；⑤Wiechmann, T., "Errors Expected—Aligning Urban Strategy with Demographic Uncertainty in Shrinking Cities", *International Planning Studies*, 13（4），2008：431 - 446；⑥Martinez-Fernandez, Cristina, et al., "Shrinking Cities：Urban Challenges of Globalization", *International Journal of Urban and Regional Research*, 36（2），2012：213 - 225；⑦杨振山、孙艺芸：《城市收缩现象、过程与问题》，《人文地理》2015 年第 4 期。

　　人口衰退是城市收缩最主要的特征之一，也因而成为城市收缩界定的关键指标。但是由于世界各地的城市收缩现象、机制非常多元，对界定收缩的指标选取就变得非常困难，即使是选择人口减少这一简单的指标，也会遇到人口减少的幅度、地域空间边界、持续时间等方面的显著差异。例如在收缩城市的空间规模方面，Wiechmann 倾向于 1 万人以上的地区①，

---

　　① Wiechmann, T., "Errors Expected—Aligning Urban Strategy with Demographic Uncertainty in Shrinking Cities", *International Planning Studies*, 13（4），2008：431 - 446.

表4-16　　　　　　　　　　　　　　　收缩城市的界定

界定类型	研究区域	提出者	界定方式
范围	全球	Martinez 等①	城市区域，包括一个城市、城市的局部、一个大都市区或者一个镇
	欧洲	Wiechmann②	拥有1万人以上的城市建成区
	欧洲	Oswalt 等③	拥有10万人以上的地区
人口	欧洲	Oswalt 等③	流失人口占总人口10%或年均流失人口超过1%
	欧洲	Turok 等④	人口变化率低于全国平均水平
	欧洲	Wiechmann②	在超过2年时间经历人口流失
	美国	Schilling 等⑤	40年流失了超过25%的人口
	荷兰	Hoekveld⑥	人口流失超过5年的城市地区
	中国	张莉⑦	两个时期的常住人口、户籍人口、总就业人口减少
	中国	龙瀛等⑧	两个时期的人口密度下降
	中国	李郇等⑨	一段时期（5年以上）人口年均增长率出现负值的城镇界，并且按人口年均增长率（R）划分为以下四类：快速增长（R>5%），增长（0%<R<5%），收缩（-2%<R<0%），显著收缩（R<-2%）
结构性危机	欧洲	Wiechmann②	人口衰减+经济衰退→"结构性危机"
	全球	Martinez 等①	人口流失、经济下滑、就业减少、社会问题

资料来源：①Martinez-Fernandez, Cristina, et al., "Shrinking Cities: Urban Challenges of Globalization", *International Journal of Urban and Regional Research*, 36 (2), 2012: 213-225; ②Wiechmann, T., "Errors Expected—Aligning Urban Strategy with Demographic Uncertainty in Shrinking Cities", *International Planning Studies*, 13 (4), 2008: 431-446; ③Oswalt P, Rieniets T., *Atlas of Shrinking Cities*, Berlin: Hatje Cantz, 2006; ④Turok, Ivan, and Vlad Mykhnenko, "The Trajectories of European Cities, 1960-2005", *Cities*, 24 (3), 2007: 165-182; ⑤Schilling, Joseph, and Jonathan Logan, "Greening the Rust Belt: A Green Infrastructure Model for Right Sizing America's Shrinking Cities", *Journal of the American Planning Association*, 74 (4), 2008: 451-466; ⑥Hoekveld, Josje J., "Time-space Relations and the Differences between Shrinking Regions", *Built Environment*, 38 (2), 2012: 179-195; ⑦张莉：《增长的城市与收缩的区域：我国中西部地区人口空间重构——以四川省与河南省信阳市为例》，《城市发展研究》2015年第9期；⑧龙瀛、吴康、王江浩：《中国收缩城市及其研究框架》，《现代城市研究》2015年第9期；⑨李郇、杜志威、李先锋：《珠江三角洲城镇收缩的空间分布与机制》，《现代城市研究》2015年第9期。

Oswalt 和 Rieniets 则界定为 10 万人以上的区域[①]，而大多数学者则认为收缩并不限于某一最低标准，其既可以发生在区域、大都市区、城市，也可以发生在城市内的局部地区甚至乡镇地区。在人口减少的幅度与时间跨度上，学者的界定标准更为丰富多样。

2. 中国收缩城市集中在东北地区

利用 2010—2017 年《中国城市建设统计年鉴》的城区人口和城区暂住人口数据，本节以"城区总人口下降"为基准，识别出 91 个收缩城市，其中有 28 个地级市，63 个县级市，如表 4 - 17 所示。收缩城市集中分布在东北地区，其中辽宁省有 14 个，吉林省有 12 个，黑龙江省有 15 个，东北三省收缩城市占全国的 45%。收缩城市数量相较 2017 年吴康和孙东琪[②]提出的 80 个收缩城市有所增加，表明近年来城市收缩现象更为明显。

表 4 - 17　　　　　　　　　　　91 个收缩城市

所在省份	城市名	数量合计
河北	三河	1 县级市
山西	大同	1 地级市
	永济、汾阳	2 县级市
内蒙古	通辽、鄂尔多斯、乌兰察布	3 地级市
	霍林郭勒、牙克石、根河	3 县级市
辽宁	鞍山、抚顺、本溪、丹东、锦州、营口、阜新、铁岭	8 地级市
	海城、北镇、大石桥、灯塔、开原、北票	6 县级市
吉林	吉林、辽源、通化	3 地级市
	桦甸、舒兰、磐石、集安、洮南、图们、敦化、和龙、公主岭	9 县级市
黑龙江	齐齐哈尔、鸡西、鹤岗、佳木斯、牡丹江	5 地级市
	虎林、密山、铁力、同江、宁安、绥芬河、北安、五大连池、肇东、海伦	10 县级市
江苏	张家港	1 县级市
浙江	瑞安、兰溪、义乌、永康、江山	5 县级市

---

① Oswalt P, Rieniets T. , *Atlas of Shrinking Cities*, Berlin：Hatje Cantz, 2006.

② 吴康、孙东琪：《城市收缩的研究进展与展望》，《经济地理》2017 年第 11 期。

所在省份	城市名	数量合计
安徽	淮北	1 地级市
	巢湖、宁国	2 县级市
福建	三明	1 地级市
山东	莱阳、高密	2 县级市
河南	洛阳、平顶山、商丘	3 地级市
湖北	大冶、当阳、洪湖	3 县级市
湖南	韶山、汨罗、临湘、津市、沅江	5 县级市
广东	佛山、汕尾	2 地级市
	台山、恩平、兴宁、阳春、连州、罗定	6 县级市
广西	东兴、合山	2 县级市
海南	万宁、东方	2 县级市
四川	都江堰、华蓥	2 县级市
贵州	安顺	1 地级市
云南	文山、大理	2 县级市

资料来源：《中国城市建设统计年鉴》。

3. 中国收缩城市的类型划分

现有研究对收缩城市的分类暂无明确的定量标准，多为定性标准。本章认为从收缩城市的形成机制方面对收缩城市进行划分更符合收缩城市的概念与定义，更能反映收缩城市的本质，可进一步归纳为结构性危机收缩、大都市周边收缩、欠发达以及边境城市收缩三种类型，如表4-18所示。

表4-18　　　　　　　　　91个收缩城市的分类

收缩类型	收缩城市
结构性危机收缩 （57个）	大同、永济、汾阳、通辽、鄂尔多斯、乌兰察布、霍林郭勒、牙克石、鞍山、抚顺、本溪、丹东、锦州、营口、阜新、铁岭、海城、北镇、大石桥、灯塔、开原、北票、吉林、通化、桦甸、舒兰、磐石、集安、洮南、安顺、华蓥、佛山、汨罗、临湘、大冶、当阳、洛阳、平顶山、莱阳、高密、三明、淮北、宁国、义乌、永康、江山、瑞安、兰溪、齐齐哈尔、鸡西、鹤岗、佳木斯、牡丹江、铁力、宁安、肇东

续表

收缩类型	收缩城市
大都市周边收缩 （5个）	都江堰、三河、台山、恩平、张家港
欠发达以及边境城市收缩 （29个）	根河、辽源、图们、敦化、和龙、文山、大理、万宁、东方、东兴、合山、兴宁、阳春、连州、罗定、汕尾、韶山、津市、沅江、洪湖、商丘、巢湖、虎林、密山、同江、绥芬河、北安、五大连池、肇东、海伦

资料来源：根据相关资料整理。

综合当前研究，结合本章归纳的结构性危机收缩、大都市周边收缩、欠发达以及边境城市收缩三种类型，通过网络检索城市信息，并查询《中国城市建设统计年鉴》中的人口、经济发展等章节内容，定性判断91个收缩城市所属的类型。结构性危机收缩型共57个，主要是东北和北方的资源型城市。大都市周边收缩型共5个，分别是位于北京周边的三河；位于成都周边的都江堰；位于珠三角的恩平、台山；位于长三角的张家港。欠发达以及边境城市收缩型共29个。

（三）边境人口现状与发展趋势

1. 增速趋缓，老龄化程度加深

2016年，中国边境县常住人口2375.2万人。近年来，边境地区人口有所增长但增速略低于全国，占全国人口比重从1990年的1.779%下降到2016年的1.718%。边境地区已进入老年型社会但老龄化程度低于全国。2015年边境地区65岁以上人口占比为9.1%，比全国低1.4个百分点，比2000年和2010年分别增加3.6和1.4个百分点。边境地区人口素质明显提升但仍低于全国平均水平。2010年，边境地区大专及以上人口比例为6.4%，比全国低2.5个百分点。

2. 东北边境人口开始减少，口岸对边境人口集聚作用显著

受所在环境影响，东北边境人口总量减少，且相比非边境地区更加严重。东北边境人口自2010年起开始减少，占全国比重从2010年的0.74%下降至2016年的0.64%。西北边境人口持续增加，占全国比重从1990年的0.35%提升到2016年的0.39%。除新疆北部外，西北边境县人口均有

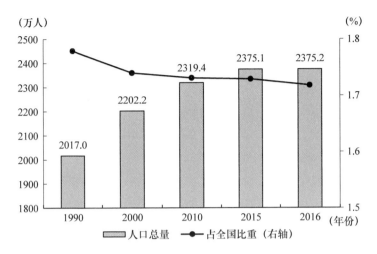

图 4 - 23　边境地区常住人口变动

资料来源：第四、第五、第六次全国人口普查分县资料、各省份统计年鉴。

较快增长。西南边境人口规模稳健增长，占全国比重在 0.69% 左右。云南南部人口增长较快。

2010 年，中国边境人口自然增长率为 5.6‰，其中东北边境为 0.5‰，西北边境为 11.2‰，西南边境为 7.6‰。边境地区人口增长状况存在明显空间差异，人口总量呈现"东北减少，西北增加，西南稳定"的趋势。

边境口岸的开发开放对当地人口发展起到显著推动作用。边境口岸地区国际经贸往来活跃，经济活力强。随着"一带一路"建设的实施，边境口岸将起到更加重要的作用。中国边境口岸以公路口岸为主，主要分布在黑龙江、新疆和云南。边境地区人口迁入率存在显著的空间差异，口岸地区人口迁入率显著较高。内蒙古、黑龙江和云南南部边境人口迁入率较高。多数边境口岸县市的人口增长率显著高于所在地级单位，表明政策支持、社会安定和经贸发展是促进边境地区人口增长的重要因素。

四　思路与策略

（一）推动城镇化空间布局调整优化的思路

1. 引导人口向各级各类城镇化地区有序集聚

"十四五"时期，中国仍将保持年均 1% 左右的城镇化速度和 1200

万—1500 万的新增城镇人口，引导乡村人口向各级各类城镇化地区有序集聚仍是中国城镇化空间布局调整优化的重要任务。城市群依然是国家城镇化的主战场，是新增城镇人口的主要集聚地，应着力优化资源配置和空间布局，提升空间资源利用效率，拓展人口吸纳能力；大中城市的发展态势将加速分化，应根据城市发展基础与趋势、结合国家和区域战略，着力培育省域副中心城市，作为区域性人口集聚中心和经济增长极；中小城市和小城镇，应走特色化、差异化的发展道路，顺势培育地方性人口集聚中心，作为就地就近城镇化的重要节点；一些城市将不可避免地面临规模停滞甚至人口流失，应转变普遍增长预期，致力于城市功能和公共服务的品质提升，建设成为基本公共服务供给和乡村振兴战略推进的有效支点。

2. 以都市圈引领城市群人口布局优化

城市群是"十四五"国家城镇化的主战场，城市群人口将向都市圈加速集聚，都市圈在引领城市群空间优化和功能提升中将发挥更加关键的作用。顺应城市和区域发展规律，集中培育 30 个左右中心城区超过 300 万人的国家级都市圈，保障城市高效发展空间，完善近郊轨道交通系统，提升人口承载力；加快建设 10 个左右的领军型全球城市，构建完备的城市服务体系，增强国际竞争力和区域带动力；全面提升城市群的城镇化质量，协调布局"三生"空间，建设 3—5 个全域宜居、生态、美好的新型城镇化和高质量发展先行区。

3. 积极应对城市收缩和县域人口流失

"十四五"时期，中国人口总量增速放缓，乡—城迁移持续活跃，城—城迁移趋势加强；相应地，大量县域人口将持续减少，部分资源枯竭型城市、边境和贫困地区及特大城市周边中小城市有所收缩。收缩城市的出现是城镇化进入中后期、空间布局调整优化的必然结果，要有正确认识、分类引导：资源枯竭型城市重点在于在新旧动能转换中培育新的发展动力；边境和贫困地区城市应结合精准扶贫和乡村振兴战略，探寻特色发展路径；特大城市周边的收缩型中小城市应主动融入都市圈为核心的城市群功能和空间体系，强化交流，错位发展。针对人口流失县域持续增加、部分城市出现收缩的新形势，应尽快探索闲置低效用地再开发模式和发展权跨区域转移机制，提升公共服务供给能力，维持城镇活力，实现精明收缩。

4. 主动适应、双向引导农民工的回流返乡趋势

"十四五"时期，农业转移人口市民化压力持续加大，流动人口回流趋势不断增强。作为主要人口流入地的大中城市，应进一步放宽落户条件，切实推进基本公共服务的均等化和高质量供给，流动人口的本地化和市民化；同时，积极推动产业结构调整优化，促进生产自动化和智能化，加强农民工职业培训，全面提高劳动生产率。作为主要人口流出地的内陆省份和县域，应抓住高素质劳动力回流的机遇，通过足量优质的城市就业、住房和公共服务供给，促进回流人口在各级城市和县城集聚，成为就地就近城镇化的关键动力；同时，为回乡农民工提供良好的就业创业环境，使其成为推进乡村振兴战略的中坚力量。

（二）人口结构与城镇化空间布局调整优化

1. 养老空间：增量提质

人口老龄化问题需要科学、辩证地认识，老龄化在增加了社会养老需求的同时也带来了机遇，在人口老龄化初期，人口增长放慢，总人口抚养比和少儿抚养比下降，是有利于社会经济发展"第二次人口红利期"。应对中国的人口老龄化趋势发展趋势和老龄化水平的空间差异，可以采取以下策略。

一是建立完善的养老服务体系，不断满足老年人不断增长的供养、医疗、娱乐等需求。广泛动员政府、市场、非营利组织、志愿者、居民等社会力量，共同建立完善的分级老年服务网络，在区县一级配备区县养老院、老年专科医院等设施，在街道一级配备街道级院、老年诊所、老年大学、老年活动中心等场所，在社区一级配备老年食堂、老年活动站等，在家庭一级进行住房适老化改造。

二是通过提高劳动参与率和生产率，缓解老龄化带来的劳动力短缺压力。广开就业渠道，提高劳动年龄人口的就业率；加强职业技能培训，不断提高劳动者的生产效率；适当延迟退休年龄，鼓励低龄老年人继续参加工作，充分利用老年人的技能和经验，开发老年人力资源，抓住第二次红利机遇。这对于人口外流，老龄化严重的地区尤其重要。

2. 居住空间：增总量调结构

家庭规模小型化，区域间平均家庭户规模差异较大是中国家庭发展过

程中的主要特征，针对这一特征可采取以下策略。

一是社会政策和公共服务的基本单位应从"个人"转变为"家庭"。在公共政策的制定、实施以及评估的全过程引入家庭的视角，以家庭整体作为政策对象，例如尝试以家庭户为单位的税收优惠措施，将家庭规模与结构作为公共物品价格和住房政策的制定依据之一。

二是市场和社会要积极承担家庭转移的功能。随着家庭规模的小型化，家庭功能尤其是老人供养等功能将部分由家庭转移到社会，要建立和完善适应家庭功能社会化趋势的家庭服务业，一方面加强社区养老和机构养老，满足老年人在日常生活和医疗保健等方面的需求，另一方面要通过社会化服务减轻年轻人在子女教育、家务劳动方面的负担。

三是鼓励和支持家庭承担应有的责任。例如，借鉴新加坡"一碗汤的距离"购房模式，鼓励父母与子女就近居住，以便相互照应；在税收中扣除子女教育、赡养老人的费用以减轻家庭抚育儿童和照料老人的成本；鼓励企业制定有利于职工承担家庭责任的工作制度，如特定时期的弹性工作时间，帮助个体实现工作—家庭的平衡。

3. 高素质人才的空间需求

中国人口素质结构的变化主要表现为人口素质水平不断提升，素质红利不断增加，但区域间差距较大，应对这一情形，可采取以下策略。

一是利用城镇优质教育资源，在人口快速城镇化进程中不断提升农业转移人口素质。建立农业转移人口专业和能力的终身教育培训体系；结合农业转移人口在企业、社区等的分布特点和就业时间特点，不断优化职业培训机构的布点设置，积极推行弹性学制与非全日制培训，降低培训的机会成本；在农业转移人口较为集中的行业积极引导其参与职业技能鉴定和资格认定，不断提高劳动生产率。

二是教育资源适当向人口文化素质水平较低的中部、西部地区倾斜，以缩小地区差异。在高中教育方面要适当增加优质高中数量，扩大高中教育投入，并根据生源分布不断优化布局，以应对目前教育资源总量不足、布局结构不合理的问题；在职业技术教育方面要根据中西部地区各地的产业结构发展应对市场需求的职业教育体系，建设一批具有一定规模、功能齐全、师资力量雄厚的职业技术培训基地；在高等教育方面要适当扩大西部地区的招生规模，并积极鼓励西部生源的毕业生返乡就业创业。

（三）人口空间分布与城镇化空间布局调整优化

1. 城市群与都市圈：核心与边缘的差异化策略

当前中国主要城市群人口都呈现向中心特大城市集聚趋势，北京、上海、广州、深圳等核心城市的人口集聚效应显著，各城市近郊区人口增速也较快，遵循城镇化发展的普遍规律。建议如下：第一，需合理评估当前城镇土地人口承载力，并增加供给足够的城镇建设用地，完善大城市近郊区的大众交通系统，增强交通出行可达性，有效连接中心城区，优化城镇空间布局。第二，主要城市群的外围郊县均有不同程度的人口负增长趋势，针对人口流失的郊县地区，控制建设用地的增长，重在盘活存量土地资源，增加公共服务的供给，吸引人口。

2. 收缩城市：分类应对

收缩城市是一种自然的、普遍发生的城市现象。从国际经验来看，接受城市收缩的事实，将城市的发展方向确定为可持续的、受控制的收缩，将是一个漫长而艰难的过程。现有土地财政模式难以为继，增长主义的终结已成必然，涉及规划方法、思想观念、政策制度等方面的大变革。为此，迫切需要尽快明晰规划范式转变的趋势和方向，寻求问题解决办法，以尽快顺利完成这一转变。国际经验表明，应以积极的态度看待收缩城市规划，应将规划范式从增长到收缩的转变作为推动中国城市规划由物质形态规划、追求经济发展向以人为本的规划、追求生活质量方面转型的动力。理性地具体分析城市是否可以避免人口收缩，从观念上转变，勇敢地面对城市收缩这一问题。

针对不同类型的收缩城市存在的问题，应采取相应的应对策略。应对城市收缩既需要政府的支持，又需要公众的参与，以重新获得发展动力。

表4-19　　　　　　　　　　**收缩城市存在问题及其应对策略**

收缩类型	存在问题	应对策略
结构性危机收缩	产业危机	加快传统产业用地腾退与再利用，顺应人口减少的趋势提升就业人口质量，加强科技创新能力建设，发展和培育新兴产业

收缩类型	存在问题	应对策略
大都市周边收缩	吸引力不足	探索和建立新的区域合作机制，加强都市圈内部协作，利用新兴产业和城市境的改善来充分吸引人口
欠发达以及边境城市收缩	经济落后	加强对外开放以引进资金和技术，依靠本地优势发展特色产业

　　资料来源：笔者整理。

3. 边境地区：确立总体原则，协调三类空间

　　边境地区自然本底条件复杂且具有战略意义，城镇空间、农业空间和生态空间交错分布，应分类指导，针对不同类型国土空间分类施策，促进边境地区城镇化空间调整优化：第一，边境地区城镇化发展应以维护边境地区国防安全和社会安定为总体原则，以保障国家安全空间为基础，处理好边境稳定与经济发展的关系。第二，边境城镇空间集中化发展。边境地区人口不宜过快发展和普遍增长。应因地制宜，引导人口向口岸城镇等具有重要战略地位的地区集聚。第三，尊重少数民族生活习惯，引导人口适度向城镇集聚。边境地区少数民族人口占比较高。陆地边境县总人口中少数民族人口接近一半。应尊重少数民族固有生产生活方式，在此基础上适当引导边境人口向城镇地区集聚。

　　中国边境线广阔，不同边境地区的自然资源禀赋和社会经济发展条件存在明显差异。为保障边境安全，促进区域协调发展，应结合"一带一路"建设，因地制宜制定差异化的陆路边境地区人口发展策略：①东北边境：人口流失趋势难以逆转。东北边境地区是中国重要的粮食主产区，肩负保障农业安全的任务。应引导人口就近向城镇地区转移，以农业生产和家庭生活异地化进一步推动农业生产集中化。②内蒙古边境：强化生态安全。内蒙古边境地区人口发展状况良好，但生态环境脆弱，又是京津冀地区的生态屏障。除部分边境口岸城市外，人口不宜过度集聚。③新疆、西藏边境：以国防安全和社会稳定为首要任务。新疆、西藏边境自然条件恶劣，国家安全形势严峻，应结合国家军民融合战略维护社会稳定，人口发展与国防任务相适应。④云南、广西边境：提升对外开放水平。云南、广西边境紧邻东南亚地区，发展前景广阔。应以"一带一路"倡议为契机，

助推铁路、公路和水路等基础设施建设，充分利用政策优势推动边境贸易发展，并实现人口和产业同步发展。

（四）流动人口新趋势与城镇化空间布局调整优化

中国流动人口呈现年龄增长、家庭化迁移、集中分布、居留意愿强但落户意愿弱等新特征和新趋势，应针对流动人口新需求提出城镇化空间调整优化建议：第一，探索流动人口保障性住房的空间措施。城市住房仍是当前中国流动人口面临的主要困难。推动城中村改造并建设保障性住房，探索集体土地开发利用新模式，推动高品质社区建设。第二，以空间规划引导流动人口合理分布。流动人口持续向沿海城市群地区集聚的态势仍在持续，内陆中心城市和城市群成为新的流动人口集聚中心。相关城市和区域的空间规划应充分考虑流动人口的需求。第三，以公共服务均等化促进流动人口市民化。流动人口诉求逐渐多元化，城市公共服务是流动人口的主要落户原因。提升流动人口配套公共服务水平，包括养老、医疗、子女教育和流动人口教育培训等，促进社会公平。

第五章

交通运输对城镇化空间调整优化的影响研究

　　交通运输与城镇化空间结构之间存在着紧密复杂的互馈关系，通道和发展轴已成为各国和地区空间结构优化的重要工具。"十三五"以来，中国综合交通运输网络对城镇化格局发挥了重要的支撑和引导作用，高铁网络发展推动了中部核心城市的人口流入和新兴产业崛起，城市群与机场群形成了相互融合的发展态势，以高铁新城和航空城为代表的交通导向型经济快速发展。但其中问题也应引起关注，轨道交通发展模式单一难以适应城市群多样化的运输需求，快速交通大通道对城市空间的切割等负外部性逐渐显现。"十四五"时期交通运输网形态和新型城镇化格局之间的互馈关系更为密切复杂，点对点运输流的加强将推动城市体系的扁平化，高铁网的拓展对不同类型城市的影响将产生明显分化，城市群都市圈轨道交通四网合一进程将明显加快，交通导向型经济的质量稳步提升，内外通道走廊引领对外开放格局将重塑城镇体系。建议从支撑服务国家战略和开放格局、推动城市群都市圈网络衔接、城市交通与土地一体化等方面安排重点任务，明确对策思路。

交通网络的优化以及交通效率的提升，是城镇化顺利推进的基本保障和基础性支撑。从空间分布的角度看，城镇化实际上就是人口和产业的空间聚集，而人和物的空间位移离不开交通。新型城镇化时代的交通发展新形势要求更加重视交通发展与空间结构的互馈关系。

一　交通发展与城镇化的一般性机理：
理论视角和经验规律

交通运输与城镇化空间结构之间的关系是互馈的。一方面，交通基础设施改善能有效促进人口和产业的集聚，另一方面，城镇化空间结构是交通运输的起点基础，通道和发展轴已成为各国和地区空间结构优化的重要工具。

（一）交通基础设施改善会有效促进人口和产业的集聚

在不同历史时期，交通基础设施是从总体上优化城镇化空间布局和城镇规模结构的基本骨架，也是推动区域协调发展和城市群崛起的全面支撑[1]。中古时期，英国水陆交通网基本形成，运输效率明显提高，推动了商业化和城镇化进程。工业化时期，英国水陆交通的一体化和革命性变化极大地促进了工业化的普及和西北部制造业城镇的崛起，港口和陆路枢纽城镇的重要性凸显，休闲城镇应运而生[2]。20世纪70年代后美国南部地区逐渐建成的高速公路网为南部工业区的崛起提供了良好的基础设施保障。近年来，美国在建造新的机场的时候，对机场建设和周边地区开发进行通盘规划，由此而形成的都市化区域起点高、整体性强。这是交通运输促进经济发展的第五次浪潮过程中出现的新的城镇化模式，是大都市区多中心化过程中的新增长极[3]。

由于持续20多年的大规模交通设施投资以及长期以来的对外开放，中国的城市之间以及国内外城市之间的互联互通更加紧密，为实现高效的

---

[1]　李善同、王菲：《我国交通基础设施建设对城市化的影响及政策建议》，《重庆理工大学学报》（社会科学）2017年第4期。

[2]　沈琦：《英国城镇化中的交通因素》，《经济社会史评论》2007年第2期。

[3]　王旭：《空港都市区：美国城市化的新模式》，《浙江学刊》2005年第5期。

城镇化、发挥集聚效应和专业化优势以及促进生产率提高和经济增长奠定了坚实的基础。

(二) 城镇化空间结构是交通运输的起点基础

城市和城镇化区域的结构决定了交通系统。人口的地理分布特征对运输政策和交通体系有着重要含义，城市和区域随着人口密度的提高而进一步建立完善公共交通。城市群和都市圈的兴起，对交通规划的方法和综合交通网的形态都产生了重要影响。

分析欧美的空间结构，可以发现几方面重要的差异①。第一，即使把阿拉斯加州排除，美国的面积还要高于欧盟25国。第二，美国人口仅达到欧盟25国的35%，后者的人口密度比美国高出3倍。在这些方面，欧盟25国和美国差别很大。过去欧盟蓝香蕉地带，从伦敦开始、经荷比卢国家和莱茵河流域到意大利北部的米兰，被认为是欧盟人口最稠密和最重要的经济区。这一概念目前发展成了"20—40—50五边形"，用以描述覆盖伦敦、汉堡、慕尼黑、米兰与巴黎围成的五边形空间结构，在欧盟15国中，其面积为20%，人口为40%，GDP为50%。2004年随着10个新成员的加入，该比例本应有所下降，但是就GDP在25国中的份额依然保持在50%的水平上。要注意的是，这里的"20—40—50五边形"区域坐落在欧盟25国的中心，5个角点城市之间的距离1000—1200公里。

与欧洲的经济集聚程度较高的情况相反，美国在空间上表现为四个经济中心。这四个经济中心位于国家的外围边缘（不包括阿拉斯加州），西海岸以洛杉矶为中心、西雅图—波特兰为副中心，大湖南部地区以芝加哥为中心，南部的经济中心主要由德克萨斯城市群形成（如休斯敦、达拉斯、圣安东尼奥）。只有纽约至芝加哥的距离（约1200公里）接近于欧盟五边形角点城际距离。四个经济中心内，其他城市之间的相互距离或者两倍（如洛杉矶—芝加哥，洛杉矶—西雅图），或者三倍（洛杉矶—休斯敦，洛杉矶—芝加哥），甚至达四倍（纽约—洛杉矶4500公里）。

---

① Schade, W., Doll, C., Crespo, F., *Transport Policy in the EU and the US. Annex 8 to Final Report of COMPETE Analysis of the Contribution of Transport Policies to the Competitiveness of the EU Economy and Comparison with the United States*, Funded by European Commission – DG TREN, Karlsruhe, Germany, 2006.

空间结构差异的第一个影响在于，由于美国人口和经济中心之间的距离远高于欧盟，使得前者的运输周转量远高于后者。当然，在欧洲也存在长距离运输（如里斯本至赫尔辛基的距离约4000公里），但流量很低。就里斯本来说，外围地区出现的大规模运量，要么被五边形城市所吸引，要么被其他诸如马德里这样的区域中心所吸引。第二个影响在于，在一定程度上，美国的航空运输之于旅客出行、铁路之于货物比欧盟的地位更重要，因为总体上这些运输方式更适于长距离运输。

（三）通道和发展轴成为空间结构优化的重要工具

长期以来，通过对城市结构发展演变的研究，人们认识到交通基础设施对于城市和区域空间发展的影响是巨大的，同时又是可以通过规划进行控制的。利用通道概念进行规划的主要目标是为了解决城市无序扩展的问题，通过交通系统对城市和城市地区的空间结构进行重组，为经济活动和人口的集聚与扩散找到既有经济效率、又能保护生态环境的空间形式，并通过空间规划对通道跨越的各个城镇的发展进行协调①。

在人口和城镇化密集地区，城市群中主导交通模式直接关联到土地资源对空间活动的承载能力，是确定相关资源配置的重要影响因素。城市群中骨干交通网络形态，直接关联到国土使用的功能因素布局，是确定相关城市、产业园区的功能定位和发展规模的重要依据。城市群的机场、港口和铁路枢站场等重要交通枢纽，对于相关的空间功能结构甚至产生决定性的作用。因此，综合交通网络作为一种空间治理的重要政策工具，除了要适应城市群多样化交通需求的特点，更重要的是通过空间联通作用来促进空间关系结构向健康、可持续的方向演化。

长三角一体化进程集中体现了通过综合交通网的规划推进交通运输发展与城镇体系空间结构优化之间的互馈机制。在城际交通需求快速增长的背景下，长三角城市群交通系统也进入一体化发展阶段，区域交通通道逐渐呈现网络化、复合化发展趋势。传统"之"字形通道（宁沪杭甬）依然是长三角发展的主轴，但次级中心间的直接联系通道也在快速发展。新兴

---

① 赵亮：《欧洲空间规划中的"走廊"概念及相关研究》，《国际城市规划》2006年第1期。

通道的崛起将在很大程度上缓解和突破传统"之"字形通道的运能限制①。在一系列规划的引导下，长三角地区的交通先后经历了以高速公路为主的互通提速、以轨道交通为主的多式复合和目前的网络化叠加三个不同阶段。综合交通网的完善大大增强了长三角地区不同规模、不同等级城市之间的交流联系。

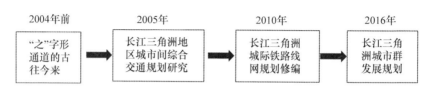

图 5 - 1　长三角交通一体化进程

资料来源：笔者自绘。

二　"十三五"城镇化视角下中国交通发展的特征分析

（一）综合交通运输网络对城镇化格局发挥了重要的支撑和引导作用

重要交通基础设施建设不仅是国土空间开发的重要内容，也是空间格局和空间结构形成的重要载体和基础。新中国成立 70 多年，特别是党的十八大以来，中国基础设施快速发展，综合交通运输网络在规模、结构和广度上均实现了显著提升：一是网络规模持续扩大。基本形成以"五纵五横"综合运输大通道为主骨架的综合交通网，截至 2019 年年底，全国铁路营业里程 13.9 万公里，其中高铁超过 3.5 万公里，位居世界第一。公路里程 501.3 万公里，其中高速公路 15 万公里，跃居世界第一。二是网络结构日趋优化。高铁动车组比重持续提升，中国基本形成以"四纵四横"为主骨架的高铁网络。"首都连接省会、省会彼此相通，连接主要地市、覆盖重要县市"的国家高速公路网络已经建成。三是覆盖广度不断提升。中国高速铁路、高速公路基本实现了"县县通"，截至 2019 年年底，中国共有定期航班航线 5521 条，国内航线 4568 条，其中港澳台航线 111

① 蔡润林、张聪：《长三角城市群交通发展新趋势与路径导向》，《城市交通》2017 年第 4 期。

条，国际航线 953 条①。

综合运输通道主骨架的形成和综合交通网的不断完善，强化了对全国性经济要素流动的组织和运输能力，发挥了交通运输对优化城镇布局、承接跨区域产业转移的先导作用，推动了中国国土空间开发轴线的形成。经济要素向重要开发轴线不断聚集，沿线城市和产业集中发展，对全国产业和人口的空间组织和引导作用不断加强。据课题组测算，2010—2018 年，"两横三纵"轴带的 GDP 和人口同全国之比分别提高了 2.36 和 1.00 个百分点，显示出综合运输大通道在中国城镇化格局中的支撑作用。

交通基础设施的快速发展扩大了核心区域辐射范围，高铁的成网运营带动了都市圈的快速发展和城市间的互相融合，北京、天津、上海等大城市间实现 1000 公里内 5 小时到达，2000 公里内 8 小时到达，缩短了时空距离，降低全社会物流成本，带动了上下游产业协同发展，提升了城市产业和空间的组织效率，加快产业结构升级和优化调整。

在综合交通网的演进中，城市群、都市圈地区和区域中心城市成为发展廊道交汇点的重要支撑，逐渐成为中国城镇化的主体形态。目前，城市群地区（含城市群以外的都市圈）以 20% 左右的国土面积，集聚了全国 85% 的城镇人口、贡献了全国 87% 的 GDP。随着城市群规模的集聚和功能的提升，未来城市群将会成为中国参加国际竞争的重要发展空间载体。城市群都市圈的壮大也带动了区域型中心城市的发展。以贵州省为例，黔中城市群将成为全省城镇化和工业化发展的重点地区。贵州、遵义等区域性中心城市由计划发展阶段向点轴开发模式转变。多个点轴的交织构成网络，最终形成分工明确、协调发展的网络开发模式。

（二）高铁网络发展推动了中部核心城市的人口流入和新兴产业崛起

过去几年，中国中高端制造业（半导体、通信设备、电子元件）向地理纵深发展，不同程度地出现了从沿海向中部区域的核心城市迁移的特征。这与中国以高铁为代表的综合交通运输网空间结构的不断优化息息相关。

---

① 中华人民共和国新闻办公室：《中国交通的可持续发展》白皮书，http：//www.scio.gov.cn/zfbps/32832/Document/1695297/1695297.htm。

在中国高铁规划和高铁建设之前，全国的城市是按照行政级别来决定的，因此即便上海、天津等城市的位于沿海，他们的中心城市地位也是突出的。随着高铁规划和高铁建设的展开，越靠近中国中央和腹地的城市，就越可能成为高铁枢纽中心城市。交通基础设施的完善促进了中部核心城市崛起，形成以新兴制造为核心的产业链基础，比如郑州的富士康系，武汉的光谷系，合肥的中科系，西安、成都、贵阳的半导体、电子、光电产业等。交通对郑州、西安等城市发展的促进作用已引起关注，事实上，合肥是近年来高铁推动城市产业和人口集聚的更为典型城市。

在普铁时代，由于安徽交通区位的劣势，几乎所有的干线铁路，都从安徽的外围切过，省内的主要干线都绕过省会合肥，如京沪铁路只经过宿州、蚌埠，京九铁路只经过亳州、阜阳，而忽略了省会合肥。随着高铁时代的到来，合肥的交通区位和城镇化空间结构有了重大改观。在"四纵四横"的时代，合肥只接入了沪汉蓉高铁，进入"八纵八横"时代，以合肥为中心的时钟型高铁网络初步成型并沿 12 个方向放射。除了沪汉蓉，合肥还接入了京深高铁、合福高铁、合杭高铁、合郑高铁、合蚌连高铁以及合六城际、合淮蚌城际、合宁城际、合芜城际、合安城际等城际铁路。

枢纽方面，合肥市除了现有的高铁南站之外，还有规划的合肥城际站。合肥城际站位于合肥高铁南站南侧、徽州大道以东、繁华大道以南的范围。建成后将成为 3 条城际和 5 条快速线汇聚的综合交通络。根据国家中长期铁路规划，整个高铁片区将形成 7 条高铁、3 条城际、5 条快速线汇聚的综合交通络。整个工程完成后，合肥市域将形成"一横两纵四射"的米字型高速铁路总体布局，合肥高铁南站片区也将由单一的途经站演变为多条高速铁路和城际铁路汇集的全国性铁路枢纽。

（三）轨道交通发展模式单一难以适应城市群多样化的运输需求

新型城镇化引发的城市体系分化，使得干线铁路（大铁）和城市轨道交通（地铁）的传统轨道交通类型难以满足城市群都市圈多样化的运输需求。

从中国的情况看，目前专门从事旅客运输的轨道交通系统有高速铁路、城际铁路、市域（郊）铁路、地铁（轻轨）四种。这四种轨道交通方式在社会化运输过程中，按照各自的技术经济特征和比较优势共同构成一个有机整体，是中国城镇化发展的重要交通基础。目前，北京30公里半径圈层的通勤系统基本形成。城市轨道交通1091.6公里，全部采用单一地铁模式，服务于半径30—70公里通勤区域快线较为薄弱。已开通的3条市郊铁路客流量较少，尚未发挥大容量通勤作用。在长三角城市群中，铁路所承担的客流与城市群空间关系的适配性并不好。目前铁路所承担的客流只是城市群空间流动的局部通道，并没有形成整个城市群空间关系的骨架。

干线高速铁路、干线普通铁路、城际铁路、市域（郊）铁路、城市轨道交通在城市群内部难以整合的原因不仅在于技术标准、制式等，还有很多深层次的体制根源。长期以来，中国铁路网主要承担国家铁路运输功能，与城市相对独立发展，大铁沿线直接客流需求不高，无法满足城市通勤需求。

（四）城市群与机场群形成了相互融合的发展态势

机场群就是特定的城市群区域范围内所有民用运输机场的集合，机场群中各个体机场共同服务于区域内共同的航空运输需求。世界上大多城市群都拥有规模庞大、体系完整的机场群。通常核心城市航空门户枢纽功能突出，拥有2—3个大型机场；一般城市拥有支线机场和特色专业性机场，如货运机场。两者相互配合，形成紧密的分工关系[1]。

2011年国务院出台的《全国主体功能区规划》（国发〔2010〕46号）中提出了21个城镇化地区，"十三五"规划又进一步提出了"19+2"城市群格局。与城市群发展相对应，民航机场也参照形成了相应的格局。根据统计，2018年城市群地区的机场吞吐量占全国机场吞吐量的94.1%，其中环渤海、长三角和珠三角三大主体功能区占全国机场吞吐量的50.4%（见表5-1）。随着城镇化的推进和区域经济格局变动，城市群内涵和外延也发生了变化，其中长三角城市群扩展为江苏、浙江、安徽和上海市三省一市；京津冀涵盖河北省、北京市和天津市；成渝城市群发展为四川省

---

[1] 范渊、姜欣辰：《加州世界级机场群空间规划布局模式研究》，《国际城市规划》2021年第3期。

和重庆市。

　　建设与城市群相适应的机场群建设，将大幅提高区域机场群体系的整体容量，强化枢纽机场核心地位和国际功能，对中小机场发挥带动作用，将有力支撑新型城镇化建设和经济社会发展。一方面，满足全球化发展战略的要求，机场群建设要充分发挥城市群对外开放的职能，尤其对于内陆型城市群，机场群将成为内陆城市群开放的主要途径，为城市群对外经济贸易和国际政治交往服务。机场群通过拓展国际航线、充分利用全球化的市场和资源，将为城市群开拓更广阔的发展空间，创造更有力的发展条件，提供更强大的发展动力；另一方面，机场群建设通过发展以机场为核心的枢纽经济，将进一步优化城市空间布局，推进产城融合，为城市社会经济发展增添新的动力。

表 5-1　　　　　　　　　　城市群机场吞吐量　　　　　　　　　单位：万人

区域	城市群	1990 年	2000 年	2005 年	2010 年	2018 年
环渤海地区	京津冀	496.1	2314.3	4370.3	8643.2	13460.8
	辽中南	110.2	524.3	1002.6	1956.5	3582.2
	山东半岛	41.6	442.7	1057.4	2231.5	4154.2
	合计	647.9	3281.3	6430.3	12831.2	21197.2
长三角地区	长三角	529.9	2453.5	5912.2	11043.2	19884.9
珠三角地区	珠三角	604.5	1979.7	4049.8	6962.7	12206.3
冀中南地区	冀中南	0	36.1	45.6	285.0	1026.7
太原城市群	太原	12.8	46.1	224.0	525.3	1240.1
呼包鄂榆地区	呼包鄂榆	12.4	53.3	154.0	671.7	1848.4
哈长地区	哈大齐	41.1	159.5	328.8	774.6	1983.4
	牡绥	0.6	7.6	13.3	28.9	78.5
	长吉图	29.6	135.8	246.2	579.6	1370.2
	合计	71.3	302.9	588.3	1383.1	3432.1
东陇海地区	东陇海	2.0	16.8	35.1	131.2	471.7
江淮地区	江淮	17.3	63.9	151.8	389.3	1008.1
海峡西岸经济区	海峡西岸	253.6	873.2	1478.1	2873.5	5643.2

区域	城市群	1990 年	2000 年	2005 年	2010 年	2018 年
中原经济区	中原	20.7	157.1	316.4	918.4	2487.2
长江中游地区	武汉都市圈	56.3	175.7	474.4	1164.7	2312.9
	环鄱阳湖	15.6	81.5	239.0	513.8	1222.0
	长株潭	27.5	203.5	530.1	1262.1	2376.5
	合计	99.5	460.6	1243.5	2940.7	5911.4
北部湾地区	北部湾	90.8	653.7	1250.6	2487.9	5969.2
成渝地区	成渝	190.6	835.0	2060.5	4185.3	8946.2
黔中地区	黔中都市圈	21.1	138.9	313.4	627.2	1905.8
滇中地区	滇中	62.0	560.4	1181.9	2019.2	4472.8
藏中南地区	藏中南	18.8	49.0	85.8	129.6	378.3
关中—天水地区	关中—天水	101.7	389.0	798.3	1802.9	4245.0
兰州—西宁地区	兰州—西宁	23.8	88.0	197.7	526.8	1844.4
宁夏沿黄经济区	沿黄	3.5	28.1	87.6	300.7	809.6
天山北坡地区	天山北坡	48.0	160.3	443.8	929.1	2208.7

资料来源：根据相关资料整理。

（五）以高铁新城和航空城为代表的交通导向型经济快速发展

与综合交通网快速发展相对应的是，中国高铁经济、航空经济等交通导向型经济发展也呈现欣欣向荣之态，高铁新城和航空城正在成为许多城市发展的新动力。

随着中国高速铁路快速发展，沿线地区人民群众出行服务水平得到显著提升。依托高铁车站推进周边区域开发建设，有利于城市空间有效拓展和内部结构整合优化，有利于调整完善产业布局，促进交通、产业、城镇融合发展。近年来，一些地方依托高铁建设的有利条件，积极探索推进高铁车站周边区域开发建设，取得了一定发展成效，有的高铁车站周边区域已经成为城市最具人气和活力、发展最快的地区。据统计，目前全国呈现或在建中的高铁新城有近百座。

航空城是一种新兴的城镇化发展模式，通常泛指机场及周边地区具有城市功能和性质的建成区。在城市多中心化和郊区化的推动下，机场地区普遍具有发展成为航空城的潜力。尤其是在机场下放地方的属地化改革以后，许多机场所在的市、县、区各级地方政府都将机场经济作为当地新的经济增长点进行重点培育，并积极推动航空城的规划建设。目前中国已有30多个城市提出将其所辖的机场地区发展成为航空城的规划建设目标，其中，北京首都机场、天津滨海机场、重庆江北机场等大型机场的航空城建设初具规模。

（六）快速交通大通道对城市空间切割等负外部性逐渐显现

快速交通设施是现代大都市重要的基础设施。但在带来交通便利的同时，它们也破坏了城市景观和尺度，割裂了城市，造成城市空间和功能的破碎化，带来大量的环境、经济和社会问题。

近年来，许多城市围绕重要的运输通道布局产业、发展地方经济。发展通道经济，核心是在利用好长距离过境通道优势的同时，规避通道对城市发展和生态环境的不良影响。但是地方发展通道经济如果规划不当，也会因为加重拥堵而形成局部的瓶颈从而影响到大通道的畅通[1]。目前中国许多城市外围大通道都面临着外移改线的任务。随着城市副中心的发展建设，首都大外环北京段沿线人口密度越来越大，考虑到大货车污染排放问题，最初规划的货运通道功能已经不再适合。为此，京津冀三地交通部门已经制定新方案，计划将大外环的货运通道绕出北京。此外，荣乌高速横贯雄安新区，对城市的空间限制和影响非常突出，北移改线已列入国家规划。荣乌高速改线后，现有路段的使用功能将向城市快速路转变，加之现状交通压力巨大，技术标准较低，改线扩容势在必行。

铁路的天然割裂使城市结构缺乏整体性，铁路两侧城市空间联系不足。以陕西榆林市为例。根据第四版《榆林城市总体规划（2006—2020年）》，榆林市区整体发展方向是向西跨过铁路发展。由于铁路的阻隔，榆林横山西南新区在多年的发展中并不尽如人意，横山西南新区与榆林市区的连接并不十分通畅。尽管近年来横山县西南新区新建了大量的道路等基础设施，并引进了一批房地产项目，但看似仅有一条铁路之隔的西南新区住宅在价格、出售率和入住率等方面都远不如铁路东侧的榆林高新区房产项目。由于铁路经过人口稠密区，住在铁路两侧的市民被火车的噪音扰得

---

① 赵亮：《欧洲空间规划中的"走廊"概念及相关研究》，《国际城市规划》2006 年第 1 期。

不堪其烦，都盼着铁路早日迁建。

（七）交通建设的过度超前和债务风险折射出城镇化的质量问题

截至 2020 年年底，全国地方政府债务余额为 25.66 万亿元，其中尚不包括地方政府融资平台、PPP 模式和政府性基金等隐性债务。

总体上，城镇化会带动交通基础设施建设投资需求。但这建立在城市人口密度和产业规模不断上升的基础上。中国仍处于初级发展阶段，人口在从乡村到城市、从中小城市向城市群都市圈的转移过程中，中西部地区同样出现了很多人口收缩城市。这些城市的财政实力较弱，主要靠国家及上级部门转移支付进行城市建设，规划人口规模过大导致提供的交通基础设施及其他公共服务设施超过实际需求，虽然服务水平有了提升，但却偏离了效率原则，与中国发展阶段并不适应。

人口密度是运输方式选择的重要因素。很多三四线城市的轨道交通发展脱离了人口密度和经济水平。中国城市对于地铁的空前热情，带来了地铁里程的迅速增长，但缺乏科学规划的高速建设并不一定能带来便捷的交通。地铁本只是城市交通的一种解决方案，而不是大包大揽的万能药。中国不少城市把造价高昂的地铁当作普通的公交线路，盲目地向低客流量的市郊延伸。城市规划把本应由市郊铁路、城际铁路网承担的功能划归到城市轨道交通线网，造成了功能定位矛盾、线路重叠。

高铁车站周边开发建设不同程度地存在初期规模过大、功能定位偏高、发展模式较单一、综合配套不完善等问题，对人口和产业吸引力不够。不少航空城出现发展乏力、特色缺失及规划失控等诸多问题，其宏大的规划目标往往与实际发展情况存在较大差距。

三　"十四五"交通发展对新型城镇化布局的影响趋势

（一）交通运输网形态和新型城镇化格局之间的互馈关系更为密切复杂

"十四五"乃至更长时期，中国交通运输的发展与新型城镇化相互之间的关系将更为密切复杂。

一方面，综合交通网的完善，使得交通对新型城镇化的支撑引领作用不断增强。从"两横三纵"发展轴为代表的城镇化战略格局看，综合运输通道布局作为基础性前提条件，与城镇化战略格局相辅相成，与城镇化发展成为有机的整体。其中大江大河、综合立体交通走廊是推动区域协调发展和城市群崛起的全面支撑。随着交通设施和运输服务的改善，西部陆海新通道的人口和产业集聚进程将明显加快，从而使该通道从贸易运输通道拓展成为城镇化轴带和产业走廊。很多内陆省份围绕"县县通高速"，推进高速公路加密建设和城际铁路建设，加强各市（州）的交通联系，打造省会城市半小时经济圈、都市圈1小时经济圈和省会城市为中心辐射各地市的2小时经济圈。综合交通网的完善进一步推动了以交通为引领的城乡一体化进程。通过在主要交通经济走廊上的城镇之间产业布局、资源配置等方面的协同与互补，城乡差距不断缩小，城乡逐步实现统筹发展。

另一方面，随着城市体系的分化和城市群/都市圈的兴起，城市的边界范围越来越模糊，不同节点、不同尺度的交通关系日益复杂，长距离高速交通与短距离低速交通、区域性交通与地方性交通、客运与货运之间的矛盾日益突出。在制定规划政策时，传统对大交通与城市交通泾渭分明、客运与货运关系的认识亟须更新[①]。城市群的兴起和都市圈覆盖范围的持续扩大，也给原本不堪重负的城市交通带来更大压力。为避免交通拥堵等"大城市病"的加剧和蔓延，立足当前不足，结合未来趋势，以更加系统和长远的眼光推动大城市交通可持续发展，将成为依托大城市培育发展现代化都市圈的基础和关键。

（二）点对点运输流的加强将推动城市体系的扁平化

长期以来，中国运输业形成了"枢纽中心化＋轮辐式辐射"的运输组织模式，即以实体枢纽、园区或网络平台为中心，集聚客流或货源，经过中转换乘或换装增值后，以轮轴式辐射的方式实现旅客或货物"门到门""桌到桌"的位移服务。未来随着用户驱动生产（C2B）时代的来临，以及区块链技术的快速发展，互联网企业将使运输组织活动变得更加扁平化、柔性化和智慧化，"去中心化"将逐渐成为新的趋势，运输组织活动

---

① 李玉涛：《新型城镇化时代的交通发展变化和策略调整》，《综合运输参考资料》2020年第22期。

将依托先进技术手段在实体和虚拟网链中实现客货流的高效流动，精准、及时和动态响应各种多样化、个性化的运输需求。与此同时，各运输环节、运输主体之间协同联动，运输组织过程最终形成一个完整的有机整体。

运输组织的变化对城市体系产生着重要影响。城市体系中，传统的等级位势概念将会逐渐弱化，交通运输的发展将使得不同等级城市之间的直接交流频率大大提升，城市群内部的纵向规模等级结构逐步被一种横向的关联层级结构所替代[①]。

（三）　高铁网的拓展对不同类型城市的影响将产生明显分化

从 2008 年的京津城际到如今的"公交化"密集运营，仅 10 年时间，中国高铁从无到有，再到如今逐渐形成全面覆盖中西部地区的"八纵八横"高铁网络。2020 年年底，中国高速铁路运营里程达 3.79 万公里，相当于在"十三五"时期翻了近一番。高铁网对 50 万人口以上城市的覆盖率达 86%。

伴随高铁巨大人流带来的强大购物、餐饮、休闲、商品和服务消费能力，高铁枢纽站区将有望成为以商贸服务业为主体的新的增长极，城市配套设施将逐步完善。这对于拉大城市框架具有重要意义。高铁时代在带来发展机遇的同时，负面效应和挑战也不容小觑，潜在的虹吸效应、遮阴效应与屏障效应也对城市发展提出了新的挑战。高铁使城市间轴向联系更加明显，高铁沿线城市具有相对较高的对外联系和城市对间经济联系强度，城市间相互作用使"廊道效应"更加凸显。高铁影响下的城市等级结构及其变化均呈现明显的东中西差异和廊道效应，即高铁高等级网络节点将成为区域格局中的中心城市或次级中心城市，而对非站点城市生产性服务业密集程度未产生明显影响。由此，高铁的"廊道效应"使廊道沿线城市受益远高于无高铁城市，中心城市的极化作用进一步加强，加剧了区域发展的不均衡[②]。

---

① 李涛等：《城市网络研究的理论、方法与实践》，《城市规划学刊》2017 年第 6 期。
② 徐银凤、汪德根：《中国城市空间结构的高铁效应研究进展与展望》，《地理科学进展》2018 年第 9 期。

专栏 6-1 高铁的选线与城市的兴衰

高铁时代,处于行政中心的城市接入了更多的线路通道,从而大大巩固了综合交通枢纽的地位。相反,原来一些交通区位重要的非行政中心城市,在高铁时代的枢纽地位则大大下降。比较典型的是长沙相对于株洲,南昌相对于向塘,南宁相对于柳州。

根据"八纵八横"规划,经过长沙的干线分别是京广线、沪昆线以及最新规划的厦渝线。在普铁时代,因为株洲的分流,长沙的铁路枢纽地位低于武汉、郑州等省会城市。进入高铁时代后,湖南集全省之力打造长沙,实现了交通地位的大提升。通过"八纵八横",长沙之北可直达北京,之东可直达上海,之南可直达广深,之西可达昆明,实现了与武汉的同等地位,而且通过厦渝线,长沙还能直达厦门与成渝,整体的通达性大大提升。

南昌的情况与长沙有些相似,在普铁时代,长沙被株洲分流,南昌则被向塘分流。进入高铁时代后,沪昆通道不再经过向塘与株洲,改走南昌与长沙,直接提升了南昌与长沙的地位。通过"八纵八横",南昌已经成为沪昆与京九的交汇枢纽,而且还有一条支线连通福州。

向塘是南昌县下属的一个镇。在普铁时代,它是京九线与沪昆线的交汇,地理位置十分重要。进入高铁时代后,向塘的命运和株洲有点像,沪昆高铁不走向塘改走南昌,向塘的枢纽地位也是一落千丈。

(四) 城市群都市圈轨道交通"四网合一"进程加快

城市群都市圈是各类社会经济活动最集中地区,客货运输需求密度高、规模大、层次多,组织复杂。目前城际、城市交通与区际交通布局混乱、功能交织,衔接不畅。跨区域交通干线交通能力与效率提升的增量,在很大程度上受到城市群内部交通不畅的负面冲抵[①]。随着城市群成为中国城镇化的主体形态和 1 小时都市圈的兴起,土地资源和环境问题会更加突出,优化空间结构和交通模式显得更为紧迫。为了解决既有市郊铁路与实际需求不匹配问题,上海等城市积极探索利用既有铁路开行中心区联系

---

① 樊一江:《加快补齐沿江城市群交通短板更好支撑引领长江经济带高质量发展》,《综合运输参考资料》2019 年第 10 期。

卫星城的市域（郊）列车，佛山等城市以"TOD"开发为导向，实施了轨道沿线 TOD、车辆段上盖 TOD、高铁站城融合 TOD 等开发模式。

可以预见，"十四五"乃至更长远的未来，多层次、多模式的轨道交通系统在城市人口集聚、规模扩大的过程中发挥更为重要的作用，依托于一体化的轨道枢纽打造的城市副中心在整个城市或都市圈的发展中具有良好的适应性，而灵活的运营模式能够保证在满足不同层面乘客需求的同时，提高轨道系统的运行效率。

（五）信息技术和智慧交通对新型城镇化质量的提升作用显现

近年来，随着大数据、云计算、人工智能等信息化技术的快速进步，各类智慧交通应用不断涌现，给城市交通带来革命性的改变。"城市大脑"基于先进的大数据管理和云计算技术，实现了对城市内交通信号自动化、精细化、系统化和协同化控制，提升了城市交通系统运行效率；自动驾驶技术迅速发展，有望从根本上减少由于人类驾驶所导致的城市交通运行的不确定性，从而提高城市交通运行效率和安全性等。城市交通的智慧化，将成为信息时代技术发展的必然趋势。

随着国民经济与交通运输业务的快速增长，交通拥堵问题日益严重，ETC 技术的应用受到越来越多国家和地区相关部门的关注。但高速公路上的拥堵可以通过技术进步来缓解。省界收费站是行政区划制度的产物，对高速交通的影响不利于城市群和都市圈的发展。2019 年交通行业"取消省界收费站"引人注目，所带来的后继影响也极为深远。2019 年 5 月，国务院办公厅正式印发了《深化收费公路制度改革取消高速公路省界收费站实施方案》。2019 年 6 月，发展改革委、交通运输部会同有关部门研究制定了《加快推进高速公路电子不停车快捷收费应用服务实施方案》。

取消高速公路省界收费站和推广 ETC 后，给大家带来的最大变化就是开车行驶高速公路，能够一网通行、一路畅通、一脚油门踩到底，使得拥堵减少和出行更为顺畅。这对于那些跨越省际区划、推进 1 小时经济圈的城市群和都市圈发展有重要意义。同时，在这次撤站的操作中，交通部将技术方案定位为不仅仅拆除各省之间的主线站，还要建立一套封闭式自由流收费的模式。通过撤站机会，新的电子车牌（OBU）的安装率将从原来的 30％一次性提升到了 90％。电子车牌的安装又将推动 ETC 向城市延伸，并广泛应用于停车系统，从而对拥堵费的征收产生积极影响①。

（六）交通导向型经济的发展质量将进一步提升

交通是引导新型城镇化的重要支撑载体，交通导向型经济正在发生深刻的变革，通道走廊、枢纽门户等聚集要素资源的能力不断提升。

通道经济方面，在传统的工业走廊基础上，新的科创走廊异军突起。过去的工业走廊主要是依托高速铁路和高等级公路等交通主干线，集中力量打造优势互补、布局合理、协同配套、联动发展的产业集群，促进产业集聚和转型升级。近年来，一批以交通要道为依托的轴线区域集聚起大量创新要素形成科创走廊。具有较高关注度的是广深科创走廊、G60 科创走廊和郑开科创走廊等。从广州到深圳的以高速公路、轨道等交通要道为依托的轴线区域，实际已集聚了大量高科技企业、人才、技术、信息、资本等创新要素，初步形成了广深科技创新走廊。随着 G60 科创走廊将成为长三角一体化国家战略的一部分，长三角地区越来越多城市加入到 G60 科创走廊中来②。

枢纽经济方面，中国枢纽形态正面临代际更替的急剧变化，呈现出实体枢纽变为组织枢纽、交通枢纽变为物流枢纽、区域枢纽变为国际枢纽等新动向。近年来，随着"零换乘、无缝衔接"等理念的深入，枢纽换乘交通功能的不断优化升级。未来，枢纽会更加重视交通换乘功能和城市服务功能的整合，"以公交为导向"的 TOD 模式将引领和推进国土空间的高质量发展。

（七）内外通道走廊引领对外开放格局重塑

"一带一路"的深入推进，将会对中国的城镇空间格局产生深远的影响。国家的"沿海化"趋势将会逐渐改变，中西部的一些中心城市和边境的中心城市将会发现新的机遇，一些重要节点城市的分布也会从沿海转向

---

① 李玉涛、马德隆、乔婧：《收费技术进步与收费制度改革亟待厘清关系明确方向》，《综合运输参考资料》2019 年第 17 期。

② 王明荣：《相关城市打造"科创走廊"的主要做法及对宁波的启示》，《宁波经济》2020 年第 6 期。

内陆①。国内的"两横三纵"新型城镇化格局、"十纵十横"综合运输大通道与"一带一路"走廊的衔接将更加紧密。

一方面，原来处在城镇体系末梢或洼地的城市将获得新的发展机遇。得益于国家的开放战略，在中西部以及内陆边境地区的中心城市将会发挥更大的作用。乌鲁木齐、昆明、南宁等对外开放的新型门户城市将加快发展步伐，满洲里、珲春、二连浩特、伊宁、喀什、瑞丽等口岸城市将成为产业发展和人口集聚的新增长点。

专栏6-2　珲春发挥区位优势以开放促开发推动新型城镇化

珲春地处中俄朝三国交界处，拥有对俄、对朝公路、铁路口岸共4个，这些口岸周边分布着俄、朝10余个港口，更是直接进入日本海的唯一通道。历经40年的发展，珲春形成了以中俄珲春公路口岸、珲春铁路口岸和中朝圈河公路口岸、沙坨子公路口岸为支撑点，以口岸通关中心为全方位保障的对外通道格局，依托周边优良海港优势，珲春相继开辟了多条航线。作为中国长吉图先导区战略的桥头堡、国家"一带一路"重要节点城市和中国面向东北亚国际合作新门户的，珲春市借助地缘和区位优势，深入对接国家"一带一路"建设，积极参与"中蒙俄经济走廊"建设，以更加开放的姿态构建起全新对外开放格局。

随着珲春开发开放的不断深入，以及经济总量的持续增长，外埠人口大量涌入，珲春市人口总数呈上升趋势。到2005年，珲春市总人口增长至21.6万人。珲春市把外国人纳入社区管理，创建服务与管理新模式。截至2014年，珲春共有外资企业机构69家，常住外国人294名，在珲春购房和定居的俄罗斯人达94户，并全部被纳入珲春市公安局社区管理之中，与珲春市民享有同等待遇。截至2017年年底，珲春市户籍总人口增长至228763人。2019年年初，吉林省明确珲春市建设50万—100万人口规模的沿边开放型中等城市的发展目标。

另一方面，"一带一路"倡议提出以来，中国西部大部分地区和东盟国家共同努力推进西部陆海新通道的建设。西部陆海新通道不仅是连接

---

① 郑德高、李鹏飞：《国家战略影响下的城市发展廊道和战略节点城市的思考》，《城市建筑》2017年第4期。

"一带"和"一路"的贸易通道和运输通道，也是推进国内新型城镇化空间结构优化的发展轴。研究发现，西部陆海新通道的集聚效应已经开始显现。据统计，所涉区域 GDP 占全国的避重从 2010 年的 12.31% 上升到 2018 年的 14.10%，提高 1.79 个百分点；同期人口增长了 1015.78 万人，比陇海兰新、包昆两轴带之和还要多，显示出其引领中国西部地区的增长引擎地位。国家发展和改革委 2019 年 8 月印发的《西部陆海新通道总体规划》将指导西部地区探索一条不同于东部地区开放的模式，将以"点轴式"的经济空间布局，形成区域联动发展格局。

四　"十四五"交通推动城镇化布局优化的重点任务

提高各种运输方式的人口覆盖范围，发挥综合交通运输网络对城镇化格局的支撑和引导作用，使交通系统的布局和功能同城镇化空间格局形态相匹配。

（一）加强服务新发展格局的"双支撑"交通网络建设

一是要支撑国内大循环。在城镇化密集区之间，依托"十纵十横"综合运输大通道，有效支撑国家"两横三纵"城镇化空间布局，加密长江经济带"三大两小"（长三角、长江中游、成渝城市群三大城市群和滇中、黔中两个区域性城市群）与京津冀、粤港澳大湾区等国家战略区域的骨干通道。加快贯通长三角、成渝等对外联通的南北向路陆海通道，强化西北与华东华南、西南与东北华北地区之间的连接。

二是要支撑国际国内双循环。加强与"一带一路"六大走廊的对接。加快贯通陆海新通道，强化西北、西南与东南沿海的连接，高效连通城镇化地区以及省会城市、大中城市和重要口岸。加快国际大通道建设，协调推进与境外铁路和公路规划对接并积极参与项目建设，进一步提升口岸的门户功能。

（二）推动城市群都市圈内部交通网络有机衔接畅通

完善高速铁路通道，优化普速铁路网，建设多层次城际轨道网，完善铁路枢纽布局，促进干线高速铁路、干线普通铁路、城际铁路、市域

（郊）铁路、城市轨道交通在城市群内内部的融合发展，打造轨道上的都市圈。加强高速公路等干线公路与城市道路的有效衔接，缓解进出城市交通拥堵，促进形成干线公路、城市快速路、主次干路和支路级配合理、布局均衡的路网体系。

积极推进以资本为纽带的跨区域港口资源整合，形成分工明确、规模效应突出的机场群，加快城市群、港口群、机场群的协同发展。依托综合交通枢纽构建内外衔接顺畅的城市群综合交通体系。加强核心城市与节点城市、节点城市间以及城市中心区与周边卫星城间的同城化、通勤化联系。

（三）城市交通要突出与土地的协同发展

大力倡导步行、自行车交通和公共交通等低碳出行方式，完善公共交通主导的交通网络体系，在城市用地布局和交通资源分配上落实低碳理念，利用 TOD 策略提升城市空间容量和交通系统运行效率。鼓励采取开放式、立体化方式建设铁路、公路、机场、城市交通于一体的综合交通枢纽。强化枢纽与城市交通的衔接，为客流和物流提供一站式的全过程运输服务，实现枢纽之间的互联互通、资源共享。协调交通功能与城市功能，推进车站、机场、港口等交通枢纽地区的城市更新和功能修复。

（四）实施一批促进空间调整的重大交通项目

根据各城市群、都市圈不同特征和各自交通突出短板，加快实施一批对城镇化空间布局影响重大的交通设施项目。一是沿海高铁北段、津沈高铁、沿江高铁等。二是支持城市建设与能级相匹配的航空港。三是客货兼顾，推进一批都市圈交通设施。四是重视大数据、"互联网＋"、无人驾驶等新技术在交通领域的应用，提升城市交通承载能力和运行效率，更好满足现代城市群同城化、都市圈通勤化需要。

五　政策建议

（一）明确城镇化与交通发展关系的定位

对于交通基础设施，既要重视运量和交通流，又要充分利用其在源头上优化空间关系和组织结构的功能，在城镇化与交通运输之间建立良性的双向互馈机制。通过交通系统对城镇化的空间结构进行重组，为经济活动和人口的集聚与扩散找到既有经济效率，又能保护生态环境的空间形式，并通过空间规划对通道跨越的各城镇的发展进行协调。城市空间拓展应该与对外交通联系主要方向相一致，因为这是城市对外经济联系的主要方向。以区域性交通设施为支撑骨架的空间意义上的区域经济联系主脉，是空间拓展的战略方向和轴线。

（二）加强交通规划与其他规划的融合

加强城市规划与区域规划、城市交通与大交通之间不同尺度规划的融合，促进交通规划与空间规划的多规合一。通过立法，支持城市群和都市圈交通统一规划，属地实施，并作为都市区空间、各组成城市的城市总体规划、交通规划的依据。密切跟踪人口规模结构和流动变化趋势，改变以城市总规和控规为综合交通规划及其他专项规划的编制依据。

（三）因地制宜合理选择运输方式

鼓励绿色交通方式的发展。城市交通和城市群轨道系统强调适配性，是一种多样化功能结构的组合。针对轨道交通发展规划编制中存在的误区，应根据城市客流情况和需求，合理选择大、中、低运量轨道交通形式，形成大铁、地铁、轻轨、市郊铁路有机衔接的轨道交通网络发展模式。

（四）完善投融资和价财税政策

加强规划、投资和财政主管部门的协调联动，统筹财政资金投入、政府投资、地方政府债券发行。结合财政事权和税收改革，建立都市圈基础设施发展的成本分担机制和利益共享机制。

（五）推进法规政策与标准协同

城市群发展的动力之一就在于破解单个城市无法解决的区域挑战，以集体行动应对跨越行政区划分割所带来的现实问题。提升区域交通法规政策协同性，研究跨界交通、基础共建共享、科技创新等领域政策法规；建立交通行业标准协同管理机制，制定物流服务、车路协同等新领域标准。

第六章

生态安全对城镇化空间调整优化的影响研究

　　本章通过梳理中国生态环境保护的进展情况，从生态安全角度分析城镇化面临的问题。"十四五"时期"三区三线"的划定、生态屏障建设、生态文明建设、优质生活圈打造都将对中国城镇化空间发展形成刚性约束并提出更高要求，在城市群和都市圈内部将加强绿色协作。基于以上分析将"十四五"城镇化空间格局划分为限制发展区、优化调整区、重点发展区和引领发展区。并从构建城市群和都市圈内部绿色生态网络、建设城市内部生态系统、加强城乡生态功能链接、发挥大江大河生态经济带引领作用和加快推动绿色城镇化进程的角度提出了重点任务，进一步提出了相关对策建议。

生态环境是城镇化的重要基础，拥有良好宜居的环境也是人民群众的美好愿望。党的十八大以来，以习近平同志为核心的党中央高度重视生态环境问题，从历史的高度加强生态文明制度顶层设计，各地也在积极探索适合自身发展阶段和特点的绿色发展途径，生态修复和环境保护总体上取得显著成效。当前，伴随着中国产业结构和发展方式的加快转型，生态环境在城市发展中的作用日益重要，对于一些地方而言，如果没有良好的生态环境，可能短期内能够取得较快增长，但长期还是会陷入人口流失、产业衰退的结局。因此，某种程度上而言，生态环境正在成为影响城镇化布局的"关键变量"，是研究制定完善"十四五"时期城镇化政策时需要重点关注的领域。

一　中国生态环境保护的进展分析

随着"十二五""十三五"生态环境保护工作的不断推进，尤其是党的十八大以来生态文明建设的不断深入，中国已经建立了以重点生态功能区为主体的生态空间保障体系，资源能源利用效率显著提升，环境质量有所好转，为"十四五"城镇化发展奠定了较好的基础。

（一）主体功能区制度基本建立

当前中国已经建立了重点生态功能区为主体的生态空间保障体系，未来生态空间管控将由《全国主体功能区规划》管理进入到《国土空间规划》管理阶段，随着生态红线等"三区三线"制度的调整优化及落地实施，将有效提升生态空间的管控力度和效率。

1. 重点生态功能区分布分析

全国主体功能区规划确定的第一批国家重点生态功能区包括大小兴安岭森林生态功能区、三江源草原草甸湿地生态功能区等 25 个地区，436 个生态功能县。总面积约 386 万平方公里，约占全国陆地国土面积的 41%，分为水源涵养型、水土保持型、防风固沙型和生物多样性维护型四种类型。2016 年，国务院同意将 240 个国家重点生态功能区县（市、区、旗）及 87 个重点国有林区林业局新增纳入国家重点生态功能区。此次范围调整，将国家重点生态功能区的县市区数量由原来的 436 个增加至 676 个，占国土面积的比例从 41% 提高到 53%。2015 年 GDP 为 4.75 万亿元，占全国的 6.9%，人口为 1.7 亿人，占全国的 12.4%。

676 个重点生态功能区县分布在中国 27 个省份，四川最多，有 56 个重点生态功能区县，其次是黑龙江，有 51 个重点生态功能区县，第三是新疆，有 48 个。北京、天津、上海和江苏目前没有国家重点生态功能区。从重点生态功能区县占省县级行政区比例来看，全国平均有 24% 的县级行政区为重点生态功能区县，青海、新疆有超过 48% 的县级行政区为重点生态功能区县。

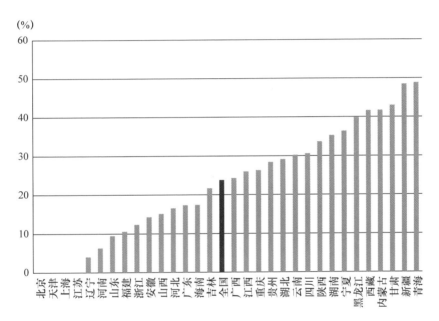

图 6-1　重点生态功能区县占该省县级行政区的比例

资料来源：笔者整理根据重点生态功能区县名单整理。

从空间分布来看，大部分重点生态功能区县分布在胡焕庸线以西，其中黑龙江、内蒙古、宁夏、山西、甘肃、青海、四川、新疆、西藏等省份重点生态功能区县面积占国土面积比例较高。

2. 重点生态功能区生态用地分析

国家重点生态功能区生态用地总面积达 3.37 亿公顷。受不同区域总面积、所处区位、用地结构等多种因素影响，不同区域生态用地面积有显著差异，面积最大的区域是藏西北羌塘高原荒漠生态功能区（4707.88 万公顷），最少的是海南岛中部山区热带雨林生态功能区（42.39 万公顷）。重点生态功能区内 89.66% 的国土空间为生态用地，生态用地占区域总面积的比例整体较高。从总体看，中部、东部人口密度较大、经济相对发达区域内的重点生态功能区生态用地占比较低，而西部人口稀少地区生态用地占比较高。

从不同重点生态功能区生态用地内部结构看，除塔里木河和阿尔金草原两个荒漠化防治生态功能区内主要是荒漠外，其余生态功能区基本以林地、草地为主。主要生态用地类型从不同重点生态功能区的定位也有明显体现，如大小兴安岭森林生态功能区内 96.06% 的生态用地为林地，阴山北麓草原生态功能区内 87.26% 的生态用地为草地。水域与湿地及公园绿地由于总面积较小，占生态用地的比例也普遍较低，其中水域与湿地在三江平原湿地生态功能区内所占比例最高，为 33.92%，其他区域占比均低于 10%。公园与绿地占比则更低，最高为三峡库区水土保持生态功能区的 0.07%[1]。

（二）资源利用效率显著提升

1. **土地产出效率有所提升[2]**

城镇土地面积增长向中西部地区、建制镇集中，用途结构持续向商服、工矿仓储用地倾斜。2009—2016 年，中部、西部地区城镇土地增幅分别达到 40.6% 和 41.9%，均明显高于全国总增幅。东部、东北部地区增幅较低，分别为 19.4% 和 23.2%，新增土地面积向中西部地区偏移；2009—2016 年，全国城市土地面积增幅为 22.9%，低于建制镇增幅 13.6 个百分点，新增土地面积向建制镇集中；2009—2016 年，全国城镇各类土地中，商服用地和工矿仓储用地增幅最大，分别增长了 51.7% 和 46.3%，大大超过全国总增幅，用途上向商服、工矿仓储用地倾斜。

城镇住宅用地增幅与全国城镇土地增幅基本接近，增长向中西部地区、中小城市偏移。2009—2016 年，全国城镇住宅用地面积累计增幅为

---

① 陈瑜琦、张智杰、郭旭东、吕春艳、汪晓帆：《中国重点生态功能区生态用地时空格局变化研究》，《中国土地科学》2018 年第 2 期。

② 中国土地勘测规划院：《全国城镇土地利用数据汇总成果分析报告》。

31.6%，年均增长 4.0%，与全国城镇土地增幅基本接近。2009—2016
年，中部、西部地区的城镇住宅用地年均增幅为 5%—6%，均大于东部、
东北部地区的年均增幅。对于不同规模城市，2009—2016 年住宅用地的年
均增幅由高到低依次为小城市、中等城市、大城市、特大城市及超大
城市。

城镇工矿仓储用地、商服用地产出效益不断提高，商服用地产出效益
的增长速度逐步超过工矿仓储用地产出效益的增长速度，区域上呈现由西
到东，由内陆到沿海递增的规律。2016 年，工矿仓储用地产出效益为
655.1 万元/公顷，较 2009 年累计提升 48.6%；商服用地产出效益为
5419.5 万元/公顷，较 2009 年累计提升 68.4%。2009—2016 年，工矿仓
储用地产出效益的增长速度整体呈下降趋势，而商服用地产出效益整体增
长比较平稳，2012 年起，年度增幅超过工矿仓储用地产出效益年度增幅，
平均值维持在 7% 左右。2016 年，商服用地产出效益由高到低依次为东
部、东北部、中部、西部，东部地区的商服用地产出效益为西部的 2.7
倍。工矿仓储用地产出效益由高到低依次为东部、中部、西部、东北部，
东部地区的工矿仓储用地产出效益为东北部的 2.6 倍。

2. 能源利用效率较快提升

"十三五"时期，国家在"十一五""十二五"节能工作基础上，明
确要求到 2020 年单位 GDP 能耗比 2015 年降低 15%，能源消费总量控制
在 50 亿吨标准煤以内。2016 年，全国单位 GDP 能耗降低 4.9%，全国能
源消费总量 43.6 亿吨标准煤，同比增长约 1.4%；2017 年，全国单位
GDP 能耗同比下降 3.7%，能耗总量增速约 3%，"双控"完成情况达到了
进度目标要求，以年均约 2.1% 的能耗增速支持了 GDP 年均 6.8% 的增长。
但 2018 年全国能源消费总量 47.2 亿吨标准煤，同比增长 3.5%，增长率
达到近 5 年最高，而同期 GDP 增长率仅为 6.6%，全国单位 GDP 能耗同比
下降 3.1%。2019 年全国能源消费总量 48.7 亿吨标准煤，同比增长
3.2%，同期 GDP 增长率 6.1%，能耗降低幅度在逐年下降。

3. 水资源节约集约利用加快推进

"十三五"以来，全国用水总量基本保持平稳。2019 年，全国用水总
量为 6021.2 亿立方米，与上年基本持平，万元国内生产总值用水量 61 立
方米，比 2015 年降低 23.8%，万元工业增加值用水量 38 立方米，比 2015

（吨标煤/万元）

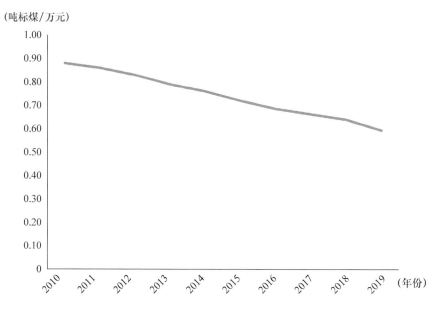

图 6 - 2　中国万元 GDP 能耗水平（2010—2019 年）

资料来源：根据《中国统计年鉴》数据整理，GDP 按 2010 年可比价格计算。

（立方米/万元）

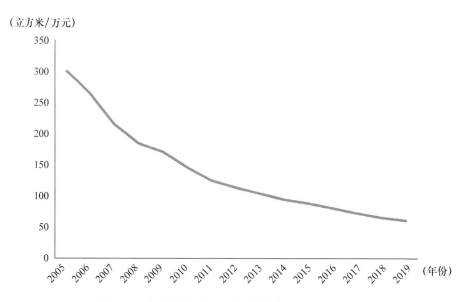

图 6 - 3　中国单位 GDP 水耗水平（2005—2019 年）

资料来源：根据《中国统计年鉴》数据整理。

年降低 27.5%。农田灌溉水有效利用系数为 0.559，与 2015 年相比升高 0.023。

中国用占世界 9% 的耕地、6.4% 的淡水资源，解决了占世界 1/5 人口的吃饭问题，以农业用水的零增长保障了粮食连年丰收，以用水总量的微增长保障了经济中高速增长。

（三）环境质量拐点已经到来

1. 大气环境质量明显改善

《2019 年中国生态环境状况公报》数据显示，全国地级及以上城市 $PM_{2.5}$、PM_{10}、O_3、SO_2、NO_2 和 CO 浓度分别为每立方米 36 微克、63 微克、148 微克、11 微克、27 微克和 1.4 毫克；京津冀、长三角等重点区域 $PM_{2.5}$ 平均浓度分别为每立方米 57 微克、41 微克，分别比 2013 年下降 46.2%、38.8%，珠三角区域 $PM_{2.5}$ 平均浓度连续五年达标。北京市 $PM_{2.5}$ 年均浓度从 2013 年的每立方米 89.5 微克降至 2020 年每立方米 38 微克。"大气十条"确定的各项空气质量改善目标全面实现。

中国在"十五"规划时期就提出了污染物总量控制的目标，但其中二氧化硫的控制目标没有实现，因此从"十一五"时期开始，中国提出了以二氧化硫为主的大气污染物总量控制指标，"十二五"时期又加入了氮氧化物指标。2017 年二氧化硫和氮氧化物排放量分别为 1103 万吨和 1394 万吨，分别比有统计数据以来的最高值下降了 57.4% 和 42.0%。而减少二氧化硫和氮氧化物排放量的主要工程措施就是对现役及新建燃煤发电、钢铁、水泥等行业的生产设备加装脱硫脱硝设施。

表 6-1　　　　中国不同时期污染物减排目标及完成情况　　　单位:%

指标	时间	"十一五"时期		"十二五"时期		"十三五"时期
		目标	完成情况	目标	完成情况	目标
主要污染物排放总量减少	化学需氧量	10	14.29	8	12.9	10
	氨氮	—	—	10	13	10
	二氧化硫	10	12.45	8	18	15
	氮氧化物	—	—	10	18.6	15

资料来源：根据五年规划数据整理。

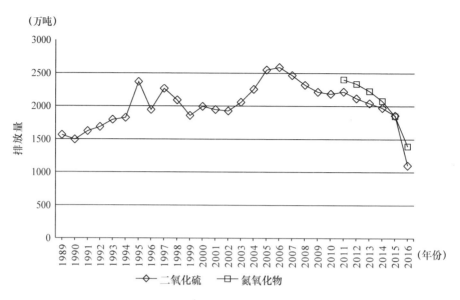

图6-4　中国主要大气污染物随时间变化情况（1989—2016年）
资料来源：根据《中国环境统计年鉴》数据整理。

2. 主要流域水质有所改善

根据《中国生态环境状况公报》数据，2019年，长江、黄河、珠江、松花江、淮河、海河、辽河七大流域和浙闽片河流、西北诸河、西南诸河监测的1610个水质断面中，Ⅰ类占4.2%，Ⅱ类占51.2%，Ⅲ类占23.7%，Ⅰ—Ⅲ类水质占79.1%，Ⅳ类占14.7%，Ⅴ类占3.3%，劣Ⅴ类占6.9%。与2015年相比，Ⅰ类水质断面比例上升1.5个百分点，Ⅱ类上升13.1个百分点，Ⅲ类下降7.6个百分点，Ⅰ—Ⅲ类水质比重提高7.0个百分点，Ⅳ类上升0.4个百分点，Ⅴ类下降1.4个百分点，劣Ⅴ类下降2.0个百分点。西北诸河、浙闽片河流、西南诸河和长江流域水质为优，珠江流域水质良好，黄河、松花江、淮河流、海河和辽河流域域为轻度污染。

具体来看，长江流域水质为优，监测的509个水质断面中，Ⅰ类占3.3%，Ⅱ类占67.0%，Ⅲ类占21.4%，Ⅰ—Ⅲ类水质占91.7%，Ⅳ类占6.7%，Ⅴ类占1.0%，劣Ⅴ类占0.6%，与2015年相比，Ⅰ类水质比例下降0.5个百分点，Ⅱ类比例上升12.0个百分点，Ⅲ类比例下降9.2个百分点，Ⅰ—Ⅲ类水质比重上升 2.3 个百分点，劣Ⅴ类下降 2.5 个百分点。

　　黄河流域水质为轻度污染。监测的 137 个水质断面中，Ⅰ类占 3.6%，Ⅱ类占 51.8%，Ⅲ类占 17.5%，Ⅰ—Ⅲ类水质占 73.0%，Ⅳ类占 12.4%，Ⅴ类占 5.8%，劣Ⅴ类占 8.8%。与 2015 年相比，Ⅰ类水质断面比例上升 2.0 个百分点，Ⅱ类上升 21.2 个百分点，Ⅲ类下降 11.5 个百分点，Ⅰ—Ⅲ类水质比重提升 11.8 个百分点，劣Ⅴ类下降 4.1 个百分点。

　　珠江流域水质良好。监测的 165 个水质断面中，Ⅰ类占 3.6%，Ⅱ类占 69.1%，Ⅲ类占 13.3%，Ⅰ—Ⅲ类水质比例为 86.1%，Ⅳ类占 9.7%，Ⅴ类占 1.2%，劣Ⅴ类占 3.0%。与 2015 年相比，Ⅰ—Ⅲ类水质比例下降 8.4 个百分点，劣Ⅴ类下降 0.7 个百分点。

　　从主要流域总体水质来看，整体水质有所提升，Ⅰ—Ⅲ类水质比重提高 7.0 个百分点，劣Ⅴ类下降 2.0 个百分点。具体流域来看，长江、黄河流域水质有所提升，珠江流域水质有所下降但仍好于黄河流域。

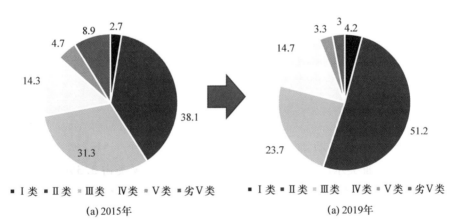

图 6 - 5　中国主要流域水质变化（%）

资料来源：根据《中国环境状况公报》整理。

3. 城市污水处理能力显著提升

　　1978 年中国城市排水管道长度仅为 2.0 万公里，城市污水处理厂日处理能力仅为 64 万立方米，而 2019 年中国城市排水管道长度达到 78.2 万公里，是 1978 年水平的近 39 倍，2018 年城市污水处理厂日处理能力达到 16881 万立方米，是 1978 年水平的 263 倍，城市污水处理设施建设增长速度非常惊人（见图 6-6）。从时间序列来看，中国污水处理设施建设在改革开放初期提升比较缓慢，1995 年城市污水日处理能力为 714 万立方米，城市排水管道长度为 11 万公里，这一时期污水处理厂建厂速率仅为 5.2 座/年。"九五"时期，随着《中华人民共和国水污染防治法》的修订以及《国家环境保护"九五"计划和 2010 远景目标》等文件的发布，污水处理设施建设逐步提速，年均增加 18.8 座，污水处理能力增至 2158 万立方米/日，排水管道长度为 14.2 万公里。"十五"时期，污水处理设施年均增加 114 座，2005 年污水处理能力达到 5725 万立方米/日，排水管道长度为 24.1 万公里。2007 年，国家发改委、建设部和环保总局编制了《"十一五"全国城镇污水处理及再生利用设施建设规划》，城镇污水处理设施建设进入了发展的高峰期，城镇污水处理及再生利用设施建设新增投资达到 3320 亿元，平均建厂速率高达每年 500.4 座，2010 年城市污水处理能力达到 10436 万立方米/日，排水管道长度达到 37 万公里。2012 年，国务院办公厅发布了《"十二五"全国城镇污水处理及再生利用设施建设规划》（国办发〔2012〕24 号），"十二五"时期各类污水处理及再生利用设施建设投资近 4300 亿元，全国城市污水处理水平明显提高。

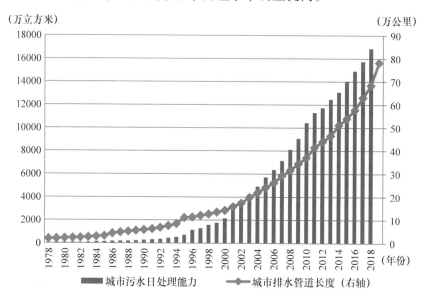

图 6-6　中国城市污水处理能力和排水管道长度情况

资料来源：根据《中国城市建设统计年鉴》《城乡建设统计公报》数据整理。

中国城市污水处理率从 1978 年的 34.3%，上升为 2018 年的 95.49%，年均提升 1.6 个百分点，2016 年年底发布的《"十三五"全国城镇污水处理及再生利用设施建设规划》要求"到 2020 年底，城市污水处理率达到95%"，已提前实现规划目标。城市污水处理设施的不断完善，为改善城市水环境质量提供了坚实的支撑。

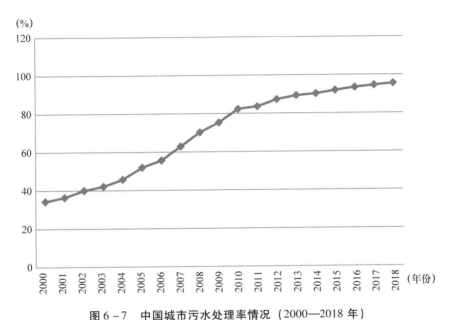

图 6 - 7　中国城市污水处理率情况（2000—2018 年）

资料来源：根据《中国城市建设统计年鉴》《城乡建设统计公报》数据整理。

4. 固体废物治理进展顺利

近年来，国家对城市生活垃圾治理逐渐重视，各有关部门出台了一系列政策文件遏制"垃圾围城"问题。2014 年以来，环境保护部每年定期以年报形式公布城市固体废物污染防治信息；2016 年 10 月，住建部、发改委、国土部、环保部发布《关于进一步加强城市生活垃圾焚烧处理工作的意见》（建城〔2016〕227 号）；2016 年 12 月，发改委、住建部印发《"十三五"全国城镇生活垃圾无害化处理设施建设规划》，增强城市固体废弃物无害化治理力度。

2019 年，城市生活垃圾清运量 2.42 亿吨，比 2000 年增长了 105%，生活垃圾清运量的不断增加，代表着生活垃圾处理能力的不断提升。2017

年，中国共有垃圾处理设施 2213 座，其中城市建有焚烧厂 249 座、卫生填埋场 657 座、其他处理设施 34 座；县城建有焚烧厂 50 座、卫生填埋场 1183 座、其他处理设施 40 座①。2019 年城市生活垃圾无害化处理率达到 99.2%，比 2001 年提高了 41.0 个百分点。

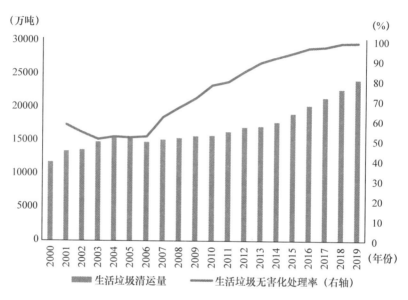

图 6-8 　中国城市生活垃圾清运与处理情况（2000—2019 年）

资料来源：根据《中国环境统计年鉴》《城乡建设统计公报》数据整理。

从无害化处理技术的应用来看，目前卫生填埋和焚烧是中国生活垃圾无害化处理的主要方式，其中卫生填埋占总处理量的比重从 2004 年的 85.2% 下降至 2019 年的 45.59%，而焚烧处理技术的应用近年来增长迅速，占比由 2004 年的 5.6% 上升至 50.47%。由于卫生填埋处理需要占用大量土地并且容易造成二次污染，未来中国将继续推广焚烧无害化处理技术，以逐步替代卫生填埋的处理方式。

---

① 中国城市环境卫生协会、中国城市建设研究院有限公司：《中国生活垃圾处理行业发展报告：面向新时代的机遇与挑战》，2017 年。

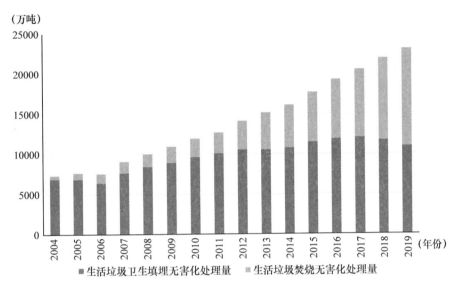

图 6-9　中国城市生活垃圾无害化处理情况（2004—2019 年）

资料来源：根据《中国环境统计年鉴》《城乡建设统计公报》数据整理。

二　从生态安全角度看城镇化面临的问题

虽然中国从生态保护、资源节约集约利用、环境质量改善等方面取得了一定的成效和进展，但城镇化的推进仍面临挤占生态空间，破坏生态环境，增大资源环境承载压力等问题。

（一）城镇化带来的人口集聚和产业发展造成巨大资源环境消耗

未来中国节能降耗形势依然严峻。2016—2019 年全国单位 GDP 能耗降幅逐渐缩窄，能耗总量增速明显增大。随着今后经济形势进一步好转，以及人民群众生活用能需求进一步提升等，能耗总量增速可能会进一步提升，全国能耗总量控制目标完成存在较大压力。中国经济社会仍处于中高速发展阶段，人民生活水平正在快速提升，随着生活品质的提高，生活用能量也在不断增加，由于中国对居民用能以保障为主，并没有设置限制和约束，人均生活能源消费量已经从 2005 年的 211 千克标准煤上升到 2018 年的 434 千克标准煤，涨幅达到 106%。

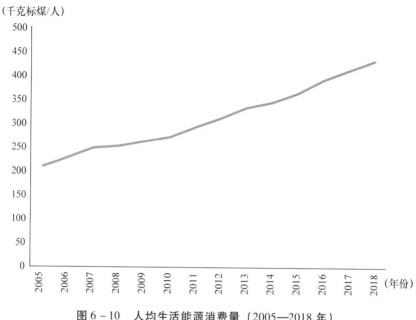

图 6 - 10　人均生活能源消费量（2005—2018 年）

资料来源：根据《中国统计年鉴》数据整理。

　　与德国、法国、英国、日本、美国等世界主要发达国家相比，中国单位 GDP 能耗仍然处于较高水平，2015 年中国单位 GDP 能源消耗量是英国的 2.37 倍、德国的 1.94 倍、日本的 1.86 倍、法国的 1.72 倍、美国的 1.31 倍。

　　尽管在节水领域取得了较大进展，但中国仍面临着人多水少、水资源时空分布不均的问题，人均水资源量不足世界平均水平的 1/3，亩均水资源量也仅为世界的 1/2。通过计算城市人均水资源量发现，按照联合国水资源划分标准①，在有数据统计的 295 个地级城市中，不缺水的城市仅为 56 个，占 18.98%，轻度缺水的有 32 个，占 10.85%，中度缺水的有 61 个，占 20.68%，重度缺水的 51 个，占 17.29%，极度缺水的 95 个，占 32.2%，总体缺水比例达到 81.02%。此外，华北地下水超采问题突出，华北地区是中国缺水最为严重的地区之一，多年平均水资源总量只有全国

————————

　　① 联合国标准：人均水资源量 3000 立方米以上为不缺水，2000—3000 立方米为轻度缺水，1000—2000 立方米为中度缺水，500—1000 立方米为重度缺水，500 立方米以下为极度缺水。

（千克油当量/千美元）

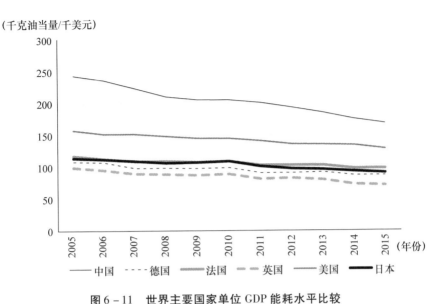

图 6 – 11　世界主要国家单位 GDP 能耗水平比较

资料来源：根据世界银行数据整理。

的 4%，每年华北地区超采 55 亿立方米左右，其中京津冀地区超采 34.7 亿立方米。与发达国家相比，中国水资源的经济产出处于较低水平，2014 年中国每立方米淡水资源产出 13.7 美元 GDP（2010 年美元可比价），仅为英国的 4%，德国的 12%，法国的 15%，日本的 19%，美国的 41%。

（二）过去一段时期建设用地政策性短缺是城镇化的重要制约

随着城镇化进程加快，"摊大饼"式的发展在很多城市已经成为常态。数据显示，2000—2010 年，全国城市建成区面积的扩张幅度达到 78.52%，远高于同期城镇人口 45.9% 的增长幅度；而 2010—2019 年，全国城镇建成区面积的扩张幅度达到 50.56%，高于城镇人口 26.67% 的增长幅度，虽然增长幅度有所放缓，但建成区面积增幅与城镇人口增幅差异有进一步扩大的趋势，用地效率有待进一步提高。

从城市建设用地面积供应情况来看，近年来呈现逐渐趋紧的形势，2000—2010 年，全国城市建设用地面积增加 17644.7 平方公里，增幅为 79.79%；2010—2019 年，全国城市建设用地面积增加 18549.3 平方公里，增幅为 46.66%。当前及未来较长时间，中国都将以"三区三线"为制度

（美元/立方米）

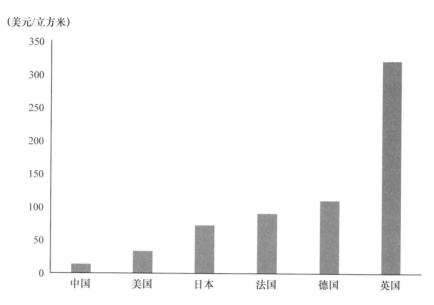

图 6 - 12　世界主要国家每立方米淡水资源 GDP 产出量

资料来源：根据世界银行数据整理。

抓手开展空间管控，科学合理规范土地资源开发利用，"政策性"缺地现象也将不断加重。

（三）城镇化进程中居民环境需求提升让生态环境问题更加突出

城镇化进程中，城镇生活方式意味着居民更高的生态环境需求，这让生态环境问题显得越来越突出。"三生"空间设置不合理、城市生态空间保护不力、土地性质发生过快以及随意的变动导致原有生态系统过程、结构和功能发生改变等生态环境问题变得越来越多，自然生态系统的组成和结构变得不完整、生态服务功能降低；城镇建设用地扩张带来饮用水源、河道、湖泊、水质等受污染的风险；"摊大饼"与"大拆大建"引起资源浪费和生态破坏，新区新城和特色小镇一窝蜂建设造成生态环境隐患；地面硬化引起城市内涝、地表径流污染等。

城市污水处理和垃圾处理基础设施无法满足实际需要，造成水环境污染和水体生态功能退化，城市黑臭水体问题突出，"垃圾围城"困扰城市发展，加剧土壤环境风险；产业粗放式发展和交通量增大带来空气和噪声污染。

同时，值得警惕的是，中国乡（镇）、村污染物排放总量已超过全国污染物排放总量的一半，工业及城市污染向农村转移，造成这些地区污染形势加剧。城乡接合部、乡镇、村点源污染和面源污染共存，生活污染和工业污染叠加，新旧污染相互交织，配套环境保护政策、法规标准体系不健全，监管难度大或监管不到位等情况普遍存在。与大中城市的环境治理相比，乡（镇）、村的环境问题更加严重，治理水平还处于较低阶段①。

三 生态安全对城镇化空间调整优化的影响趋势分析

随着生态文明建设的不断推进以及人民对优美生态环境的需求不断增加，从生态安全的角度来看"十四五"时期中国城镇化空间布局将面临"三区三线"管控的刚性制约、生态屏障建设约束、打造优质生活圈的更高要求等影响。

（一）"三区三线"对城镇化空间发展形成刚性约束

生态保护红线和生态空间的划定将严格保护生态空间，配合永久基本农田保护红线、城镇开发边界、新增建设用地总量限制等政策，将明确城镇的最大发展边界，给城市管理者"余额不足"的管理预期，有效限制城市的无序扩张。城镇化将更多关注存量建设用地、待修复"棕地"和既有旧建筑的充分利用，从做大做强新城新区向做优做美老城区转变。

2014年国家发展改革委、国土资源部、环境保护部、住房城乡建设部联合发布《关于开展市县"多规合一"试点工作的通知》（发改规划〔2014〕1971号），明确提出空间规划要"划定城市开发边界、永久基本农田红线和生态保护红线，形成合理的城镇、农业、生态空间布局"。2016年中共中央办公厅、国务院办公厅印发的《省级空间规划试点方案》（厅字〔2016〕51号）中明确要求以"三区三线"为载体，合理整合协调各部门空间管控手段，绘制形成空间规划底图。2019年《中共中央、国务

① 刘冬、徐梦佳：《新型城镇化发展下的生态环境管治策略探析》，《中国环境管理》2018年第5期。

院关于建立国土空间规划体系并监督实施的若干意见》（中发〔2019〕18号）提出，在资源环境承载能力和国土空间开发适宜性评价的基础上，科学有序统筹布局生态、农业、城镇等功能空间，划定生态保护红线、永久基本农田、城镇开发边界等空间管控边界以及各类海域保护线，强化底线约束，为可持续发展预留空间。生态保护红线是在生态空间范围内具有特殊重要生态功能、必须强制性严格保护的区域，是保障和维护国家生态安全的底线和生命线，目前生态保护红线划定工作基本完成，待调整优化后将落地实施。永久基本农田保护红线是按照一定时期人口和社会经济发展对农产品的需求，依法确定的不得占用、不得开发、需要永久性保护的耕地空间边界，目前全国永久基本农田面积约为15.5亿亩，永久基本农田面积占全国总面积比重较高的省份为：黑龙江（10.8%）、河南（6.6%）、山东（6.2%）、内蒙古（6.0%）、四川（5.0%）、河北（5.0%）。城镇开发边界是为合理引导城镇、工业园区发展，有效保护耕地与生态环境，基于地形条件、自然生态、环境容量等因素，划定的一条或多条闭合边界，目前全国尚未有统一明确的城镇开发边界划定导则。

（二）保护好生态屏障是优化城镇化空间布局的先决条件

中国目前构建了以青藏高原生态屏障、黄土高原—川滇生态屏障、东北森林带、北方防沙带和南方丘陵山地带以及大江大河重要水系为骨架，以其他国家重点生态功能区为重要支撑，以点状分布的国家禁止开发区域为重要组成的生态安全战略格局。青藏高原生态屏障要重点保护好多样、独特的生态系统，发挥涵养大江大河水源和调节气候的作用；黄土高原—川滇生态屏障要重点加强水土流失防治和天然植被保护，发挥保障长江、黄河中下游地区生态安全的作用；东北森林带要重点保护好森林资源和生物多样性，发挥东北平原生态安全屏障的作用；北方防沙带要重点加强防护林建设、草原保护和防风固沙，对暂不具备治理条件的沙化土地实行封禁保护，发挥"三北"地区生态安全屏障的作用；南方丘陵山地带要重点加强植被修复和水土流失防治，发挥华南和西南地区生态安全屏障的作用[1]。

----

[1] 《国务院关于印发全国主体功能区规划的通知》（国发〔2010〕46号）。

目前中国生态退化趋势尚未扭转，由于人类活动的加剧，贵州、云南等西南地区的石漠化现象，新疆、内蒙古等西北地区的沙化现象、黄土高原等西北地区水土流失现象仍在不断加重。"两屏三带"生态屏障是中国重要的生态安全保障，"十四五"时期在推进城镇化的过程中，应满足生态屏障建设要求，优化"两横三纵"城镇化布局，避让重要生态产品供给地和生态功能区，加强中心城市对人口和资源要素聚集作用，对重要生态屏障区人口实行"外引内聚"，减少对生态屏障的人为干扰①。

（三）生态文明建设将加快城镇化绿色转型步伐

近年来，中国生态文明建设和生态环境保护取得了历史性成就、发生了历史性变革，决心之大、力度之大、成效之大前所未有②。习近平总书记强调："要像保护眼睛一样保护生态环境，像对待生命一样对待生态环境。"③ 党和国家生态文明建设的不断深入以及人民对优美生态环境的需求都是"十四五"及未来推进绿色城镇化的不竭动力。

然而，城镇化的快速发展使得城市规模不断扩大，引发了一系列问题，已经接近甚至超越了资源环境承载力，导致很多城市环境污染严重、生态退化明显、人地矛盾日趋尖锐，影响了中国城镇化的质量。在未来资源环境"余地"越来越少，约束逐渐趋紧的情况下，城镇化的推进速度也将有所放缓，从重规模向重质量转变。在进行城镇化建设中必须树立人与自然和谐共生的绿色发展理念，制订资源节约型、环境友好型的城镇化发展战略，高度重视对环境的保护，在不超出资源环境承载力的前提下扎实推进城镇化建设，同时通过加大对环境保护的投入、合理优化资源配置等措施提高资源环境承载力，实现可持续发展。

（四）打造优质生活圈对城镇化质量提出更高要求

"十四五"时期，人民对蓝天白云、碧水青山、安全食品和优美生态

---

① 李宝林、袁烨城、高锡章：《国家重点生态功能区生态环境保护面临的主要问题与对策》，《环境保护》2014 年第 12 期。

② 李干杰：《以习近平新时代中国特色社会主义思想为指导 奋力开创新时代生态环境保护新局面——在 2018 年全国环境保护工作会议上的讲话（2018 年 2 月 2 日）》，《中国环境报》2018 年 2 月 12 日。

③ 习近平：《习近平谈治国理政》（第三卷），外文出版社 2020 年版，第 361 页。

环境的追求将更加迫切，人民日益增长的优美生态环境需要与更多优质生态产品的供给不足之间的突出矛盾，这是中国社会主要矛盾新变化的一个重要方面。城市作为自然环境和社会人文环境构成的复杂系统是人们生产生活的主要载体，城市建设由单一追求经济增长转向谋求综合发展，生态宜居已经成为衡量城市总体发展水平的重要指标，成为城市吸引力的重要组成部分。随着人民对美好生活的需要越来越强烈，未来生态宜居成为人们选择城市时越来越重要的影响因素。

在都市圈内部打造优质生活圈成为提升城镇化质量的重要抓手。城市应加强内部品质优化、外部城郊融合，全面提升供给生态产品、保障生态空间、维持生态功能、丰富生态服务的能力，加快合理布局城市生态系统，缩短居民与森林、绿地、水系等生态产品供给地的距离，以城市绿道串联内部生态景观，营造绿水青山的城市环境，全力打造优质绿色生活圈。这些优势将成为未来城市吸引企业、人才落户，进行投资、创业、安居、生活的重要法宝。

（五）城市群和都市圈内部的协作与联系将会显著增强

新型城镇化带来的发展思路和发展方式上的转变、城市规模扩大带来的生产效率的提升以及人口集聚和工业集聚带来的治污的规模效应都是改善城市生态环境的正向因素。大城市资源调配能力强、环境治理能力强、新兴产业吸引力强，其资源环境压力可能会逐渐减弱，如北京可以享受南水北调的水资源和周边省份的能源输入，投入大量资金开展大气污染治理行动，不断绿化产业结构，服务业占比已超过80%。而中小城市几乎没有资源调配能力，环境治理投入不足，产业选择余地少，更多的是承接大中城市产业转移，其资源环境压力可能会进一步增大，产生"强者恒强"现象。

破解生态环境约束仅仅依靠本城市在环境污染治理上的短期投入并不能从根本上解决问题，一些资源环境承载约束大的中心城市迫切需要将周边中小城市纳入自身"发展腹地"，疏解产业和功能，形成地区经济协同为主、政策管理协同为辅的生态共建和联合治污格局，在城市群和都市圈内部协调资源环境承载配置，推动城市群和都市圈内部协调发展，杜绝以邻为壑。协调地区间的产业结构、发展规模等经济因素，协调各地发展规划、经济发展战略以及环保政策，提出各区域内部经济发展和环保共同行动纲领。

四 基于资源环境承载分析的"十四五"城镇化空间格局研判

基于生态安全对城镇化空间调整优化趋势影响判断,开展中国城镇化的区域资源环境承载分析,判断"十四五"城镇化空间格局。

(一) 中国城镇化区域资源环境承载分析

从水资源承载来看,武汉(469 立方米/人)、乌鲁木齐(463 立方米/人)、厦门(417 立方米/人)、西安(261 立方米/人)、上海(234 立方米/人)、北京(218 立方米/人)、太原(142 立方米/人)、石家庄(137 立方米/人)、天津(125 立方米/人)、银川(106 立方米/人)、兰州(76 立方米/人)等直辖市和省会城市均为极度缺水城市,水资源承载力成为未来城镇化的重要制约因素。极度缺水城市主要分布在京津冀及周边地区、汾渭平原、河南、宁夏、山东等地区。

从生态环境质量评价结果来看,2019 年,全国生态环境质量①优和良的县域面积占国土面积的 44.7%,主要分布在青藏高原以东、秦岭—淮河以南及东北的大小兴安岭地区和长白山地区;一般的县域面积占 22.7%,主要分布在华北平原、黄淮海平原、东北平原中西部和内蒙古中部;较差和差的县域面积占 32.6%,主要分布在内蒙古西部、甘肃中西部、西藏西部和新疆大部。国家重点生态功能区县域中,2019 年与 2017 年相比,生态环境质量变好的县域占 12.5%,基本稳定的占 78.0%,变差的占 9.5%。

从 2017 年 338 个地级以上城市(包括自治州、盟等)$PM_{2.5}$ 浓度分析来看,全国 $PM_{2.5}$ 平均浓度为 43μg/m³(2019 年下降至 36μg/m³),达到一

---

① 生态环境质量依据《生态环境状况评价技术规范》(HJ 192—2015)评价。生态环境状况指数大于或等于 75 为优,植被覆盖度高,生物多样性丰富,生态系统稳定;55—75 为良,植被覆盖度较高,生物多样性较丰富,适合人类生活;35—55 为一般,植被覆盖度中等,生物多样性一般水平,较适合人类生活,但有不适合人类生活的制约性因子出现;20—35 为较差,植被覆盖较差,严重干旱少雨,物种较少,存在明显限制人类生活的因素;小于 20 为差,条件较恶劣,人类生活受到限制。

级空气质量标准（即 PM$_{2.5}$ 年均浓度小于 15μg/m^3）的仅有阿坝州、迪庆州、林芝市、山南市、阿勒泰地区、丽江市、阿里地区、锡林郭勒盟、三亚市、三沙市、日喀则市 11 个城市，达到二级空气质量标准（即 PM$_{2.5}$ 年均浓度 15—35μg/m^3）的有 106 个，占总数的 31.4%，不达标的城市达到 221 个，占总数的 65.4%。

从超标城市分布来看，主要集中在京津冀、汾渭平原、河南全境、安徽中北部、江苏西部、湖北、湖南和江西结合部、新疆西部等区域，"雄鸡"版图的"心脏"位置空气污染较为严重。

（二）"十四五"城镇化空间格局判断

1. 胡焕庸线以西区域作为限制发展区

从生态空间保障的角度来看，中国主要的重点生态功能区分布在胡焕庸线以西，这部分区域的生态系统重要性强，关系全国或较大范围区域的生态安全，且目前生态系统有所退化，在 2019 年全国生态环境状况评价中，较差和差的县域主要分布在内蒙古西部、甘肃中西部、西藏西部和新疆大部。这部分区域需要在国土空间开发中限制进行大规模高强度工业化城镇化开发，未来会继续加强生态空间管控，加之该区域人口分布少，密度低，在"十四五"城镇化发展中应为限制发展区域。

2. 胡焕庸线以东、秦岭—淮河以北区域作为优化调整区

根据全国生态环境状况评价结果来看，评价结果为一般的县域主要分布在华北平原、黄淮海平原、东北平原中西部和内蒙古中部；从水资源分布来看，极度缺水城市主要分布在京津冀及周边地区、汾渭平原、河南、宁夏、山东等地区；从空气质量（PM$_{2.5}$ 浓度分布）来看，PM$_{2.5}$ 重污染区域与极度缺水区域重合度较高，污染较重的地区主要为京津冀、汾渭平原、河南全境、安徽中北部、江苏西部、湖北、湖南和江西结合部、新疆西部等。从生态环境支撑保障角度来看，胡焕庸线以东、秦岭—淮河以北区域虽然人口分布多，但生态环境质量一般，水资源和环境容量空间较小，"十四五"时期应以提升城镇化质量，推进绿色城镇化转型为主，将该区域作为"十四五"城镇化的优化调整区。

3. 胡焕庸线以东、秦岭—淮河以南区域作为重点发展区

全国生态环境质量优和良的县域主要分布在青藏高原以东、秦岭—淮河以南及东北的大小兴安岭地区和长白山地区；秦岭—淮河以南地区在水资源禀赋和环境质量方面也明显优于秦岭—淮河以北地区，且越往南生态环境支撑更好。随着居民对优美生态环境需求的不断增加，生态宜居性对居民流动将产生越来越大的影响，人们将更愿意在宜居性高的城市定居，资源环境容量高的区域在产业发展方面也具有比较优势。因此在"十四五"时期建议将胡焕庸线以东、秦岭—淮河以南区域作为城镇化的重点发展区。

4. 以大江大河生态经济带作为引领发展区

以大江大河流域为代表的生态经济带在城镇化发展中具有独特的优势，一方面其水资源等生态环境资源相对周边区域更加丰富，资源环境承载更强，另一方面流域天然的将带状分布的地区串联起来，增强了流域各区域间的经济和生态联系，有助于区域协同发展。此外，流域生态经济带以绿色发展和绿色城镇化为导向，更符合新时期城镇化的发展趋势。秦岭—淮河以南地区作为"十四五"城镇化的重点发展区，且越往南资源环境承载越强，基于流域生态经济带的优势，选择汉江生态经济带、淮河生态经济带、长江经济带、珠江—西江经济带等作为城镇化的引领发展区。在优化发展区，也可以考虑以沿黄经济带为引领，通过开展生态环境保护、绿色转型发展，带动优化调整区转型发展。

表6-2 中国主要流域生态经济带概况

	城市数量（个）	GDP（万亿）	常住人口（亿人）	人均GDP（万元）	人均水资源量（立方米/人）	城镇化率（%）	$PM_{2.5}$（μg/m³）
汉江	16	2.24	0.44	5.04	1209	55.74	52.1
淮河	28	6.75	1.46	4.62	623	52.15	59.8
长江	130	37.1	5.97	6.21	2235	58.29	42.5
珠江—西江	11	4.6	0.55	8.33	2619	65.96	39.7

资料来源：依据各流域经济带发展规划、《中国城市统计年鉴》整理计算。

五 基于生态安全的城镇化空间调整优化重点任务

"十四五"时期，中国应从协同共建城市群、都市圈绿色生态网络，高标准建设城市内部生态系统，加强城乡生态系统功能链接，发挥大江大河生态经济带引领示范作用，加快推动绿色城镇化进程等方面调整优化城镇化空间布局，优化提升生态空间规模和质量，确保国家和人民的生态安全。

（一）协同构建城市群和都市圈内部绿色生态网络

编制实施城市群、都市圈生态环境共建共享方案，严格保护跨行政区重要生态空间，充分发挥中心城市的辐射带动作用，在城市群、都市圈内部联合实施重大生态保护和修复工程，协同推进林地、湿地建设、河湖水系疏浚、生态环境修复和环境综合治理。

设立一批国家公园，整合和归并优化各类自然保护地，促进自然保护地体系与生态保护红线体系相融合，完善区域生态廊道、绿道与国家公园、自然保护区有机衔接。

优先在京津冀、长三角、珠三角、成渝等城市群、都市圈内部优化生态功能布局，完善区域环境治理合作机制，形成大气和水污染区域联防联控示范，打造现代化绿色城市群和都市圈。

（二）高标准建设不同规模和类型城市生态系统

增强城市生态系统的整体性和连通性。城市生态系统的空间结构基本是依据人类特定的目标形成的，景观组分复杂多样，斑块数量繁多，人工生态系统占绝大部分，自然生态系统呈镶嵌式分布，自然斑块破碎化严重，频繁受到人为干扰，生态脆弱性强。通过增加廊道或缩小距离等方式增加生态系统的临近度，增强各生态要素的功能和空间联系程度，提升城市自然环境要素生态效应。判定价值明显的生态功能结点，如城市森林、公园、湿地等城市核心生态功能结点，充分考虑其与周围各类型景观间的相互作用，更有效地促进城市生态系统的稳定性和维持城市生态过程的多样性，同时减少网络要素的离散程度，增加相互的联系程度。

加强城市生态环境修复。开展城市山体、水体、废弃地、绿地修复，通过自然恢复和人工修复相结合的措施，实施城市生态修复示范工程项目。实施"退工还林"，大力提高建成区绿化覆盖率，加快老旧公园改造，提升公园绿地服务功能。

提高城市生态系统的综合效益。在保护城市生态空间、维护城市生态过程的同时，发掘一定的社会、经济效益，促进社会—经济—生态协调发展。优化城市自然环境、稳定城市生态过程等功能外，还应充分发挥其美学、社会经济等功能，尽可能实现与城市其他景观的融合，以达到人与自然和谐共生的目标①。

（三）加强城乡之间生态系统的功能链接

加强城乡生态环境联系程度。打造城市中心区、近郊、远郊、乡村各区域范围内具备完整性和连续性的生态系统，通过增加廊道来增强各网络要素的空间和功能联系程度，为物种流、物质流、能量流等生态功能流提供迁移、循环和交换的可能。在城乡结合地带形成有利于改善城市生态环境质量的生态缓冲地带②；保护乡村生态用地和农用地，构建田园生态系统，提高乡村对城市生态产品的供给能力。统筹推进城镇和乡村污水、固废处理，推动城镇固废、污水处理设施和管网建设向人口相对集中的乡村地区延伸，规范建设行为，加强环境整治和社会综合治理，改善生活居住条件。

补齐乡村环境保护短板。深入推进农村环境综合整治，加大财政转移支付力度，提高乡村生态环境基础设施建设的财政投入水平，吸引社会资本进入乡村环境治理领域，完成建制村环境综合整治工作；推动生态农业发展水平，推广农业清洁生产技术，严格控制农业面源污染，基本实现测土配方施肥全覆盖，减少农药、化肥使用量，加强农业废弃物的回收和综合利用；有效防止畜禽养殖污染，合理设置畜禽养殖禁养区，在畜禽养殖区全面建设粪污集中处理和资源化综合利用设施，大幅降低畜禽养殖污染排放强度。

（四）发挥大江大河生态经济带建设引领示范功能

以长江经济带、沿黄经济带等为引领，以淮河、汉江、珠江—西江等生态经济带为支撑，沿大江大河推进流域生态经济带建设，形成绿色城镇

---

① 张贡生：《中国绿色城镇化：框架及路径选择》，《哈尔滨工业大学学报》（社会科学版）2018 年第 20 期。

② 郭宏斌、王菲：《城市生态功能网络构建研究》，《现代园艺》2019 年第 4 期。

化集聚区和绿色发展示范带。优化流域生态安全屏障体系，以资源环境承载能力为基础，发挥各地生态优势，优化产业布局。

推动长江经济带率先建立生态产品价值实现机制试点，探索生态优先、绿色发展新路径。打通流域上中下游生态环境保护治理体系，完善流域跨部门、跨区域监管与治理制度，健全流域生态保护绩效考核和生态补偿机制，全面改善大江大河生态环境质量①。

（五）加快推动绿色城镇化进程

根据城镇化要求扩展生态环境基本公共服务体系。一是除了水、气、声、渣等常规环境基础设施和生态空间建设外，更多考虑如可渗透路面、雨水收集、屋顶绿化、生活垃圾分类等所需的场地和设施保障。二是将这些"新型环保元素"的建设，纳入生态环境基本公共服务体系。

强化城乡交通污染源治理。在公共交通、中短途客运、物流运输、出租车行业、城镇公共事业车辆（垃圾运输、洒水等）等领域，分步骤推广应用新能源和清洁能源车，加快充电桩、加氢站等设施建设，筹建车用废电池回收利用体系，积极应对电动车报废高潮期的到来；完善城市绿色公共交通体系，加强与周边城市和郊区的公交系统衔接和覆盖，引导共享出行有序发展。

生活污染源治理。高度重视城镇服务业和居民生活带来的环境污染问题，完善服务业尤其是餐饮、物流等高污染服务业环境标准，加强对服务业环境污染的管控；加快实现再生资源回收利用体系与生活垃圾清运体系的有效衔接，制定垃圾强制分类和减量化相关制度，提高生活固废回收率，在外卖、快递领域减少固废产生，提高固废无害化处理水平，有效遏制"垃圾围城"问题；在生活废水、废气治理领域，进一步提高城乡污水处理能力，加强餐饮油烟治理力度。

推进绿色生活方式。实施全民环境保护宣传教育行动计划，推广绿色生活行为准则，利用环境教育基地、生态文明示范基地等各类平台，开展以生活方式绿色化为主题的互动式教育，利用互联网宣传绿色节能低碳生活方式，创建一批绿色家庭、绿色社区、绿色学校，提高全社会生态环境

---

① 中国宏观经济研究院国地所课题组、贾若祥、高国力：《横向生态补偿的实践与建议》，《宏观经济管理》2015年第2期。

保护意识；制定和完善绿色消费指南，引导抵制和谴责过度消费、奢侈消费、浪费资源能源等行为，推广绿色产品，限制和禁止使用一次性产品，完善居民水、电、气、垃圾处理等收费体系，倡导绿色消费。

六　政策建议

基于以上对"十四五"生态安全视角下城镇化空间布局的分析研判，提出优化城镇化空间布局的政策建议，主要包括：以"三区三线"为主要抓手科学谋划生态空间布局，以国家公园体制试点为突破口推动自然保护地体制改革，健全城市群、都市圈城市间生态环境共建共治机制，建立生态产品价值实现机制，实施有利于推进绿色城镇化的经济杠杆调控手段。

（一）以国土空间规划为主要抓手科学谋划生态空间布局

利用国土空间规划编制的有利时机，优化调整生态空间布局，科学谋划、布局生态空间，实现规模提升、结构优化。国土空间规划是国土空间开发保护制度的基础，也是"多规合一"的重要载体。生态环境保护部门应积极参与国土空间用途管制和空间结构调整，将生态环境保护工作融入国土空间规划，着力提高生态环境基础数据的精细化、系统化水平，准确把握资源环境承载力、环境容量等空间信息，按照生态保护红线、环境质量底线、资源利用上线要求，推动生态环境保护工作主动引领和积极服务于国土空间规划。

生态环境保护工作要适应以国土空间规划为统领的生态环境空间治理模式，细化空间分类分区管治，以城市开发边界、永久基本农田红线和生态保护红线约束城镇无序扩张，促进人口、经济、资源、环境在空间上的协调，在空间规划的指导下推进退耕还林、还湖、还草，封山育林、植树造林等工作，提高生态空间质量，在国土空间规划基础上细化空间控制单元，编制环境准入清单，完善禁止和限制发展的行业、生产工艺和产业目录和高耗能、高污染和资源型行业准入条件。

（二）以国家公园体制试点为突破口推动自然保护地体制改革

国家公园试点工作是中国开展自然保护地体制改革的一次重要突破，

健全国家公园体制，完成自然保护地整合归并优化，完善自然保护地体系的法律法规、管理和监督制度，提升自然生态空间承载力，初步建成以国家公园为主体的自然保护地体系是自然保护地体制改革的总体目标。在保护面积不减少、保护强度不降低、保护性质不改变的总体要求下，以保持生态系统完整性为原则，整合各类自然保护地，解决自然保护地区域交叉、空间重叠的问题。对同一自然地理单元内相邻、相连的各类自然保护地，打破因行政区划、资源分类造成的条块割裂局面，按照自然生态系统完整、物种栖息地连通、保护管理统一的原则进行合并重组。

当前自然保护地尤其是国家公园中央与地方事权、财权划分尚不明确，中央还没有安排专项资金支持国家公园体制试点工作。未来应建立以财政投入为主的多元化资金保障制度，进一步争取中央加大财政转移支付力度，统筹包括中央基建投资在内的各级财政资金，保障国家公园等各类自然保护地保护、运行和管理。结合试点情况完善国家公园等自然保护地经费保障模式，积极探索开展自然保护地生态补偿机制。按照山水林湖草系统治理的要求，完善相关资金使用管理办法，整合各级政府现有政策和渠道，统筹利用各部门、各系统、各行业的相关资金，让分散、零碎的资金发挥更大的作用。

健全自然资源资产产权体系，建立统一的绩效考核制度，实施重大生态保护修复工程，构建生态环境监测评估体系，妥善解决试点范围内历史遗留问题，有效解决国家公园范围内扶贫和民生保障工程与保护要求的矛盾问题，建立恰当的利益分配机制适度发展高端生态体验和高效集约生态畜牧业，依法开展环境教育和科学研究活动。

在国家公园建设的基础上，以重点生态功能区为重点，理顺管理体制，夯实保障基础，注重传统生态文化的挖掘、保护、传承和利用，把当地延续多年的森林管护、资源利用、农业生产等民族生态文化和传统农业文化等纳入现代自然保护的概念中，有效提高自然保护区管护水平。

（三）健全城市群、都市圈各城市间生态环境共建共治机制

协商建立城市群、都市圈内部大气污染、流域水污染、土壤污染综合防治和利益协调机制。加强区域联防联控。加快生态环境监测网络一体化建设，充分发挥各部门作用，统一布局、规划建设覆盖环境质量、重点污染源、生态状况的生态环境监测网络。建立明确的流域环境容量分配体系和减排目标责任制。建立区域环境保护会商和联合执法制度，推进联合执法、区域执法、交叉执法。建立区域生态环境保护和绿色发展评价考核体系，并根据考评结果建立区域内、流域间生态补偿和奖惩机制。依据资源环境承载力，在城市群和都市圈推动共同编制实施产业准入负面清单，形成区域内部梯度特色优势产业。

推动区域生态共建共享。在国家重点生态功能区开展区域共建，共同布局重大生态保护工程。加强区域协作，共同实施天然林资源保护、退耕还林还草、退牧还草、退田还湖还湿、湿地保护、沙化土地修复和自然保护区建设等工程，提升水源涵养和水土保持功能。

在京津冀、长江经济带、粤港澳大湾区、长三角、成渝黔滇推动区域绿色协同发展。加强京津冀产业转移和科技成果转化的便利化程度，确保京津冀地区生态环境保护协作机制持续高效运行，促进区域生态环境和发展水平同步提高；依据生态优先、绿色发展的原则打通长江经济带上中下游生态环境保护治理体系，全面改善长江水系环境质量，建立创新型现代产业体系；推进粤港澳大湾区空气质量率先达标，加强近海生态环境治理，加强海岸线保护与管控，建立绿色智慧节能低碳的生产生活方式和城市建设运营模式；在长三角区域打造中国绿色创新发展高地和现代化绿色城市群，建立常态化、实体化、分层次的环保协商推进机制，形成区域联防联控示范；以服务于成渝城市群发展战略和长江上游生态环境保护修复为目标，以赤水河等跨省生态补偿机制为先导，建立常态化、实体化、分层次的跨省环保协商机制，启动川渝黔滇生态环境保护协作区建设。

（四）建立生态产品价值实现机制

为充分调动生态环境保护的积极性，落实"绿水青山就是金山银山"的理念，应抓紧建立生态产品价值实现机制，使保护生态环境变得更加"有利可图"。探索建立生态产品价值实现机制，科学核算生态产品价值，逐步建立常态化、多元化、市场化的资金投入保障机制[1]。

完善城市间、流域内生态补偿机制，建立纵向为主、横向为辅，政府

---

[1] 李忠：《长江经济带生态产品价值实现路径研究》，《宏观经济研究》2020年第1期。

引导、市场参与的多元化生态补偿机制；积极发展资源环境权益交易，鼓励各地积极探索生态产品价格形成机制、碳排放权交易、可再生能源强制配额和绿证交易制度等绿色价格政策，完善资源环境价格机制；在森林、草原、湿地、水流、空气等不同领域探索开展资源资产化、证券化、资本化改革，拓宽换要素的领域；大力发展生态产业化和产业生态化等，依托生态保护开发优质的生态教育、游憩休闲、健康养生养老等生态服务产品。

（五）实施有利于推进绿色城镇化的经济杠杆调控手段

大力发展绿色金融。健全绿色信贷指南、企业环境风险评级标准、上市公司环境绩效评估等标准和规范，构建绿色项目库，在信贷领域推广"绿色优先，一票否决"的管理原则，禁止向不符合绿色标准的项目发放贷款；建立包括绿色发展引导基金、绿色产业发展基金、绿色担保基金、气候基金等多种形式的绿色基金，为绿色发展提供充足的融资手段支持；鼓励企业、金融机构发行绿色债券，募集资金主要用于支持生态修复、污染治理、绿色产业等领域，出台支持绿色债券的财政激励政策，补贴绿债发行；对于高环境风险企业强制推行环境污染责任保险。

逐步将居民用水价格调整至不低于成本水平，非居民用水价格调整至补偿成本并合理盈利水平，依据各城市缺水状况不同建立不同水价标准，进一步加大超额用水加价政策的力度。完善峰谷电价形成机制。研究降低城市环保基础设施电价政策。对实行两部制电价的污水处理企业用电、电动汽车集中式充换电设施用电、港口岸电运营商用电、海水淡化用电，免收需量（容量）电费。全面清理取消对"两高一剩"行业的优惠电价、水价以及其他各种不合理价格优惠政策。对淘汰类和限制类企业用电、用水实行更高价格。合理制定污水处理费标准，并依据定期评估结果动态调整，按照污水中污染物浓度、污水处理标准建立差别化的收费标准。在城镇地区对居民用户推行计量收费，实行分类垃圾与混合垃圾差别化收费等政策，建立农村垃圾处理收费制度。

试点探索拥堵费政策，改善绿色交通体验。一是为缓解交通拥堵带来的能源消耗及空气、噪声污染，建议在中国部分城市试点拥堵费政策。二是为鼓励绿色出行，进一步完善公共交通及换乘设施，加强无缝衔接，提升换乘体验。

主要人口流入地区人口流动及落户新态势对"十四五"城镇化空间布局的影响

——基于江浙4市的调研

长三角、珠三角等主要人口流入地区是中国城镇化的引擎,其人口流动及落户态势也是中国城镇化的晴雨表。基于此,课题组赴江苏省苏州市和无锡市、浙江省温州市和台州市进行专题调研,与政府有关部门、企业管理人员和一线工人进行深入交流,发现江浙地区城镇化和人口流动既有全国的共性特征,如城镇化进程放缓、落户进程放缓、落户积极性不高等,也有其自身的一些新特点,例如人口流向呈多极化特点,年轻人从业结构加快向服务也转换,传统制造业的智能化改造减缓了劳动密集型产业向中西部转移步伐,大学生群体父母投靠数量上升,公共服务差距导致医保移民等,这些苗头性倾向性情况,都将给"十四五"时期中国城镇化空间布局产生深刻影响,为此,建议:挖掘沿海地区发展潜力,让优势地区获得更大发展空间;把握主要流入地区人口增长趋于稳定的窗口期,加快培育都市圈;加快农村侧的土地改革等步伐,释放城镇化潜力;加快制定面向大学生的城镇化政策体系;调整完善七普调查统计等。

地处长江三角洲的江苏、浙江两省是中国经济较为发达的地区，吸纳了大量外来务工人员，是中国主要的人口流入地区之一。2019 年 7 月 12—16 日，国家发展改革委国土开发与地区经济研究所院重点课题"'十四五'时期新型城镇化空间布局调整优化研究"课题组赴江苏省苏州市和无锡市、浙江省温州市和台州市调研人口流动及落户新态势，期间与政府有关部门、企业管理人员和一线工人进行了多场座谈会，了解了这些地区人口流动的一手情况和最新动态，对下一步调整完善中国城镇化政策具有重要启示。

一　江浙 4 市人口流动及非户籍人口落户新态势

在人口流动速度、空间和行业分布、迁徙形式上都呈现出一些新的特点，落户政策上还存在着一些老问题。

（一）人口流入及落户进程放缓

城镇化速度呈现放缓趋势。苏州、无锡和温州三市已迈入城镇化后期阶段，2018 年常住人口城镇化率均超过 70.00%，分别达到 76.05%、76.28% 和 70.00%。三市城镇化速度呈现由升转降趋势，且近年来大幅显著下降，与 2013—2018 年城镇化速度峰值相比，2017—2018 年苏州、无锡、温州城镇化速度分别下降了 0.70、0.65 和 0.70 个百分点。2018 年台州市城镇化率达到 63%，仍然处于城镇化中后期阶段，城镇化速度依然较快，2014 年以来城镇化率年均增速达到 1 个百分点，但也呈现逐年下降趋势，2016 年以来每年下降约 0.1 个百分点。

部分流动人口大市出现人口净流出态势。温州和台州外来人口多，人口流动性大。近年来，两市流动人口持续减少、户籍迁入人数减少，整体呈现出人口净流出态势。2018 年，温州市居住半年以上的市外流动人口为 224.59 万人，比 2017 年减少 4.77 万人，台州市流动人口为 191.63 万人，比 2017 年减少 4.8 万人，且连续 5 年持续下降。同时，两市户籍人口增长以自然增长为主，机械增长减少，迁出人口主要以迁往省内其他城市为主。2018 年，温州和台州净迁出人口分别为 1.46 万人和 5804 人，且净迁出规模逐年扩大，2017 年和 2018 年温州户籍人口机械增长率分别

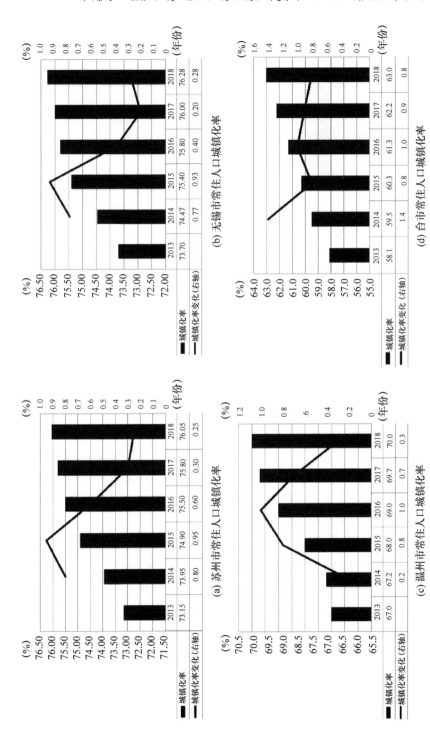

图 7-1 调研城市城镇化水平及变化情况（2013—2018 年）

资料来源：调研各城市公安和统计部门。

为 −0.75‰和 −1.76‰，台州市净迁出规模 2016—2018 年扩大了 8.3 倍。

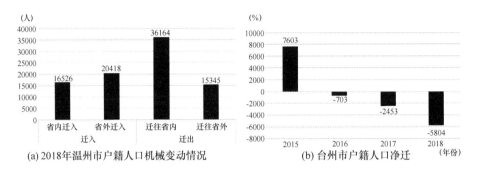

(a) 2018年温州市户籍人口机械变动情况　　　　(b) 台州市户籍人口净迁

图 7 − 2　温州和台州户籍人口机械变动情况

资料来源：各市公安和统计部门。

人口流入地以中部省份为主。温州市外来人口以省外流入为主，2018 年省外流入人口达到 313.97 万人，占外来人口总数的 90.66%，排名前五的省份分别为贵州、江西、安徽、湖北、河南等，共计 210.8 万人，占来自省外流入人口的 67.1%。

流出地以省内的中心城市为主。台州市迁出人口主要是省内外迁，2018 年约为 70%，其中省内外迁又以迁往杭州与宁波两个中心城市为主，2018 年有 11292 人，占省内外迁总人数的 63.03%。

非户籍人口落户进程慢。2018 年台州市城镇化率为 63%，在浙江省列倒数第 2 位，仅高于丽水。2016—2018 年户籍人口城镇化率年均增速为 0.4 个百分点，低于常住人口城镇化率年均增速 0.5 个百分点，常住人口和户籍人口城镇化率差距呈逐年扩大趋势。

以本地落户为主，外地落户较少。2018 年，台州市农业转移人口落户城镇共 12474 人，其中本市人口占了绝大部分，为 9236 人，占 74.04%，外地人员落户为 3238 人，仅占外来流动人口的 0.17%。整体来看，调研中发现，由于新生代农民工数量逐渐增多，流动性较大，同时难以割舍农村的既得和预期利益，加上相对较高的城镇生活成本，调研地区农业转移人口落户城镇的意愿普遍不强。据台州市公安局调查问卷显示，仅有 43.8% 的本地农民和 33.8% 的外来务工人员愿意在当地城镇落户，而落户的主要动因是保障随迁子女在当地就学。

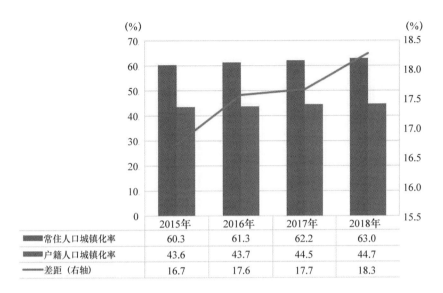

	2015年	2016年	2017年	2018年
常住人口城镇化率	60.3	61.3	62.2	63.0
户籍人口城镇化率	43.6	43.7	44.5	44.7
差距(右轴)	16.7	17.6	17.7	18.3

图7-3 台州市常住人口城镇化率和户籍人口城镇化率变化

资料来源:各市公安和统计部门。

(二)人口流入目的地"多极化"

江苏、浙江两地人口流入目的地呈现较明显的"多极化"特征[①],省会城市在吸纳人口方面不是最为突出。以江苏省为例,2017年人口净流入的城市有5个,全部在苏南地区,人口净流入规模最大的城市不是省会南京,而是苏州和无锡,分别为377万人和162万人,占常住人口的35.31%和24.76%。省会城市南京人口净流入量仅排全省第3位,净流入152.86万人,占常住人口的18.34%。常州和镇江紧随其后,分别净流入93万人和48万人。其余8个市都是人口净流出地区。这与主要人口流出地区有很大区别,以河南为例,2018年,河南省18个省辖市中只有省会郑州是人口净流入,净流入228.13万人,占常住人口的比重为29.04%,这一比重比南京高出了近11个百分点,而其余17个市都是人口净流出。这反映出,在经济发达省份,由于经济实力强、就业岗位多的城市数量多,人口流入的选择更多,因此呈现出多极化的态势。

---

① 曹广忠、陈思创、刘涛:《中国五大城市群人口流入的空间模式及变动趋势》,《地理学报》2021年第6期。

表 7 - 1 　　　　　　　　　江苏各市常住人口数（2017 年）

排名	地区	常住人口（万人）	城镇化率（%）	户籍人口（万人）	人口净流入（万人）	净流入人口数量占常住人口比重（%）
一	江苏省	8029.30	68.76	7794.19	235.11	2.93
1	苏州市	1068.36	75.80	691.07	377.29	35.31
2	徐州市	876.35	63.76	1039.42	- 163.07	- 18.61
3	南京市	833.53	82.29	680.67	152.86	18.34
4	南通市	730.30	66.03	764.47	- 34.17	- 4.68
5	盐城市	724.22	62.90	826.15	- 101.93	- 14.07
6	无锡市	655.30	76.00	493.05	162.25	24.76
7	宿迁市	491.46	58.53	591.01	- 99.55	- 20.26
8	淮安市	491.40	61.25	560.90	- 69.50	- 14.14
9	常州市	471.73	71.80	378.84	92.89	19.69
10	泰州市	465.19	64.93	505.19	- 40.00	- 8.60
11	连云港市	451.84	61.70	532.53	- 80.69	- 17.86
12	扬州市	450.82	66.05	459.98	- 9.16	- 2.03
13	镇江市	318.63	70.50	270.90	47.73	14.98

资料来源：《江苏统计年鉴2018》。

不仅如此，在主要人口流入地市域内部，中心城区和郊区辖县（市）人口流入相对均衡，调研了解到，无锡市下辖六区两市（县）中，江阴、宜兴二市户口准入门槛与中心城区六区宽严倒挂，这些郊区辖县（市）产业基础雄厚、经济发达，高中教育水平较高，但房租等生活成本低，对流动人口的吸引力和吸纳能力反而更强。

（三）年轻人就业深度服务化

调研地区的流动人口呈现低学历、年轻化，近年来，随着一般制造业企业转移和产业智能化改造升级，流动人口就业吸纳主体逐渐由一般制造业转为以批发零售和住宿餐饮为主的服务业。特别是，随着外卖、快递等新经济行业的加速崛起，为流动人口提供了大量的快速就业机会。

一是青壮年群体依然占流动人口主体。16 岁以下流动人口规模大幅上涨，流动人口呈现年轻化态势。例如，2018 年温州市 16—44 岁流动人口为 255.91 万人，各年龄段流动人口中占比最高，为 65.24%；16 岁以下流动人口为 32.43 万人，较 2017 年增加 6.47 万人，占比达到 9.36%，同比增加 24.92%，增速远高于其他年龄段流动人口。

二是年轻一代外来务工人员从事制鞋等传统劳动密集型制造业意愿不高。温州是世界鞋都，2018 年鞋类产值超 1000 亿元，出口 286.1 亿元，制鞋行业是温州市吸纳流动人口的主要行业之一，调研发现，年轻一代外来务工人员大都不愿意从事这类附加值较低、相对枯燥、收入较低的劳动密集型一般制造业，制鞋企业年轻职工的流动性较强。在与鞋厂一线年轻工人的交流中发现，跳槽走的年轻人大多离开了工厂的流水线，转向了电商等服务业。

三是外来务工人员整体文化程度较低，随着产业智能化转型升级和"机器换人"加快推进，对学历要求不高的一般制造业岗位渐少。调研发现，大部分外来务工人员呈现就业层次低、学历较低、收入不高等特征，导致这些人在城市长期生活工作的生存能力和竞争力不强。例如，2018 年温州市 298.18 万人外来人员中初中及以下学历人员占到了 86.1%，台州为 79.19%。外来务工人员的学历结构与当地服装、鞋袜等劳动密集型产业结构密不可分，但是在调研中了解到，近年来，温州、台州等市大力引导帮扶企业"机器换人"，不断推动技术红利替代人口红利，实现减员、减能、减污和减耗，对学历要求不高的劳动密集型传统制造业就业岗位减少，部分文化程度较低的外来务工人员呈现流出态势。

四是新经济、新产业、新业态加快创造了新就业，逐渐成为吸纳年轻一代外来务工人员就业的主要行业。调研发现，相比于枯燥的传统制造业岗位，大量年轻一代外来务工人员更愿意从事外卖、快递等新经济领域行业，支撑了新经济服务业的快速扩张。根据饿了么公布的 2017 年度外卖数据，在全国城市订单量排名中，温州市位列第 7 名。全国的情况也比较类似，外卖骑手增长迅速，据《城市新青年：2018 外卖骑手就业报告》显示，2018 年，仅美团外卖在全国就有 270 多万骑手，比 2017 年增加近 50 万；工作地域以广东、江苏、浙江等主要人口流入地区为主；年龄结构以"80 后""90 后"居多；学历以初中、高中为主，其中初中学历占比最高，达到 38%。

（四）父母迁徙中存在医保移民现象

当前"80后""90后"多为独生子女，根据各地人口投靠政策，允许将达到退休年龄的父母户口迁至子女工作地，于是出现了新的情况。

一是从早期农民工带着子女举家迁徙转变为现在的大学生带着父母举家迁徙的现象。从与企业员工的访谈中了解到，一是带父母迁徙多数以城城流动为主，约占所有父母迁徙的80％，主要是因为经济条件等影响，农村户籍父母随子女进城还收到居住条件等现实条件的制约，而城市户籍的则经济状况要好一些，受这方面的约束较小。二是以小城市向大城市迁徙为主。一般来讲，目前中国的年轻一代倾向于到比原生地更大的城市就业生活，因此随迁父母也呈现出从小城市向大城市迁徙的特征。三是迁出地主要是东北地区等老工业城市。一般而论，从社会意义上，人口更倾向于向上跃迁，按此规律应该表现为从欠发达地区向发达地区迁徙的特征，但是由于父母随迁还受到经济因素影响，老工业城市早期家庭生活条件较好，往往拥有一定积蓄，产业衰退和转型压力形成了挤出效应。调研中了解到，在苏州、无锡，从东北等老工业城市投靠的父母数量较多。

调研中发现了"医保移民"现象，虽然还不是主流现象，但也应引起重视。苏州、无锡经济发展水平高，医疗保障水平比其他地方高，可以报销的疾病种类和药物范围大，一些在其他地方无法报销的大病，如尿毒症等为苏州医保目录，当地医保局反映，出现了一些公司有许多尿毒症患者的现象，怀疑是医保移民挂靠该公司，这些公司专门从事此项业务，帮助患者通过户口迁移来套取更多医药费，给当地财政带来额外负担。据了解，该情况在江浙等经济较为发达、医保报销标准较高的地区均不同程度存在，应予以关注并进一步弥补政策漏洞。

（五）落户城镇的实际门槛依然较高

在实际操作中还存在买房落户、积分落户等抬高落户门槛的做法，普通农民工仍然难以在这些主要人口流入地区取得户籍。

一是将落户与购房挂钩。有的城市把是否购房以及购房面积大小作为落户的先决条件，例如，无锡市规定：有建筑面积54平方米以上所有权住宅，仅需在本市依法缴纳社会保险并申领（签注）《江苏省居住证》均满 1 年即可落户；而有建筑面积 54 平方米以下所有权住宅和租房的外来人口分别需要满足在本市依法缴纳社会保险并申领（签注）《江苏省居住证》2 年和 5 年的年限要求；同时，购买房屋也是父母、子女和配偶投靠落户无锡的前置条件。

表 7 - 2　　　　　　　无锡市依据住房条件设置差异化落户门槛

住房门槛	本市依法缴纳社会保险年限要求	申领（签注）《江苏省居住证》年限要求
在本市有建筑面积 54 平方米以上的所有权住宅	满 1 年	满 1 年
在本市有建筑面积 54 平方米以下的所有权住宅	满 2 年	满 2 年
在本市有经房产管理部门办理租赁登记备案的租赁住宅	满 5 年（宜兴市为满 3 年）	满 5 年（宜兴市为满 3 年）

资料来源：《无锡市户籍准入登记规定》。

二是普通技术工人和职业院校毕业生等落户仍然没有放开。2016 年国务院办公厅印发的《推动 1 亿非户籍人口在城市落户方案》明确规定，省会及以下城市要全面放开对高校毕业生、技术工人、职业院校毕业生、留学归国人员的落户限制。然而，调研中发现部分地区仅对高学历、高技能人才和留学归国人员放开了落户限制，而对普通技术工人、职业院校毕业生依然设置了参加城镇社会保险和连续居住年限要求的落户门槛。例如，无锡市对普通技术工人和职业院校毕业生依然设置了 1 年的缴纳社会保险和连续居住的年限要求。

三是许多大城市采取"指标分值 + 落户指标 + 住房面积"的积分落户政策形成了落户高门槛。调研中发现，苏州市属于 I 型大城市，外来人口密集，采取流动人口积分管理办法，具体为：苏州市根据公共资源的实际情况，每年设定"入户指标数"，已纳入本市流动人口积分管理，并在市区具有合法稳定住所且人均住房面积不低于市区住房保障准入标准（人均 18 平方米）的流动人口可以申请积分落户。在每年"入户指标数"总量控制的基础上，由于文化程度、技能水平和房产情况在计分体系中占有较大比重，高学历、高技能人才，购买房屋人群所得分值远远高于一般普通农民工，导致普通农民工的积分排名通常靠后，处于"入户指标数"之外，积分落户的难度依然较大。

四是租房落户仍存在隐形门槛。虽然各地对合法稳定住所的认定包含了租赁住宅，但是无锡等部分地区对租赁住房的认定，需要是在房产管理部门办理租赁登记备案的租赁住宅，绝大多数房东出于对登记备案后潜在税费风险的回避，没有办理也不远办理该登记备案，再加上不少农民工居住在"城中村"的小产权房，租赁房主也没有办法出示房产证明和进行备案登记。因此尽管许多农民工长期租赁居住，但由于租住的房屋不具备登记备案条件，或者没有签署经房管部门认可的房屋租赁合同，因此而不具备落户条件，从而形成了租房落户的隐形门槛。此外，居住在企业集体宿舍的农民工也不具备租房落户资格。

二　人口流动态势对"十四五"中国城镇化布局的影响

通过对调研掌握现象的分析，我们判断，人口流向特征、就业结构转换、产业智能化转型、土地制度改革等将对下一步人口流动分布有决定影响，并将传导影响"十四五"时期中国城镇化布局。

（一）人口流动的多向特征更加明显，将会加速了都市圈和城市区域的形成及其内部的网络化

尽管从数据上看，杭州、宁波、合肥是长三角地近年来人口增速最快的，2018 年分别增长了 33.8 万人、19.7 万人、12.1 万人，均高于 2017 年，呈现出加速集聚态势。但在调研中也看到，从承载外来人口的规模看，省会城市南京、杭州并不是最高的，而是出现了多极化特点，省内的第二、第三层次的城市也在吸纳人口中扮演了十分重要的角色。主要是由于，伴随着经济密度的提升，在区域层面的生产分工体系逐渐形成，第二、第三层次的城市也有一定的产业竞争力，再加上城际交通日益通畅，公共服务均等化持续推进，也对特定行业、特定群体形成了较强的集聚能力。综合来看，随着人口流向的多元化，中国正在潜在形成人口分层流动的格局，客观上也促进了都市圈、城市区域（Global City Region）的形成

及其内部的一体化网络化①，这也预示着推动城市群、都市圈发展在·"十四五"时期的重要性。

（二）流动人口从业结构加快向服务业转换，将会进一步促进人口向大城市和大都市圈集聚

近年来，以农民工为主体的流动人口就业结构加快从劳动密集型制造业和建筑业转向以批发零售和住宿餐饮为主的服务业。农民工是中国流动人口的主体人群②，随着制造业转型升级和服务业加快发展，其从事制造业的比重由 2008 年的 37.2% 持续下降至 2017 年的 30% 左右，而从事批发零售、住宿餐饮业等服务业的农民工占比近年来持续上升。由于服务业更加依赖于人口和产业的高度集聚，随着服务业逐渐成为中国城镇化的主要带动力，人口和各类生产要素将进一步向中心城市和大都市圈集聚。以消费行业为例，国际经验和消费城市理论表明，城市人口规模和集聚程度的增加有助于培育地方巨大消费市场，提升消费产品和服务的数量、种类和质量，提供更多消费行业就业岗位。因此，大城市和大都市圈将成为吸引流动人口的主要集聚地。

（三）传统制造业智能化升级重塑沿海地区竞争优势，将会延缓部分产业转移和人口回流步伐

目前，沿海地区的传统劳动力密集型优势产业，通过放大自身产业集群优势，加快智能化生产，有效应对了劳动力要素成本上升，延续并重塑了传统制造业产业的竞争力。就地转型升级成功的制造业企业，一方面通过"机器换人"提高生产效率避免了向劳动力成本较低区域转移，另一方面，通过集群效应，进一步吸引相关产业和劳动力集聚。如温州市眼镜行业通过高端化、时尚化和品牌化"三化"转型，突破传统产业发展瓶颈，加快实现转型升级，加快向智能化转变。随着企业加大投入"机器换人"，劳动生产率显著提高，虽然单个企业员工数量有所减少，但是产业集群化效应更加凸显，行业竞争力得以提升，更多企业和就业进一步向温州集

---

① 刘保奎、张燕、邓兰燕：《沿海城市群中小城市推进农民工落户的困境——基于浙江嘉善的调研》，《中国经贸导刊》2017 年第 9 期。

② 2018 年外出农民工数量约占中国流动人口的 70.8%。

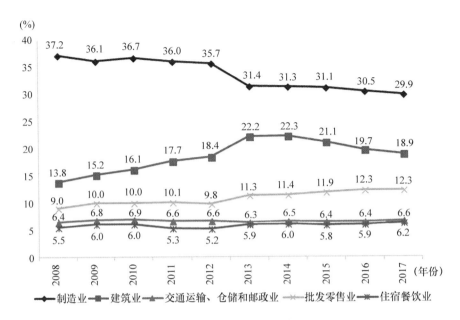

图7-4　农民工行业分布

资料来源：Wind，国家统计局。

聚。例如，温州市瓯海区2017年集聚了500多家眼镜企业，2016—2018
年，规模以上企业销售产值每年增长20%以上，相关产业产值总计超百亿
元，在未来5—10年计划打造成500亿甚至是千亿元产值产业。

（四）加速农村土地改革步伐，将会促进农村转移人口市民化质量

早在2014年7月国务院颁布的《关于进一步推进户籍制度改革的意
见》就明确提出，不得以退出土地承包经营权、宅基地使用权、集体收益
分配权作为农民进城落户的条件。2019年7月19日，韩正副总理在全国
户籍制度改革推进电视电话会议上再次提出，要完善户籍制度改革配套政
策，切实维护进城农民的农村权益，给农业转移人口更加稳定的预期，让
他们安心进城落户。但是调研中了解到，许多政策落地实施难度仍然较
大，主要是随着近年来农村承包地、宅基地、惠农直补等利好政策出台，
土地价值越来越高，农民担心一旦户口迁出农村，农村有关土地房屋权益
存在受损风险，难以根本保障。如果没有农村地区有关土地制度改革的推
进，农民进城的态度就会摇摆，下一步，关键还是要改变农民心理预期，

对《中华人民共和国土地管理法》等有关法律进行必要修订，可以预见，通过加大农村土地改革力度，农村转移人口市民化质量将会显著提高，将会释放中国城镇化的新一波潜力。

三　对"十四五"中国城镇化布局优化的建议

从调研中了解到的情况和问题看，当前和今后一段时期中国城镇化进程和布局正在发生深刻调整，"十四五"时期面临有必要长短结合采取措施积极应对。

（一）挖掘沿海地区潜力，让优势地区获得更大发展空间

沿海地区仍然具有无可比拟的优势，产业基础好，产业集群效应明显，劳动生产率高，就业回旋余地和弹性大，基础设施和公共服务好，如果政策得当，对农民工的吸引力仍然很大。下一步要从政策上进一步挖掘沿海地区潜力，采取更加灵活的土地制度，一是长三角、珠三角等先发地区，通过"机器换人"等继续留住一些劳动密集型产业，并依托其良好的产业集群和产业生态优势，增强技术研发、品牌等，加快向中高端迈进。二是进一步发挥山东半岛、海峡西岸、北部湾等地区交通优势和产业基础，在有条件的地区适当发展，承载更多的经济活动。三是在沿海地区的非城市群地区，依托一些功能较强的城市，如温州、徐州等，改善发展条件，增强产业和人口承载能力，增强区域辐射和带动效应。

（二）把握主要流入地区人口增长趋于稳定的窗口期，加快培育都市圈

近年来，长三角地区相对全国人口规模已经停止增长，尤其是上海、江苏两地相对全国人口规模开始下降，这表明区域人口流入压力相比过去大为减轻。从区域产业升级、就业结构变化、区域工资收敛等因素判断，这一变化不是暂时性变化，更可能具有持续较长一段时间的趋势性[1]。人

---

[1]　刘涛、陈思创、曹广忠：《流动人口的居留和落户意愿及其影响因素》，《中国人口科学》2019年第3期。

口增长放缓某种程度上缓解了对开展城市间的排斥性，为开展合作创造了条件，应把握时机，加快培育发展现代化都市圈，使之成为承载人口和经济活动的重要空间形态。一是强化城市间专业化分工协作，推动中心城市产业高端化发展，夯实中小城市制造业基础。二是推进都市圈内基础设施建设，重点打造轨道上的长三角。三是强化生态网络共建和环境联防联治，共建美丽都市圈，实现一体化发展中生态环境质量同步提升。率先实现城乡融合发展，促进城乡要素自由流动、平等交换和公共资源合理配置。

（三）以农村土地改革为抓手促进城乡融合

针对人口进城步伐放缓、在城市落户意愿不高等情况，应以实施2020年《中华人民共和国土地管理法》为契机，加快制定有关政策，赋予农村土地抵押担保等更加完整的用益物权，促进农地产权在更大范围内和更大程度上流转①。允许集体经济组织以外的成员依法直接获得农村集体土地的承包经营权。探索宅基地集体所有权、农户资格权和使用权"三权分置"制度，赋予农村宅基地在集体经济组织内部和外部的出租、担保、抵押和转让的完整产权。建立进城落户农民宅基地有偿退出和转让机制，但对于符合享受城市公租房条件的农民工，不能强迫其无偿放弃原宅基地的使用权。建立城乡统一建设用地市场，推进建设用地增减挂钩节余指标跨省域调剂。

（四）加紧制定面向大学生的城镇化政策

在主要人口流入地区，新增就业人口中大学生的比重在上升，已经代替农民工成为新增城镇人口的主体。大学生在进城意愿、就业偏好、生活诉求等方面与农民工有较大区别。而从目前情况看，农民工总规模也在接近峰值，每年新增农民工的数量已经开始减少，但受过良好教育的大专以上人口数量增长很快，各地也都看到大学（大专）毕业生正成为谋划下一时期发展的战略资源，许多城市都在竞相抢人。"十四五"时期要重点完

---

① 周旭霞：《断层：新生代农民工市民化的经济架构——基于杭州新生代农民工的调研》，《中国青年研究》2011年第9期。

善面向大学生完善有关城镇化政策，一是规范和稳定"抢人"有关政策，提供户籍的基础上，创造更好的就业创业环境。二是提供更有针对性的公共服务，包括数量充足的保障性住房，丰富的活动场所。三是为大学生职业成长提供专业的服务，提供更多弹性就业、灵活就业机会，为大学生深造提供更多深造机会。

（五）针对城镇化和人口流动新变化完善七普调查统计

城镇化和人口流动的深刻变化，对人口调查和统计提出了新的要求，需要在七普中增加部分指标。一是要对于城乡统计代码中为城镇地区的，应进一步划分市区城区、县城城区、镇区、一般城镇地区，能够相对准确地反映一个城市与物质实体对应的城区人口情况，准确统计每个县级市城区、县城城区、建制镇镇区的人口情况。二是在人口社会属性上，增加迁徙的有关信息，如对从常住人口中的户籍人口，应统计区分本地户籍还是外地迁入，外地迁入的要统计迁入时间；对常住人口中的非户籍人口，要统计流出地（老家）的城乡属性。

两端发力：后发山地省份优化
城镇化布局形态的建议

——基于云贵4市（州）的调研

西南云贵两省作为后发地区和山地地区，城镇化空间布局有其特点，省会城市为中心的都市圈扮演重要角色，县城和特色镇也受到充分重视，易地扶贫搬迁集中点也在一定程度上成为影响城镇化形态的新变量。但同时还存在着农业转移人口落户意愿不强，支撑城镇化的产业基础薄弱，民族自治州财政统筹能力不足、优势地区发展空间尚未打开等问题。建议后发山地地区可借鉴云贵经验，强化"都市圈＋县城和特色镇"两端发力的城镇化形态，重视特色产业对城镇化的拉动作用，发挥内陆和边境开放带动作用，探索民族自治地区行政管理体制改革，保持后发地区城镇化的绿色底色。

中国幅员辽阔，不同地区城镇化进程、模式及布局形态特征有很大区别，但无论是学术界还是政策界对城镇化的讨论焦点都集中在长三角、珠三角等先发地区，而对后发地区的关注明显不足。近年来中国西南地区经济增长亮点不少，城镇化和城市发展也有较好表现，逐渐形成了一定特色，成为一些后发地区学习的榜样。那么，西南省份城镇化布局形态上究竟有哪些好的做法？是否存在一定的规律性？对中国后发地区城镇化布局有何借鉴价值？带着这些问题，国家发展改革委国土开发与地区经济研究所院重点课题"'十四五'时期新型城镇化空间布局调整优化研究"调研组于 2019 年 6 月 30 日至 7 月 6 日到云南省昆明市和（保山市）腾冲市、贵州省贵阳市和黔西南州调研，通过组织座谈会、现场踏勘等形式，掌握了云贵两省城镇化及其空间布局优化的最新实践、典型经验等，可为研判全国"十四五"时期城镇化空间发展趋势，促进后发地区城镇化健康发展提供一定支撑借鉴。

一　云贵两省城镇化空间布局的新进展

"江南千条水，云贵万重山"，山地特征是云贵两省的标签，云南省山

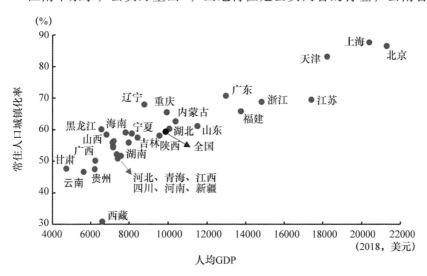

图 8-1　云南、贵州两省在中国省级单元的城镇化率和发展水平（2018 年）

资料来源：《中国统计年鉴》。

地、高原面积占总面积的 94%，贵州山地和丘陵占总面积的 92.5%，素有"八山一水一分田"之说。由于经济社会发展相对滞后，加之山地地形制约①，两省城镇化水平远低于全国，在西南五省中也排名后两位②。但两省依山就势，在城镇化发展过程中逐步形成了自身特色，初步形成了以省会城市 + 县城和特色镇"两头为主"的城镇化布局形态。

（一）行政因素、交通格局是山地地区城镇化空间形态的重要影响因素

根据克里斯坦勒的中心地理论③，城镇的空间分布形态受市场因素、交通因素和行政因素的制约，形成不同的中心地系统模型。从云南、贵州城镇演化形态看，主要受到了行政因素和交通因素的影响。

一是行政因素是云贵两省城镇分布的主因素。首先，省会城市首位度相对较高。在全省城镇体系中扮演重要龙头地位，人口和经济占全省比重均在 35% 以上，且近年来仍然在快速上升。省会城市规模远远高于第二位的城市规模，"二城市指数"较高，这与沿海广东、福建、江苏、浙江、山东等省份双核的城镇体系有很大不同④。其次，城市规模与行政层级密切相关，省会城市是第一层级，地级市中心城区、州政府所在地中心城区是第二层级城镇，规模一般为 50 万—100 万人，也有部分不足 50 万人，平均规模较小。县城是第三层级，县城建成区人口规模一般在 10 万人以下，极少超过 10 万人，县城规模与沿海地区有较大差距。

二是交通因素是云贵两省城镇格局调整的关键因素。长期以来山地省份多受地形制约，交通瓶颈比较明显，人员及生产生活要素的流动受到较

---

① 樊杰、王强、周侃、陈东：《我国山地城镇化空间组织模式初探》，《城市规划》2013 年第 5 期；王凯、徐辉：《科学发展观指导下的山地丘陵地区特色城镇化发展模式——以江西省为例》，《中国科学技术协会、重庆市人民政府山地城镇可持续发展专家论坛论文集》2012 年，第 40—47 页。

② 曹广忠、刘涛：《中国城镇化地区贡献的内陆化演变与解释——基于 1982—2008 年省区数据的分析》，《地理学报》2011 年第 12 期。

③ ［德］沃尔特·克里斯塔勒：《德国南部中心地原理》，商务印书馆 2010 年版，第 102—105 页。

④ 李晓江、郑德高：《人口城镇化特征与国家城镇体系构建》，《城市规划学刊》2017 年第 1 期；郑德高、闫岩、朱郁郁：《分层城镇化和分区城镇化：模式、动力与发展策略》，《城市规划学刊》2013 年第 6 期。

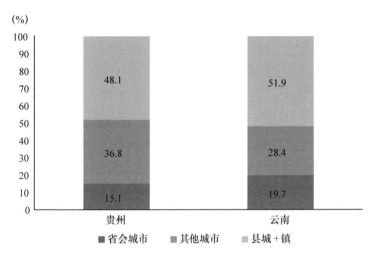

图 8 - 2 贵州、云南户籍城镇化人口分布情况（2018 年）

资料来源：《中国城市统计年鉴》《中国县域统计年鉴》。

大限制，是影响城镇化发展的重要因素。近年来，随着云贵两省交通基础设施的不断改善，交通对城镇化布局形态的影响逐渐从"瓶颈"转变为"支撑"。贵州是这方面的典型，不仅打通对外通道、密切与北上广深渝中心城市联系，还实现了"市市通高铁、县县通高速"的大突破。2018 年贵州高速公路通车里程达 6452 公里，排名全国第 7 位，高铁通车里程1127 公里，居全国第 9 位，西部省份第 1 位，成为中国少数几个高铁成网的省份之一，建成了贵广、沪昆、渝贵、成贵等高铁通道，贵阳可 3 小时到广州、6 小时到上海，9 小时到北京。交通通道成为城镇化形态的主骨架，贵州全省城镇密集地区呈现以贵阳为中心沿交通廊道向西、南、北三个方向延伸，呈"一核三射"形态。市州内部城镇化空间形态也充分依托重要交通干线发展，以黔西南州为例，以州政府所在地兴义市为主核，依托区域交通通道，串联形成市（州）域城镇布局框架，在交通相对密集的地区形成了兴—兴—安—贞城镇组团，实现小城镇组团式、串珠式、点状式的集群发展，发展出贞丰县者相镇、兴仁县巴铃镇、义龙试验区鲁屯镇、兴义市清水河镇等为代表的一批旅游、商贸、文化名镇。

（二）省会都市圈成为引领全省城镇化的动力源

两省在黔中、滇中城市群的基础上，把工作重点放在了培育和打造以省会城市为核心的都市圈上，逐步成为全省城镇化的核心引领区。

一是支持省会城市加快发展。为做强省会核心，贵阳和昆明较早规划建设了新区，目前昆明呈贡新区、贵阳观山湖新区都已经走过了"鬼城拐点"，人气和产业集聚能力显著提升。两省还都争取到了国家级新区贵州贵安新区、云南滇中新区，显著提升了城市在全国的位势，为城市进一步拉开框架、吸引投资提供了良好机遇。撤县（市）设区行政建制调整也为城市发展赢得更大空间，贵阳已经计划将下辖"三县一市"全部设区。2018 年，贵阳、昆明城镇化率达到 75.43%、72.85%，是两省城镇化水平的 1.59 倍和 1.52 倍，分别比 2015 年增长了 26 万人和 17.3 万人，城镇常住人口占全省比重超过 20%。

表 8-1　　　　　　　　　　　省会城市城镇化水平

	2015 年		2016 年		2017 年		2018 年	
	与全省城镇化率比值	城镇常住人口占全省比重（%）	与全省城镇化率比值	城镇常住人口占全省比重（%）	与全省城镇化率比值	城镇常住人口占全省比重（%）	与全省城镇化率比值	城镇常住人口占全省比重（%）
贵阳	1.74	22.83	1.68	22.19	1.63	21.80	1.59	21.53
昆明	1.62	22.76	1.58	22.25	1.54	21.80	1.52	21.61

资料来源：贵州、云南、贵阳、昆明经济社会发展统计公报。

二是推进省会城市与周边城市同城化一体化。以贵州为例，重点推动贵阳—贵安—安顺同城化，重点发展贵阳都市圈，贵阳市分别与贵安新区、安顺签订了"五联十同"协议①，并与遵义等城市实现更加紧密的联动发展，黔中城市群城镇人口突破 1000 万，其中贵阳市中心城区人口接近 330 万，遵义市中心城区达到 160 万人左右。2018 年，贵阳和遵义中心城区人口分别达 330 万、160 万人，贵阳与周边遵义、安顺、毕节等地形成的贵阳都市圈常住人口超过全省的 1/3，城镇人口超过全省 1/2，人口集聚效应明显。

---

① 即城乡规划联审联批、重大基础设施联建共享、重大项目联报联建、生态环境保护联防联治、招商引资联动联促，规划协同、资源同享、市场同体、交通同网、产业同兴、科技同振、旅游同线、信息同享、管理同治、环境同建。

（三）县城和特色镇成为就近城镇化的重要载体

西南山地地区城镇发展受自然地理条件影响大，只有在群山之间的平地"坝子"上才有可能形成城市，城市的大小几乎取决于其所在的坝子大小。这是云贵大中城市数量少、以小城镇为主的空间形态的基础原因。基于这一实际，两省在制定本省城镇化政策时，除了重点培育省会都市圈外，都非常重视包括县城在内的小城镇发展，通过加强政策支持，充分发挥县城在生产要素聚集和辐射、吸纳农业转移人口中的作用，释放产业支撑和人口集聚能力。因此县城和小城镇在全省城镇化布局形态中地位重要，云南、贵州县城和小城镇户籍城镇人口占全省城镇人口的比重分别达到51.9%和48.1%，其中云南的"美丽县城"和贵州的"特色小城镇"建设具有一定特点。

云南省提出建设"美丽县城"。2019年云南省出台了《云南省人民政府关于"美丽县城"建设的指导意见》（云政发〔2019〕8号），成立了省长担任组长的"美丽县城"建设工作领导小组，计划三年（2019—2021年）投资300亿元，其中省财政120亿元，争取中央预算内资金和安排省级既有专项资金180亿元。按照"干净、宜居、特色"的目标要求，重点是全省15座国家和省级历史文化名城、29个少数民族自治县的县城。重点推进"厕所革命"、生活污水、垃圾处理设施建设、老旧小区改造、农贸市场整治建设、路网、排水设施、城市公园、医疗设施、公共文化和旅游服务设施10个领域基础设施建设，全力打造形成一批特色鲜明、功能完善、生态优美、宜居宜业的"美丽县城"。目前这一行动正在开展，县城的基础设施、人居环境得到显著改善，为提升人口和产业吸纳能力提供了较好支撑。

贵州重点建设特色小城镇。小城镇具有生态环境宜人、生活成本适中、连城带乡等发展优势。贵州把重点放在了培育和建设小城镇上，是中国较早提出特色小（城）镇建设的省份，在2016年2月国家发展改革委组织的特色小镇专题发布会上，贵州与浙江一起进行经验汇报。贵州的特色小城镇可以概括为三方面：一是"'十百千'计划"，即每年重点支持10个左右县（市、区、特区）整体推进区域内小城镇建设，以100个示范小城镇为抓手，带动全省1000多个小城镇共同发展。二是1镇带N村的"1+N"镇村联动发展模式，推动小城镇与乡村在城乡规划、基础设施、公共服务设施、产业发展、生态保护、村镇管理等方面融合发展。三是"8+X"的小城镇基础设施建设，完善道路、供水、供电、通讯、污水垃圾设施建设。

（四）异地扶贫搬迁集中安置点成为城镇化空间布局的新形态

云南、贵州两省贫困人口量多面广、贫困程度深，是中国扶贫工作任务较重的省份，其中易地扶贫搬迁量也比较大，云南省与贵州省"十三五"时期规划实施建档立卡贫困人口易地扶贫搬迁99.5万和188万人，共占到了全国总量的28.8%，搬迁集中安置点也成为城镇化空间布局的重要形态。

易地扶贫搬迁成为城镇化的新动力。以贵州为例，2017年起，贵州省易地扶贫搬迁全部实行城镇化集中安置，2017年、2018年两年进城安置入住的易地扶贫搬迁人口，占同期贵州省新增城镇人口的51.49%，黔西南州易地扶贫搬迁城镇化集中安置人口对新增城镇人口的贡献率更是达到65%以上。

依托城边、镇边、园边布局集中安置点。为有效解决提升搬迁群众的后续生产生活问题，两省依托市（州）政府所在城市、县城、中心镇等城镇化发展优势地区，在产业园区、商贸城、物流园等靠近就业岗位的区域布局安置点（小区），并在园区、商贸城、物流园提供一定就业岗位，方便异地搬迁居民就业，确保搬迁群众"留得住、能致富"。在安置点选址和前期规划时，就注重做好就业市场与搬迁劳动力"双向调查"，合理确定安置点建设规模。如黔西南州兴义市就主要利用区位最好、经济价值最高得城市中心区来安置异地搬迁群众，全市11个安置点中有8个在城区。贵州还对15.47万易地扶贫搬迁劳动力开展全员培训，充分对接了安置点就业岗位和省内外用工需求，培训后实现就业、创业10.53万人，初次就业率为68.09%。

二　城镇化空间布局存在的难点与问题

云南、贵州等后发山地省份受经济社会发展阶段、自然地理和体制机制等因素的影响，在城镇化空间布局上还存在长效内生动力不足、中间层级规模中心城市的支撑能力较弱、民族地区城镇化统筹水平较差、省会核心城市的引领带动作用不强等问题。

（一）农业转移人口落户意愿不强，导致中间层级的地州中心城市支撑能力弱

尽管出台了一些鼓励农民进城落户的政策，由于缺乏稳定的就业支撑和配套的公平的社会保障体系，许多已经具备条件的农业转移人口不愿意选择城市户籍，宁愿选择目前这种农忙务农、闲时外出务工的"流而不迁"的形式。

一是城镇对农业转移人口的吸引力不强，进城农民落户城镇前瞻有虑。省会核心城市落户的高门槛和生活的高成本限制了农业转移人口的落户规模，中间层级的地州中心城市无法形成对剩余转移人口的有效吸引和集聚，造成中间层级中心城市城镇化水平不高，对城镇化形态的支撑能力不足。以云南省为例，大城市（城区人口100万—500万）只有昆明主城区，中等城市（城区人口50万—100万）只有曲靖市主城区，全省城镇地区以小城市和建制镇为主，城镇建设水平偏低、产业支撑力不足等问题，导致客观上城镇对农业转移人口的吸引能力不足，进城农民对落户城镇没有那么向往。

二是基础教育等公共服务供给不足。目前农业转移人口市民化成本由中央、省、市、县财政及个人分担机制尚未形成，相当部分地区还未稳定纳入年度财政预算保障，地方政府特别是县一级政府的公共服务供给能力不足，其中基础教育问题最为突出，面临着随迁子女和留守儿童的"双重压力"，以贵州为例，有52万名留守儿童需要在当地入学，还要解决数万名省外人员随迁子女入学，导致在一些城市存在缺口，目前全省省外外来人员随迁子女只有78%能上公办学校就读，一些城市存在教师和学校缺口，如贵阳观山湖新区教室缺口达到50%，一些学校大班额现象还比较普遍。

三是进城农民对落户城镇后原有农村权益保障后顾有虑。由于农民先天对土地的依赖，普遍担心在城镇安家落户后，将不能继续享受农村相关

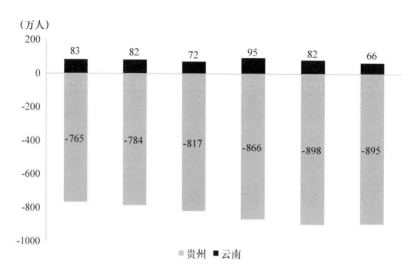

图 8-3　贵州、云南人口流动情况（2018 年）

注：正值表示净流入，负值表示净流出。

资料来源：《中国人口和就业统计年鉴》。

惠农政策，甚至本人或其下一代会丧失土地、宅基地等权益①，因此，农民落户城镇的意愿不强。

（二）支撑城镇化的产业基础薄弱，导致城镇化推进还缺少长效的内生动力

工业化是城镇化的根本驱动力，城镇就业岗位多，吸纳常住人口和农民工的能力就强。但云南、贵州属于欠发达地区，GDP 总量分别位列全国第 20 位和第 25 位，经济总量偏小、产业层次偏低、创新能力偏弱、产业结构偏重、重大项目偏少的问题仍然突出。尽管近年来两省城镇化水平保持较快增长，但贵州约 50% 的新增城镇化人口是异地扶贫搬迁安置人口，云南约 60% 的农业转移人口落户是由于城乡属性调整，城镇化的内生动力特别是产业支撑不足。

一方面，产业结构不优。特别是云南省产业结构上严重依赖"一烟二

———————————

① 刘保奎：《关注城镇化路径变化及城镇化放缓的趋势》，《宏观经济管理》2012 年第 10 期。

电三有色"，仅烟草占比就高达30%左右，烟草、电力、有色又以国资国企为主，民营经济发展水平不高，2018年民营经济完成增加值占GDP比重为47.3%，比全国低了近15个百分点。另一方面，产业层次不高。大部分产业处于价值链的中低端，全要素生产率不高，发展方式更多地依靠土地、劳动力等传统要素，信息、技术、数据等创新要素驱动能力薄弱。云南省规上工业企业中从事战略性新兴产业的只占13.6%，云南省、贵州省规上制造业企业中高技术制造业企业分别只占7.2%、7.6%，比全国低了2.3和1.9个百分点，新动能对增长还难以形成有力支撑。

此外，一些园区招商或投资出现负增长应引起重视。2018年云南工业园区招商引进项目同比下滑1.6%，全省78家省级以上开发区中，42家园区工业投资负增长，34家园区没有新工业项目入驻，31家工业园区工业总产值负增长，14家工业园区总产值增速低于5%，19家工业园区主营业务收入负增长。

（三）民族自治州体制的统筹能力弱，导致难以集中力量做大做强地州中心城区

云南、贵州是中国少数民族重要分布地区，云南拥有8个少数民族自治州，贵州拥有3个少数民族自治州，近年来自治州体制逐渐对发展形成了制约。

一是规划统筹能力缺失。由于自治州不设区，州政府所在地多为县级市建制，州里无法统筹市的规划权，这让州里缺少了设区市在规划、用地等方面的统筹能力。

二是财政统筹能力弱。自治州缺乏财政收入来源，资源配置能力较弱，以贵州黔西南州为例，州财政只有下辖兴义市财政收入的一半，州级政府统筹能力不足，没有足够财力用于开展城市建设、支持产业项目或提升公共服务，影响了州层面对城镇化发展的统筹布局，也是第二层级城市普遍规模较小的重要原因。

三是行政区划建制调整受制约。在当前各地积极推动县改区、市改区背景下，民族自治州及其下辖县市一般面积较大，民族自治州受《中华人民共和国民族区域自治法》限制无法实施相应调整措施。

（四）国家级新区等战略平台的支撑作用尚未充分显现，导致省会城市的核心引领作用存在后劲不足风险

作为中国城镇化和城市形态的重要新变量，国家级新区不仅是经济发展的新增长极，也是探索城镇化发展道路的重要载体，云贵两省国家级新区的复合性战略平台作用还没有充分发挥。当前滇中新区和贵安新区的体量在全国国家级新区中均处于下游，分列第 15 和第 16 位，新区 GDP 占全市比重在 10% 左右，对昆明、贵阳省会城市的城镇化核心引领作用的支撑还较小。其中，贵安新区是国务院批复设立的第八个国家级新区，涉及贵阳、安顺两市所辖 4 市（区）21 个乡镇，现状人口 100 万人，是贵阳安顺同城化的重要载体和省会中心城市城镇化的重点区域，但目前贵安新区前期基础设施投入巨大，债务负担较重，人口集聚进展不如预期。滇中新区石油、化工、装备制造等第二产业比重较高，面临环境容量瓶颈，2017 年滇中新区范围内 217 户规模以上企业主要集中在钢铁冶金、磷盐化工等传统产业领域，企业自主创新能力偏低，具有自主知识产权优势和研发能力的企业不足 15%，与曲靖、玉溪、楚雄同质化程度较高。

三　后发山地省份优化城镇化空间布局的建议

当前，中心城市和城市群正在成为承载发展要素的主要空间形式，但是由于发展阶段的不同，后发的西南山地省份在城镇化空间布局思路上不能照搬国家的政策①，需要因地制宜、因势施策，充分发挥山地、生态、民族、沿边等特色，走出城镇化发展的新路子。

（一）"省会都市圈 + 县城和特色镇"两端集聚成为城镇化的主形态，为此应着力实施"两端提升"的针对性政策举措

山地省份由于受地形等因素限制，城镇化多呈现点状、组团式分布，中小城市发展较弱，将形成都市圈、中心县城、特色镇为主体的城镇化形态。充分利用贵阳都市圈、昆明都市圈相对便利的交通运输条件，打破时

---

① 高国力、刘保奎：《调整优化新型城镇化空间布局》，《经济日报》2019 年 12 月 5 日第 12 版。

空发展障碍，加强核心城市的要素集聚能力，打造全省人口集聚引擎，并通过加快核心城市与周边城市的同城化建设，带动周边城市发展，充分发挥规模效应和带动效应，进一步优化城市空间格局，有效提高都市圈综合竞争力。依托高速公路、高速铁路、国省干线公路沿线和省域边界地区、大城市周边以及具有独特资源条件的县城，加快培育一批中小城市和节点城市，大力推进"美丽县城"建设，提升县城软硬件条件，实施县城成长计划，使中心县城成为城镇化形态的重要支撑。把特色小镇建设成为承载部分新经济、新模式、新业态发展的重要载体，推选具有特色资源、区位优势和文化底蕴的小城镇，通过扩权增能、加大投入扶持力度，推广"1＋N"镇村联动发展模式，大力培育一批特色小镇和小城镇。

（二）产业发展成为城镇化的主动力，为此应着力培育壮大山地特色优势产业

当前新型城镇化城乡利益的纽带还未打通，进城农民虽然在城里生产生活，但仍然不愿放弃农村的利益，农村一户多宅等现象仍然突出，造成了城乡建设用地"双增长"的问题，吸引农民真正融入城市的关键是产业，通过产业发展来引人、供地、筹钱，来吸引农民真正愿意留在城市，产业解决就业，就业带来人口，带来生活配套、公共服务的逐渐完善，从而实现"人的城镇化"。

作为山地特色省份，应做好山地特色文章，充分利用山地特色的物理资源、自然资源并转化为经济优势和支撑，积极培育具有比较优势的特色产业。一是继续做大做强特色生态旅游业，旅游业一直是云南与贵州的优势产业，2018 年旅游总收入分别达 8991.44 亿和 9471.03 亿元，且增速较快，分别达到 29.9% 和 33.1%，下一步应深入挖掘浓郁的历史文化特色和风情，提升旅游服务质量，打造"全域旅游省"，建设"国家魅力区"，推动旅游业发展再上台阶。二是加快发展大健康产业，充分利用优良的生态环境和气候资源，推动康养、养老等产业发展，培育若干康养、温泉小镇等特色小镇。三是积极培育高新技术产业，贵州省应继续培育大数据产业，云南省可考虑结合本地资源优势，发展生物医药产业，通过高新技术产业的发展，加快人才、人口的集聚。

（三）西部陆海新通道成为新变量，为此应着力发挥开放平台在塑造城镇化形态中的作用

"西部陆海新通道"利用铁路、公路、水运、航空等多种运输方式，由重庆向南经贵州等地，通过广西北部湾等沿海沿边口岸，通达新加坡及东盟主要物流节点；向北与中欧班列连接，利用兰渝铁路及西北地区主要物流节点，通达中亚、南亚、欧洲等区域。西部陆海新通道为西部地区开辟了一条最便捷的出海国际物流大通道，长期困扰西部地区出海难问题因此得以破解。西部陆海新通道大大提高了云南、贵州的战略地位，使这些省份从"边陲"走向"前沿"，成为西部地区对接东盟国家重要桥头堡和重要节点[1]，这有助于推动西部地区形成全方面开放新格局。下一步云南、贵州应发挥自身优势，以西部陆海新通道为载体，一方面与近邻的四川、重庆、广西等达成战略合作，积极拓展交通设施共建共享，协同共建产业链价值链，另一方面积极加快口岸建设，加强与越南、缅甸等周边国家合作，推进面向南亚东南亚辐射中心建设，提升对外开放水平。此外，应加快推动沿边城镇带建设，云南省应促进怒江、保山、德宏等8个边境州市的25个边境县市发展。发挥瑞丽、勐腊、河口等边境重要城市引领带动作用，形成边境城市、口岸城镇、沿边特色城镇联动协同合作、城乡协调发展的空间布局，推动创建功能完善、特色鲜明、宜居宜业的沿边城镇体系。

（四）民族自治地区的城市发展体制成为强约束，为此应着力顺畅民族自治地区规划、财税、建制等行政体制

民族自治地区是当前中国城镇化的短板地区[2]，主要是现有体制与城市快速发展要求不适应，存在体制瓶颈制约，下一步要着力突破。一是加快探索完善民族自治地区行政建制调整的办法，探索增设"民族区"这一类型，解决"一市一区"问题，有序推进撤县、撤市设区，支撑民族地区的城市发展和城镇化进程，让经济发展、城镇发展和行政建制更加协调。

① 顾朝林、曹根榕：《基于城镇化发展趋势的中国交通网战略布局》，《地理科学》2019年第6期。

② 肖金成、刘保奎：《改革开放40年中国城镇化回顾与展望》，《宏观经济研究》2018年第12期；史育龙、申兵、刘保奎、欧阳慧：《对我国城镇化速度及趋势的再认识》，《宏观经济研究》2017年第8期。

二是优化财税体制、规划和用地机制，让地州能有更大的财力统筹权限，完善省对市、县转移支付分配办法，适当放宽地州发行专项债券的要求，统筹地州层面的规划权限和用地权限，用地指标分配向州政府所在地中心城市倾斜，有效支持地州中心城市做大做强，避免过度分散影响城市的规模效率发挥。

（五）"绿色"是后发山地地区城镇化的底色，为此应着力在严格保护和绿色发展上下功夫

云南、贵州两省是长江上游重要的生态屏障，多数县市为国家重点生态功能区，区域内石漠化等生态退化趋势未得到有效扭转，生态地位十分重要、生态环境十分脆弱，应特别重视生态优先、绿色城镇化。一方面要科学划定生态保护红线、永久基本农田、城镇开发边界三条控制线，加强红线管控力度；完善生态补偿机制，加大对国家重点生态功能区的转移支付力度，探索与长江经济带中下游省份协商开展横向生态补偿，加强生态保护的财政资金保障；在生态屏障和生态退化地区引导人口"外引内聚"，控制城镇化规模，优化城镇化形态。另一方面要充分利用生态优势，建立生态产品价值实现机制①，开展生态产品使用（经营）权益交易，包括用水权、水污染物排放权交易、生态养殖许可证拍卖等；探索生态产品供给与建设用地指标增减"挂钩"、生态资产账户异地增减平衡等可行性；充分利用云南、贵州民族、生态、沿边等特色，丰富民族生态旅游、特色生态农产品等生态产品向绿色产品的价值转化渠道。

---

① 李忠：《长江经济带生态产品价值实现路径研究》，《宏观经济研究》2020 年第 1 期。

主要参考文献

一 中文文献

蔡昉：《未来的人口红利——中国经济增长源泉的开拓》，《中国人口科学》
  2009 年第 1 期。

陈恒、李文硕：《全球化时代的中心城市转型及其路径》，《中国社会科
  学》2017 年第 12 期。

陈明、王凯：《我国城镇化速度和趋势分析——基于面板数据的跨国比较
  研究》，《城市规划》2013 年第 5 期。

陈卫、吴丽丽：《中国人口迁移与生育率关系研究》，《人口研究》2006 年
  第 1 期。

陈钊、陆铭：《从分割到融合：城乡经济增长与社会和谐的政治经济学》，
  《经济研究》2008 年第 1 期。

丁成日：《世界（特）大城市发展——规律、挑战、增长控制政策及其评
  价》，中国建筑工业出版社 2015 年版。

丁煌、上官莉娜：《法国市镇联合体发展的历史、特点及动因分析》，《法
  国研究》2010 年第 1 期。

杜鹏、翟振武、陈卫：《中国人口老龄化百年发展趋势》，《人口研究》
  2005 年第 6 期。

樊纲：《物流与中国城市化》，《开放导报》2011 年第 10 期。

方创琳：《改革开放 40 年来中国城镇化与城市群取得的重要进展与展望》，
  《经济地理》2018 年第 9 期。

高国力、刘保奎：《调整优化新型城镇化空间布局》，《经济日报》2019 年
  12 月 5 日第 12 版。

高国力：《推动形成高质量发展的区域经济布局》，《经济日报》2020 年 4

月 20 日第 11 版。

高国力：《引导我国城市群健康发展》，《宏观经济管理》2016 年第 9 期。

高慧智、张京祥、胡嘉佩：《网络化空间组织：日本首都圈的功能疏散经验及其对北京的启示》，《国际城市规划》2015 年第 30 期。

国家人口和计划生育委员会流动人口服务管理司：《中国流动人口发展报告》，中国人口出版社 2017 年版。

国务院发展研究中心课题组、刘世锦、陈昌盛、许召元、崔小勇：《农民工市民化对扩大内需和经济增长的影响》，《经济研究》2010 年第 6 期。

国务院发展研究中心：《中国：推进高效、包容、可持续的城镇化》，中国发展出版社 2014 年版。

姜玉佳：《城市更新项目的交通问题思考》，《江苏城市规划》2018 年第 7 期。

孔令斌、张帆、戴彦欣：《城镇密集地区综合交通规划理论与实践》，中国建筑工业出版社 2018 年版。

李浩：《城镇化率首次超过 50% 的国际现象观察——兼论中国城镇化发展现状及思考》，《城市规划学刊》2013 年第 1 期。

李浩：《"24 国集团"与"三个梯队"——关于中国城镇化国际比较研究的思考》，《城市规划》2013 年第 1 期。

李璐颖：《城市化率 50% 的拐点迷局——典型国家快速城市化阶段发展特征的比较研究》，《城市规划学刊》2013 年第 3 期。

李善同、王菲：《我国交通基础设施建设对城市化的影响及政策建议》，《重庆理工大学学报》（社会科学）2017 年第 4 期。

李晓江、郑德高：《人口城镇化特征与国家城镇体系构建》，《城市规划学刊》2017 年第 1 期。

李玉涛、马德隆、乔婧：《收费技术进步与收费制度改革亟待厘清关系明确方向》，《综合运输参考资料》2019 年第 17 期。

李玉涛：《新型基建要把准新型城镇化脉搏》，《经济日报》2020 年 4 月 26 日第 4 版。

李子叶、韩先锋、冯根福：《中国城市化进程扩大了城乡收入差距吗——基于中国省级面板数据的经验分析》，《经济学家》2016 年第 2 期。

刘保奎：《关注城镇化路径变化及城镇化放缓的趋势》，《宏观经济管理》

2012 年第 10 期。

刘保奎、刘峥延、张燕：《"两端发力"优化后发山地省份城镇化布局形态——基于云贵 4 市州的调研》，《宏观经济管理》2020 年第 8 期。

刘涛、陈思创、曹广忠、《流动人口的居留和落户意愿及其影响因素》，《中国人口科学》2019 年第 3 期。

刘涛、卓云霞、王洁晶：《邻近性对人口再流动目的地选择的影响》，《地理学报》2020 年第 12 期。

刘峥延、毛显强、江河：《"十四五"时期生态环境保护重点方向和任务研究》，《中国环境管理》2019 年第 3 期。

陆铭、陈钊：《城市化、城市倾向的经济政策与城乡收入差距》，《经济研究》2004 年第 6 期。

马德隆、李玉涛：《顺应时代要求主动改革交通专项基金运行机制》，《综合运输参考资料》2019 年第 11 期。

莫龙：《1980—2050 年中国人口老龄化与经济发展协调性定量研究》，《人口研究》2009 年第 3 期。

穆怀中、吴鹏：《城镇化、产业结构优化与城乡收入差距》，《经济学家》2016 年第 5 期。

欧阳慧、刘保奎、李爱民、李智：《推动我国新型城镇化在调整中提质》，《中国经贸导刊》2018 年 5 月上。

申兵：《"十二五"时期农民工市民化成本测算及其分担机制构建——以跨省农民工集中流入地区宁波市为案例》，《城市发展研究》2012 年第 1 期。

沈琦：《英国城镇化中的交通因素》，《经济社会史评论》2007 年第 2 期。

史官清、张先平、秦迪：《我国高铁新城的使命缺失与建设建议》，《城市发展研究》2014 年第 10 期。

史育龙：《把新型城镇化的作用充分发挥出来》，《人民日报》2019 年 4 月 16 日第 9 版。

史育龙：《城乡区域发展新格局：认识演进、战略优化与实施对策》，《开发性金融研究》2020 年第 3 期。

史育龙、申兵、刘保奎、欧阳慧：《对我国城镇化速度及趋势的再认识》，《宏观经济研究》2017 年第 8 期。

孙铁山、张爱平、张文忠、李佳洺：《中国城市群集聚特征与经济绩效》，《地理学报》2014 年第 4 期。

王广州：《中国人口预测方法及未来人口政策》，《财经智库》2018 年第 3 期。

王建军：《日本城镇化快速发展阶段的整体态势与地区差异》，《国际城市规划》2015 年第 30 期。

王建军、吴志强：《1950 年后世界主要国家城镇化发展——轨迹分析与类型分组》，《城市规划学刊》2007 年第 6 期。

吴文化、宿凤鸣：《中国交通 2050：愿景与战略》，人民交通出版社 2017 年版。

肖金成、刘保奎：《改革开放 40 年中国城镇化回顾与展望》，《宏观经济研究》2018 年第 12 期。

徐银凤、汪德根：《中国城市空间结构的高铁效应研究进展与展望》，《地理科学进展》2018 年第 9 期。

杨东峰、龙瀛、杨文诗、孙晖：《人口流失与空间扩张：中国快速城市化进程中的城市收缩悖论》，《现代城市研究》2015 年第 9 期。

翟振武、陈佳鞠、李龙：《2015—2100 年中国人口与老龄化变动趋势》，《人口研究》2017 年第 4 期。

张京祥、冯灿芳、陈浩：《城市收缩的国际研究与中国本土化探索》，《国际城市规划》2017 年第 32 期。

张兆安、曾翔：《提升新时代长三角城镇化户籍人口占比研究》，《上海经济研究》2018 年第 3 期。

郑德高、李鹏飞：《国家战略影响下的城市发展廊道和战略节点城市的思考》，《城市建筑》2017 年第 4 期。

中共交通运输部党组：《科技创新助力交通强国建设》，《时事报告》（党委中心组学习）2016 年第 4 期。

中国宏观经济研究院国土开发与地区经济研究所课题组、高国力、刘保奎、李爱民：《我国城镇化空间形态的演变特征与趋势研判》，《改革》2020 年第 9 期。

中国宏观经济研究院国土开发与地区经济研究所课题组、高国力、刘保奎：《中国新型城镇化空间布局调整优化的战略思路研究》，《宏观经济研究》2020 年第 5 期。

朱宇、林李月、柯文前:《国内人口迁移流动的演变趋势:国际经验及其
　　对中国的启示》,《人口研究》2016 年第 5 期。

诸萍:《"新户改"背景下稳定居留的农业转移人口为何不愿落户城
　　市——基于长三角地区的实证研究》,《人口与社会》2020 年第 6 期。

二　英文文献

Cohen, B. , "Urban Growth in Developing Countries: A Review of Current
　　Trends and a Caution Regarding Existing Forecasts", *World Development*, 32
　　(1), 2004: 23 - 51.

Lee, B. , Gordon, P. , Richardson, H. W. , & Moore, J. E. , "Commuting
　　Trends in US Cities in the 1990s", *Journal of Planning Education and Re-
　　search*, 29 (1), 2009: 78 - 89.

Northam, R. M. , *Urban Geography*, New York: John Wiley & Sons, 1979.

OECD, *Trends in Urbanisation and Urban Policies in OECD Countries: What
　　Lessons for China?*, OECD Publishing, Paris, 2009.

Spence, M. , Annez, P. C. , & Buckley, R. M. (Eds.), *Urbanization and
　　Growth*, World Bank Publications, 2008.

Surya Raj Acharya, "Transport in Asian Megacities: Issues and insights for In-
　　frastructure Planning", ATSE - IA Infrastructure Planning Workshop, 2013.

Varis, O. , Biswas, A. K. , Tortajada, C. , & Lundqvist, J. , "Megacities
　　and Water Management", *Water Resources Development*, 22 (2), 2006:
　　377 - 394.

Veneri, P. , "Urban Spatial Structure in OECD Cities: Is Urban Population De-
　　centralising or Clustering?", OECD Regional Development Working Papers,
　　2015 (13), 2015.

后　记

　　当前中国城镇化进程正处在阶段转换的关键节点，城镇化速度持续放缓，经济布局深刻调整，城乡关系加快重塑，开展城镇化空间优化研究，恰逢其时，十分必要，意义重大。

　　作为国家发展改革委下属的以区域经济、城镇化研究见长的研究所，国家发展改革委国土开发与地区经济研究所（以下简称国地所）始终把为中央宏观决策和国家发展改革委中心工作服务作为立所之本和第一要务，围绕区域重大战略、新型城镇化、地区振兴、区域开放、生态文明等领域开展深入和前沿的政策研究，参与重大文件起草和重要规划编制，提出了诸多被决策采纳的政策建议和创新性观点。基于国地所课题组对城镇化领域的长期跟踪研究，2019 年 2 月课题组以《"十四五"时期城镇化空间布局调整优化研究》为题提交了研究选题和研究要点，后得到了国家发展改革委发展战略和规划司、宏观经济研究院的认可，作为"十四五"前期研究课题之一，同时也确定为宏观经济研究院 2019 年度院重点课题。

　　任务确定后，国地所高度重视，成立了由所长高国力研究员为课题组组长、刘保奎副研究员为副组长的课题组，组织所里青年科研骨干积极参加，还邀请北京大学城市与环境学院、发展改革委综合运输研究所的专家加入。课题开题会上邀请了多位国内领域知名专家指导，包括中国宏观经济研究院原常务副院长林兆木研究员、中国宏观经济研究院原副院长马晓河研究员、中国城市和小城镇改革发展中心主任史育龙研究员、中国城市规划设计研究院院长王凯教授、清华大学建筑学院顾朝林教授、北京大学城市与环境学院曹广忠教授，受司领导委托，时任发展改革委规划司城镇化规划处韩云处长也参加了开题会，会上各位专家对研究的意义和必要性形成高度共识，对研究方案给予认可，并对研究提纲和重点提出了很好的建议，经过充分交流，课题组比较好地把握了国内主要机构相关领域研究进展和主要观点，为本课题形成一份高质量研究成果开了个好头。

高国力研究员负责课题研究框架、研究思路的统筹设计，总体把关，修改和审定稿件，刘保奎协助组织协调、撰写总报告、统稿及大量事务工作。各章的执笔人分别是：总论高国力、刘保奎、黄征学，第一章李智，第二章李爱民、窦红涛、刘保奎，第三章张燕，第四章刘涛，第五章李玉涛，第六章刘峥延，调研案例一刘保奎、李爱民、李智，调研案例二刘保奎、刘峥延、张燕。图件制作主要由窦红涛、刘涛完成。其中，刘涛为北京大学城市与环境学院研究员、李玉涛为国家发展改革委综合运输研究所室主任，其余均为国地所科研人员。研究过程中，课题组还分别赴先发地区的浙江、江苏和后发地区的贵州、云南进行调研，实地了解宏观政策下的人口流动、农民工落户和城镇布局，形成的两篇调研报告获得 2019 年度宏观经济研究院优秀调研报告二等奖和三等奖。

研究过程中和完成后，课题组成员在《国家发展改革委信息》《国家高端智库报告》《国家高端智库专报》《形势要报》《调查研究建议》《经济要参》《综合运输》等内部信息上发表文章 20 多篇，及时报送中办、国办和国家发展改革委、有关部门及国家高端智库理事会参阅，多项成果得到了党和国家领导人、国家发展改革委领导、交通运输部领导肯定性批示。课题组成员还在《地理学报》《中国农村经济》《人口研究》《中国软科学》《改革》《宏观经济研究》《人民日报》《经济日报》等期刊、权威报纸上发表文章 30 多篇。课题组高国力、刘保奎等还受邀在全国发改系统院所长会、中国区域经济学会、中国城市经济学会、中国城市科学研究会、中国区域科学协会、北京大学未来城市论坛等本领域主流学术年会作主题报告，介绍课题成果，得到与会同行高度赞同。值得一提的是，本课题还获得了 2020 年度宏观经济研究院优秀研究成果一等奖。

本书是课题组集体努力的成果，本书的出版要感谢课题成员的智慧和付出，感谢在研究过程中给予指导帮助的领导和专家，感谢协助调研的地方同志。特别要感谢在出版过程中付出了大量智慧和辛劳的中国社会科学出版社的王衡编辑等老师们。

新型城镇化是一个历史过程，空间布局的调整也是一个需要不断探索的问题，我们虽然尽了很多心力，发现了一些问题，揭示了一些规律，提出了一些思路，形成了一些建议，但与理想的成果还有不小的距离，有些内容还可以更深入，有些表述还有待进一步斟酌，有些判断还需要时间的检验。由于能力和时间等原因，不少缺憾还有待在今后进一步研究，书中引用的观点、数据和资料，我们尽可能给予标注，但也难免有遗漏之处，还请各位同行和读者谅解、批评指正。

《"十四五"时期新型城镇化空间布局调整优化研究》课题组
2021 年 10 月